服饰传播概论

FUSHI
CHUANBO
GAILUN

中国传媒大学青年学者文丛

第二辑

李楠 / 著

中国传媒大学出版社
·北京·

总 序

时值中国传媒大学成立60周年之际，中国传媒大学人文社会科学青年学者资助项目正式选定了十部支持专著，这是我校在人文社科研究方面所取得的又一成绩。

这套丛书的出版不仅是为了落实学校科研支持政策，更是为了响应国家的号召。2014年，李克强总理与历年国家杰出青年科研基金获得者代表座谈交流时曾提到，人才特别是优秀青年人才是国家科技实力、创新能力和竞争力的重要体现，代表着国家创新的未来。做好这方面的工作，对加快转变发展方式、实施创新驱动战略具有重大意义。作为教育部直属的国家“211 工程”重点建设大学和国家985“优势学科创新平台”项目重点建设高校，中国传媒大学在信息传播领域的学术发展也是我国高校人文社科研究发展的一个重要组成部分。

建校60年来，我校在科学研究方面产出了大量的优秀成果。特别是在信息传播领域，我校广大教师正确面对我国信息传播事业飞速发展过程中机遇和挑战并存的复杂形势，迎难而上、克难攻坚，始终保持着饱满的科研热情，坚守着学校的殷切期望，及时、准确地把握国家提供的战略契机，以充分的准备和足够的信心面对挑战、迎接挑战，积极开展多领域、内容丰富的科研工作，收获了累累硕果。在2012年教育部组织的全国学科评估中，我校新闻传播学、戏剧影视学两个学科均排名第一。

目前我校的3个学部（新闻传播学部、艺术学部、文法学部）、1个中心（协同创新中心）和5个直属学院（播音主持艺术学院、广告学院、经济与管理学院、外国语学院、MBA学院）是文科科研和艺术创作的主要力量源泉。同时，学校文科方面还拥有新闻学、广播电视艺术学2个国家重点学科，传播学1个国家重点培育学科，新闻传播学、艺术学理论、戏剧与影视学3个一级学科北京市重点学科，语言学及应用语言学、动画学2个二级学科北京市重点学科；拥有教育部人文社会科学重点研究基地广播电视研究中心等部级研究机构13个和校级科研机构40个，在我国人文社科领域具有相当重要的地位和影响力。

近年来，我校在人文社科领域先后有2人入选“长江学者”特聘教授、2人入选“长江学者”讲座教授、3人入选“新世纪百千万人才工程”国家级人选、25人入选教育部“新（跨）世纪优秀人才支持计划”、2人次荣获国家级教学名师奖、2人次荣获全国优秀教师荣誉称号。更有越来越多的青年教师荣获教育部科学研究优秀成果奖、北京市哲学社会科学优秀成果奖等含金量较高的奖项。众多奖项和数字的背后，凝聚的正是全校思想活跃、朝气十足的广大青年教师夜以继日、笔耕不辍的成果，他们是真正帮助我校文科科研日益发展壮大的薪火相传的主力军。这支主力军的成长得益于两个方面：

一方面，我校立足长远，着力于对广大青年教师进行有计划、有目标的专业培训，加大对青年教师科研项目的经费投入，鼓励青年教师进行交叉学科项目的科学研究。中国传媒大学科研培育项目的设立，有效调动了青年教师的科研积极性，整体提升了我校人文社科的科研氛围与科研能力；邀请国内外专家学者来校开展社会科学研究系列讲座，积极拓展广大师生的学术视野；研究《艺术创作与获奖评价体系》，将科研与艺术创作有效结合，激发广大教师艺术创作的热情；研究《重点学科指标评测体系》，将我校的优质学科与国内外顶尖高校的相应学科进行深层对比，巩固我校两个优势学科在全国的领先地位；打造《中国传媒大学文科科研手册》，方便教师全面了解科研工作情况；建设完成文科科研成果库（一期工程），共收集信息传播领域论文15 500余篇、著作 3 258册、研究报告730余篇，形成了我校自建校以来最为完整的科研成果文献体系；本着“高标准、精投入”的原则，集中一批优秀科研人才，引导广大教师特别是青年教师围绕全媒体、大数据等热点领域积极开展科研工作，营造了一个砥砺切磋的良好学术环境，促成了更多高水平科研成果的产生。

另一方面，我校广大青年教师努力开拓创新，将现代理论有机融合于具体实践之中，在变化中求发展，在发展中谋变化，不断寻找立意新颖的科研课题，以蓬勃向上和不断进取的青春锐气、以孜孜不倦和奋力前行的勇气，扎根于文科科研工作，并不断茁壮成长。青年教师在学校“钻研、精研、深研”的方针指导下，凭借着旺盛的科研热情，在一系列科研、教学比赛和国际学术拓展中取得了令人瞩目的成绩。

此次青年学者出版资助项目就是这些科研成果中的一部分。也正是在优渥的科研鼓励政策的鼎力支撑下，才有了一批30～45岁的优秀青年学者倾心无忧，精心钻研，用心谋划，专心致学，大胆施展才华，安心科研工作，最终促成了“中国传媒大学青年学者文丛”的顺利面世。

学校文科科研的发展离不开青年教师的成长，学校管理机制的完善助力于青年教师的进步。希望我校广大青年教师在科学研究的道路上不畏艰险、勇于创新，不断探索前行！

是为序。

中国传媒大学副校长、教授
廖祥忠
2015年12月8日

目录

CONTENTS

前 言

服饰是非语言性的信息传播媒介，服饰的历史本身就是一部不同文明之间碰撞、交流、传播的历史。服饰传播是引起服饰变化的最主要方式，它帮助我们从纷繁杂乱的服饰现象中寻找到信号。

许多人都有过这样的疑问：服饰的变化与发展似乎是偶然的，不同的民族、不同的文化，服装之间究竟有没有关系？服装样式时时刻刻都在更新，好多设计师天马行空、任性创作，这是否意味着服装现象是杂乱无章的？今天，我们把这些看似无序的现象放到整个人类历史和文明进程上来看，就会发现，服饰在传播过程中存在着普适规律和真理，本书正是围绕这些特点来深入解读服饰的。

就服饰艺术而言，仅仅了解每个时期的服装样式和风格特征是远远不够的。我们应该站在人类历史的高度，在社会文化语境中揭开服饰每个时期转型的秘密，寻找具有普遍意义的传播规律。

本书从李当岐教授的《服装学概论》中获得了重要的理论支撑，兼述服装设计的传播方法论。书中内容涉及中外服装史、民族服饰发展史、服装美学、服装设计、服装流行分析以及设计师素养诸方面，内容由浅入深，案例涉猎古今，丰富且全面。

通过对本书的阅读，读者能够对服饰传播学的概貌和基础理论有一个全面的、系统的认识，有助于拓宽视野、开发思维，提高自身的基础知识与理论水平，并逐步发掘设计的精髓和创新的路径。

第一章 服饰，非语言性的信息传播媒介

服饰传播有三个层面的定义。第一种定义将服饰传播视为一种行为，即服饰从传者到受者，强调信息的传递。例如，法国设计师迪奥在“二战”后适时推出“新风貌”样式的服饰，其内扣的领型、圆缓的肩型、束紧的躯干、宽大的裙摆、裙摆异于其他服饰离地比例的综合造型，为人们重新定义了现代优雅的标准。“新风貌”通过各种媒介传向全世界，开辟了20世纪50年代全球的时尚格局。在这个层面上，“新风貌”的传播还是一个工具性的过程，它传递了时代符号，满足了社会的需要和平衡。

服饰传播的第二种定义将关注焦点放在服饰的交流上，认为服饰的传播产生的影响不是单向的，而是双向的。同时，在相互之间传播与回馈的关系上，服饰被赋予了若干意义。例如，清朝时期满族与汉族服饰的交流是双向的，既有清初禁止方巾汉服、“辫发异服”的满化改革，又有清中期以来汉民间吉祥花卉寿字纹样在八旗贵族氅衣中广泛使用的汉化渗入。这里的服饰传播讯息本身就是一种双面的阐释，隐含着制度的松紧和权力的影响。

服饰传播的第三种定义，是美国传播学教育家詹姆斯·凯瑞提出的传播仪式观——“传播不仅仅是一种行为、一个实现某种目的的过程，而且是文化本身。”[1]服饰是一种文化，服饰传播自然也是一种文化，而且是大范围的文化建构。在这种文化建构中，服饰“被创造、被维持、被修复、被改变”[1]2。例如，旗袍原是满族人民创造的日常服饰，清代被推广为人人必穿的中华服装，民国初期作为男女平权的象征成为女着男装的代表，20世纪三四十年代，那些中西融合的特征成就了海派旗袍，中华人民共和国成立后，旗袍在我国港台地区进入时装领域并慢慢流行开来，改革开放以后，旗袍终于成为识别性很强的中华女装，并形成了一套洋洋大观的旗袍传播文化。

本书的研究主要围绕上述三个层面的传播观念展开。

第一节 服饰传播的历史

一、服饰传播的起源

人从出生开始，就处于某种具体的文化语境中，一个人不可能摆脱地区、民族、习俗、审美带来的文化影响。例如，广西壮族沙支系的拐村妇女绣制的儿童背带可以看作母爱的象征；现代城市流行的宝宝写真摄影，以白色、柔软、蓬松的天使造型体现了都市父母的普遍喜好；英国人喜欢代表工业革命的灰色，同时将这一喜好传给了子女；缅甸克扬族会精心挑选他们认为好看的格子花布，把孩子装饰得很美，这里包含着母亲对孩子的爱（图1-1）。这都说明，服装从一开始就被塑造为反映个人的经验和行为，带有某个文化群体的特征，同时反映出深刻而复杂的精神文化心理，它决定了个人的信仰、人际关系和价值观。

图1-1 婴儿服装反映出地域人群的精神文化内涵

（左至右：广西壮族沙支系拐村妇女的背带；现代城市的宝宝写真服装；英国人喜欢工业革命的灰色；缅甸克扬族的格纹棉布服）

服饰自起源之初，就带有识别其文化的内容。有关服装起源的诸学说虽然视角各不相同，但都共同体现了服饰作为信息媒介的力量和作用。如此看来，服饰的起源实际上也是服饰传播的起源。一旦服饰进入传递信息的情景，传播就成为一件自然而然的事情。

（一）传播“护符”的功能

人类在早期相信万物有灵，常把一些自然界形式简单的物体穿戴在身上，笃信其超自然的力量。人们告诉自己，只要把它们放在身上，就能拥有健康，远离危险，它们甚至可庇佑天下万千事物。穿戴久了，护符物就成了人类衣生活的组成部分，直到今天这种具有护符意义的物品还被认为倾注了巨大的能量，在原生部落或民间盛行。

护符说认为，原始人有自然崇拜和图腾信仰，他们相信万物皆有灵，所以会用绳子把一些特定的物体，如贝壳、石头、羽毛、兽齿、叶子、果实等戴在身上，他们认为这能起到保佑和辟邪的作用。直到现在，这些护符饰物在原始民众中仍很盛行。例如，在苏丹，人们相信安贝壳能给妇女以繁殖力，并使其安全生产，因此，苏丹妇女都要佩戴这种安贝壳做的帽子。在中国，小孩佩戴的长命锁、银项圈、手镯、脚镯等，其实都是传递了一种服饰作为护符的信息。（《服装学概论》①）

（二）传播“象征”的功能

服饰最初表现为某种特别的意义，因此它成为显在的符号，作为一种明确的标记或迹象。以服饰作为象征物，利于在文化传播中形成具有决定性的规范和意义。

“象征说”认为，人的装饰先是作为某种象征出现的，到后来就演变为普遍用的衣服和饰品了。例如，强者、勇武者、酋长、种族族长等，为象征自己的力量和权威，用一些鲜艳的便于识别的物体装饰在身上。像美丽的羽毛、猛兽的牙齿、贵重的玉石、难得的贝壳等，都被用来作为象征力量和权威的标志。古人用石珠、兽牙、鱼骨等装饰自己，最初也只是作为勇敢有力的标记而佩戴。到后来才引起审美的感觉，归入装饰品的范围。

再例如，马赛伊妇女用铜项圈表示她已婚。马赛伊族的勇士服装也和普通人有别，勇士要佩戴手镯和铃铛。平原印第安诸部族中，软皮靴跟上拖一条狼尾，脖子后面插一根鸟羽，都不仅是为了好看，更重要的是表示此人立过战功。

---

① 李当岐. 服装学概论［M］. 北京：高等教育出版社，2008. 以下引文均出自此书，不再一一注明。

原始诸民族的文身、疤痕以及毁伤肢体等装饰方法都有表示年龄和社会地位的作用。以上这些都说明，服饰是传达“象征”信息的媒介。[2]39（《服装学概论》）

很多人看过影片《血战钢锯岭》，影片中有一个细节，军事法庭上，众人身穿“二战”的军服，一位“一战”退伍老兵身穿过去的军服，佩戴“一战”奖章，进场后引起了大家的注意。可以看出，服装作为一种生动的媒介，能够向他人表明自己的身份、地位、意志、主张、感情、个性和嗜好等社会内容。回到我们的传统中，《易经》中有一句话，“黄帝尧舜垂衣裳而天下治”，意思是帝王把服饰作为治理国家的工具之一，看得出这句话强调了服装的社会意义和象征作用。“服装的这种象征作用突出地表现在奴隶社会和封建社会森严的服饰制度上。各阶层人的穿衣戴帽都有严格规定，不许越雷池一步。”[2]21

（三）传播“审美”的功能

服饰传播审美的信息是形象而具体的，正如黑格尔对美的定义：“美是理念的感性显现。”服饰审美可以凭借他人的感觉器官直接感受到，能够激起我们心中的愉悦，并带来艺术的交流。托尔斯泰说，艺术就是情感的交流。所以，服饰传播的审美功能可以令人与人获得情感共鸣（图1–2）。

审美说是很普遍的一种起源说法。在人类的进化过程中，随着嗅觉敏锐程度的减退，视觉的敏锐程度逐渐增强，人们对于形象、色彩、光的感受能力越来越精细和敏锐，审美感觉逐渐提高。如用美丽的羽毛、闪光的贝壳来装饰自己，用彩色画身、刺青、疤痕、毁伤肢体、人体变形等装饰方法都是出于这种审美的需要。[2]39（《服装学概论》）

图1–2　不同的服饰风格传递着不同的审美情趣

所以，服饰是人们普遍公认的一种传播“美”的媒介。今天我们高度关注象牙塔式的高级定制，不是为了满足自己的虚荣心去购买或穿着服饰，更多的是为了欣赏服饰之美。

（四）传播“吸引异性”的功能

服饰起源学说中的异性吸引说也叫性差说，这种学说认为，人穿戴服饰最初是为了被异性关注，引起异性的好感。渐渐地，人们开始强调性别特征，并进一步通过服饰来区分两性特征。这些服饰之所以能够引起人们的爱慕、喜悦等心情，主要原因在于服饰本身被赋予了明确暗示的情感色彩，并由信息发出者主动宣扬出去（图1–3）。

图1–3　异性吸引既是服饰的目的，也是服饰传播的功能

（左至右：克罗马农人的女神雕像；克里特时代女神像；美拉尼西亚草裙）

异性吸引说来自达尔文性选择原理。达尔文认为，雄性动物身上的天然装饰，如雄孔雀、野雉那美丽的尾羽，公鸡那漂亮的高冠，雄狮那威武的鬃毛等，都具有吸引异性的作用。达尔文指出，原始人爱打扮装饰自己，这种行为同样受性选择原理的支配。

克罗马农人的遗物中有女性的雕像“石器时代的维纳斯”，雕像头手很小，却把胸、腹、臀加以强调和夸张，象征丰饶多产的女神。爱琴文明克里特时代的女神像，也是将女性特征大胆裸露，成为异性吸引的例证。

南太平洋的美拉尼西亚、斐济群岛，最常见的衣服是男子的腰衣和女子的草裙。腰衣即树皮树叶编织的遮羞布，看似是为了遮蔽身体，实际上这是男女两性魅力的显示和强调。南太平洋的特洛布里恩群岛，男子头上插着白鸟羽，脸上涂黑白红色，沾满黄色香花。

《先秦史》中也有记载：“衣之始，盖用以为饰，故必先遮蔽其前，此非耻其

裸露而蔽之，实加饰焉以相挑诱。”可见，服装也承担着吸引异性的媒介功能。[2]41（《服装学概论》）

（五）传播“伦理”的功能

服饰起源学说中的羞耻说认为，服饰一直受到伦理道德的约束，人们在着装时，会根据年龄、场合、身份，穿戴恰当的衣物。在社会文明情境下，“群体依赖和群体压力是存在的，并且影响着群体规范的形成”。在相对稳定的组织内，群体压力对服饰的伦理作用往往更大，人们倾向于追随符合大众行为准则的着装规范，倾向于用服饰表现群体的思想意识和行为方式。

另外，服饰还是传达羞耻观念的信息媒介。我国自古以来就特别强调服饰的伦理意义，班固在《白虎通义》中有：裳隐也，裳者，障也，所以隐形自障闭也。认为穿衣的目的是为了把肉体遮蔽起来。《圣经·旧约》全书的创始篇中，亚当和夏娃因偷吃禁果有了羞耻心，用无花果叶遮羞。这些说法都认为，人穿衣是出于羞耻心。中东的特瓦格族男性都戴面纱，用来遮盖他们认为有情色诱惑的嘴巴；在亚马孙丛林居住的苏亚女性，都裸露身体而佩戴唇盘，若唇盘未戴，导致嘴巴被外人看见是非常羞耻的事。

但是，因羞耻而穿衣的说法，在原始部落是不成立的。

在狩猎民族中，我们几乎找不到服饰。安达曼群岛上，人们都围着树叶做的狭带或植物纤维的绳子，布须曼男人在身上系一根皮绳，在皮绳上挂三角的皮子。妇女也穿羚羊皮做的裙子，但这种服装，并不能起到遮蔽身体的作用。事实上，在生人面前，不论是少女、老人都没有觉得裸体是羞耻的。虽然说，服装起源羞耻说在原始部落间并不常见，但它仍然作为文明人穿衣的伦理功能，传递着装规范的信号。[2]43（《服装学概论》）

总结以上内容，可以看出，服饰作为非语言性的信息传达媒介，除了能表现出人在各种场合的心情和行动意识，更能反映出服饰自带的护符说、象征说、审美说、异性吸引说以及羞耻说这些服饰起源学说。诸学说虽然视角各不相同，但都体现了服饰作为信息媒介的力量和作用。

二、装身方式是传播行为吗?

在我们的衣生活中，人们习惯于将一切覆盖在身上的材质和构成称为服装，从而对由纤维制造的衣物进行服饰文化的研究。实际上，人类的装身方式远不止纤维衣物的范畴，从人类史上看，漫长的原始生活里，人类始终依赖于裸态装身方式，即“用各种方法直接对人的肉体进行装饰”，今天一些原始地区部落群居生活的原住民还在进行着裸态装身。另外一种才是我们熟悉的用毛皮植物和纤维衣料构筑服装的覆盖装身。可以说，裸态装身和覆盖装身是人类的两大装身分类。然而，任何一种装身方式对身体的作用和功能，都不止于物质性——而是作为意识的延伸，都来自自我精神的延伸，从而传播某种符号或意义。

（一）裸态装身的传播

在原始或原生人文环境中，人们开始把服饰作为媒介，认为其具备个人和社会影响的功能。裸态装身有身体彩绘、文身和身体变形三种方式，这些装身方式决定了服饰作为媒介功能的作用，从而在漫长的岁月里深刻影响着人类的思想进程和原始生活的社会结构。

比如说，身体彩绘是将矿物质或植物研磨成颜料，涂在身上，有的画满全身，有的仅在面部作涂画。彩绘一般没有统一的格式要求，不过，追求色彩的醒目和对比是身体彩绘的共同特点。最早的身体彩绘有明显的实用功效，在丛林生活中发挥着伪装功能，防止传播疾病的虫菌侵袭，还能区分不同家族和部落。后来，彩绘作为媒介的用途开始变得五花八门，附加了祈祷平安、幸福、丰收等诸多内容，用来塑造人与生态之间的联结方式（图1-4）。

图1-4　裸态装身之肯尼亚土著民族身体彩绘

与彩绘相比，文身对肉体的装饰是永久性的，也极残酷。作为一种古老的装身方式，文身在人类装饰历史上已存在了两千多年，分为刺痕文身和瘢痕文身两种。刺痕文身俗称刺青，是在浅肤色的肉体上刻画图形，用针一类的工具点刺入肤。看到马克萨斯群岛原住民的全身刺青，我们就会联想到现代女性对腿部进行装饰的半透丝袜和蕾丝丝袜，都与原始人的装饰方式有某种相承性。

肤色浅的人使用刺青的方式文身，那么肤色较深的人种则用瘢痕达到文身效果，方法也更加残酷。他们用鲨鱼牙齿和动物骨刺等作为原始器具，用小锤敲击入肤，皮肤割破后结疤，形成疤痕疙瘩的凸起装饰。各地土著以文身方式传递不同的讯息，有的部落把文身当成人生经历与理想追求的标志，有的则把文身视为社会地位与贡献价值的象征。

除了彩绘和文身，身体变形带来的是更令现代人震惊的大尺度装饰手法，展示着以摧残身体为代价换来的美。世界各地不同族群的人对身体曾进行过从头到脚的变形。

头颅变形：帕拉卡斯文化时期的古印第安人、尤卡坦半岛上的玛雅人、墨西哥的萨波帖克人和托托纳克人、玻利维亚蒂蒂卡卡湖的蒂阿胡阿纳科人，还有美索不达米亚平原上公元前5000年美苏尔文化以前的人，尽管这些民族有时空和文化的差异，但他们都有拉伸头骨的习俗。从婴儿出生那一刻开始，他们就开始对头颅做各种变形，在额头和后脑夹上木板子，靠特殊手段把板子绷紧，历史学家称之为“前额后脑”工程。直到不久前的非洲苏丹和刚果的一些民族，还有太平洋新赫布里底群岛的瓦努阿图居民，还都保留着这种身体变形的怪异风俗。

脖颈变形：泰国与缅甸边界的少数民族喀伦族的一支——巴东族，喜欢把脖子拉长，被称之为“长颈族人”。他们以长脖为美，孩子从五六岁起就在脖子上套黄铜环来辟邪，一年一个铜圈，使脖子拉长。

腰身变形（图1–5）：女性最早进行腰部变形的证据是公元前1600年古希腊的克里特人，他们塑造的执蛇女神，穿着紧身上衣和长裙，腰肢被紧身胸衣勒得紧紧的，成为生殖崇拜的标志。后来从哥特时期起，经历了文艺复兴、巴洛克和洛可可三个阶段后，西方女性一直坚持不懈地塑造着细腰，紧身胸衣随之发展到顶峰。即使在近现代，人们仍在千方百计地改变自然的腰身，一心想把腰勒细。改变腰腹的自然形状会导致骨骼变形、内脏移位，给女性的生理发展造成严重的伤害，但身体的损害并没有有影响紧身胸衣的使用，直到今天，许多女性对它仍有诉求。

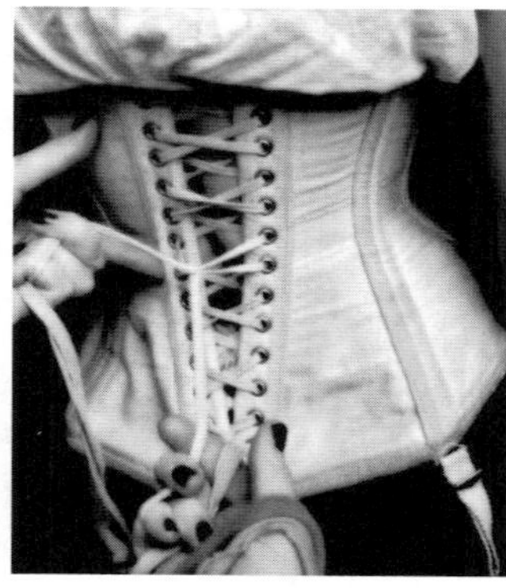

图1–5　裸态装身之束腰
（左至右：维多利亚时期束腰罗布；近代紧身胸衣；“一战”前沙漏形紧身内衣）

脚部变形：中国从五代十国时期起就开始了漫长的缠足习俗，妇女以小脚为美，用布将双脚缠裹变形。

局部变形：世界各地的部落文化中都有在额、鼻、耳和口唇上穿孔的现象。印度人自古就有穿孔习俗，他们把穿孔视为对大自然的呼唤，认为少许的疼痛会消灾免难，可以保佑老天风调雨顺。[2]15非洲许多民族把穿孔视为家族的文化，印第安人有羽毛穿额的文化，土著民有“把眉毛剃掉、把牙齿打掉或涂黑”的习俗，他们都认为猛兽看到人脸及身体上的孔、环、钉后会惧怕，从而可以保住性命。[2]15 20世纪，庞克运动兴起，穿孔在发达国家和地区开始风靡。特别是金属摇滚音乐爱好者喜欢满脸打钉和穿孔。

其实现代人对裸态装身还是与过去一样有需求，且更加讲究、多样。“化妆术、文眉、文眼线、穿耳孔、剃须、留须、各种发型，都是直接对肉体进行加工的裸态装身行为。”[2]15

通过以上例证可见，裸态装身与人的肉体“交谈”，为了表达意思而使用了彩绘、文身和变形，再借助“枝叶、花果、动物毛皮、牙齿、骨头、贝壳以及石头等天然材料”[2]15，让人们得以用他们所有的感官去捕捉对方有意或无意传递出来的信息，迅速解读并进行回应，这些便是传播信息的非语言符号，即“副语言”。

（二）覆盖装身的传播

覆盖装身主要指纺织衣物，“进入文明阶段，人们用各种人造物来包装自己，这就是我们今天所穿的各种衣服和服饰品”[2]15。衣着打扮其实是在告诉别人关于你的一切，但服装样式纷繁复杂，所以用覆盖装身的类别来表达就会比较容易（图1–6）。

图1–6 覆盖装身的服装形态

（左上至右下：缠腰布；裙子；卷衣；斗篷；丘尼克；背心；长袍）

从成形程度上看，覆盖装身大致分为非成形类、半成形类和成形类。其中，非成形类指未做加工的衣物，包括缠腰布、卷衣、斗篷与披肩；半成形类指经过一定加工的衣物，包括裙子、筒形衣、背心、直身袍服；成形类则指有较高程度的裁剪和缝制、符合人体体型的衣物。

覆盖装身最初的形式有缠腰布：主要为非洲人、中/南美洲人、印度尼西亚人使用，古埃及人的loin cloth是最有代表性的缠腰布，属于非成形类。

覆盖装身中的裙子，最早是由男性穿着的，例如古代美索不达米亚的苏美尔男子穿羊毛裙，古希腊青年男子穿埃克斯密斯短裙，苏格兰高地的男子穿毛格子裙，太平洋的美拉尼西亚男子穿草编的长裙。

覆盖装身之卷衣，是产生优美褶皱的服装，例如，埃塞俄比亚的康加、古罗马人的托加、印度人的纱丽和男裤多蒂，都属于此类，从成形程度上看属于非成形类。

覆盖装身之斗篷、披肩：新西兰毛利族人的斗篷，美国西北部的印第安人和中美洲的阿兹台克人的毛毡披肩，还有墨西哥的凯斯凯密特尔，都属于此类。

覆盖装身之丘尼克（筒形长袍）：以古希腊人和北方民族例如蒙古族人的衣饰为代表。

覆盖装身之背心，大多出现在中亚、西亚和东欧一带。以罗马尼亚人、希腊人、保加利亚人、缅甸人、土耳其人的衣饰为代表。

覆盖装身之直身长袍以亚洲民族的衣饰为代表，如中国的袍服（前开型的秦汉曲裾袍直裾袍和前封型的唐宋袍服），另外日本的和服、中亚的卡夫坦也是直身长袍的制式。[2]19（《服装学概论》）

可以看出，无论从制式上还是从外形上，装身方式能够明显区分每个时代、每个地区的服饰文化。我们要想读懂人类服饰所传播的内容，需要先掌握已有服饰的装身方式，观察其形态，这样，就能主动将服饰与讯息及意义相互联系起来。比如，看到20世纪20年代的管子状女装，就会与同时期的建筑外形作对比；看到洛可可女装，也会翻出同时代的室内装潢进行综合思考。

经过观察、比较、思考，我们就会理解，世界各地不同时期之所以有千差万别的服装样式存在，是服饰传播机能的需要，适应环境、传递需求、传播风俗、传达文化，服装因此也就变得富有生命力。

三、传播与传承

传播与传承是事物在空间和时间上发生移位的两种表达。传播在前，传承在后，二者是因果关系。

服装在空间里发生移位，形成共同的集体表征，我们称之为服饰的传播。服装的传播是“地域性的横向的联系，服装传播的影响因素有很多，比如传播速度的快慢和传播的覆盖面，传播者与被传播者两者位置的高低和落差的大小，两者所处环境、文化的差异以及媒体的种类和作用等，令传播的形式各不相同”[2]184。

服装在时间上发生移位，维系起某一文化系统，我们称之为服饰的传承。服饰的传承是“一种纵的变迁，时代的流动，是一个社会当中某种固定服装样式的继续传达。可以看出符合这种要求的传承对象应当是具有高度的存在价值的服装，有时候带有珍存传统的保守倾向”[2]184。

服饰经过传播与传承，扩展了跨时间和跨空间的互动能力，为人们带来更多的反思，也会带有共同的价值观。本章开篇提到的旗袍，就是服饰传播与传承的典型案例，它构建了一个有秩序，有意义，包含大量行为、经验和事件的文化世界。

旗袍是近代中国最重要的女装，变化丰富多彩，经历了相当长的一个流行期，但万变不离其宗，旗袍始终没有跳出它在20世纪前半叶形成的制式。

旗袍这个名字是怎么来的？在目前所知的学术文献中，有几层意思：一是因得名于“旗”，专指满族旗人的袍，与上下分穿的汉装区分鲜明。①二是仅指民国流行的一种女装样式。②第三种观点则包含了旗人之袍、民国旗袍到现代旗袍这一发展过程。③显然，对“旗袍”界定范围的不同，使它成为一个充满学

① 《辞海》中记录：“旗袍原是清满洲旗人妇女所穿的一种服装，辛亥革命后，汉族妇女也普遍采用。经过不断改进，一般样式为：直领，右开大襟，紧腰身，衣长至膝下，两侧开叉。并有长短、袖形之分。”中国大百科在线检索的旗袍概念为：“中国传统女袍。由满族女装演变而来。因满族曾被称为‘旗人’而得名。旗袍的特点是立领，右大襟，紧腰身，下摆开衩，采用传统的工艺装饰。”袁杰英教授在《中国旗袍》中写道：“满族被称为八旗或旗人，所着的服装也就统称为旗装。旗人的常装与军装不同，一般是袍服，其形式世代相传。”郑嵘、张浩在《旗袍传统工艺与现代设计》中认为：“由于满族人原以八色军旗分驮八部军民，因而满人也谓之‘旗下人’，简称‘旗人’。满族妇女所着的袍服也就自然被叫作旗袍了。然而，袍服乃中华之古制，实非清朝所特有。满人虽属北方少数民族，但从其所受文化教育和思想意识的影响来看，与汉人同属中华文化这一范畴。”

② 卞向阳教授在《论旗袍的流行起源》一文中指出，旗袍是衣裳连属的一件制服装（One-piece Dress）。尽管有观点认为旗袍包含清代旗装的袍和民国女性的袍，但是通常意义上的旗袍一般是指20世纪民国以后的一种女装式样。包铭新教授在《近代女装实录》中为旗袍做了专门的定义：旗袍，具有中国民族特色的一件套女服，由清代旗人之袍装演变而成，但也受古代其他袍服的影响，流行于近代。我们把清代女性旗人所穿之袍称作旗女之袍，而把“旗袍”仅用于指称民国时期的实物。

③ 许地山在1935年6月发表于大公报的《近三百年来中国的女装》一文中说：“在叙述衣服的末段不能不说一说清朝旗下妇女的装束，因为现在的旗袍是从二十年前的旗装演变的。” 包铭新教授在《中国旗袍》中扩大了对旗袍含义的界定：“广义地说，旗袍经历了清代的旗女之袍、民国时期的新旗袍和当代时装旗袍的发展，其中以民国时期的新旗袍最典型也最为重要。狭义地说，旗袍就是民国旗袍。在一般人的心目中，旗袍两字所引发的联想或意象，就是20世纪三四十年代的海派旗袍。”

术分歧的概念，因为它涉及如何理解汉族和其他少数民族在旗袍中的传承基因问题。最后一种观点认为旗袍包含了一个传统服装现代化的过程，即强调了旗袍的传承性。

旗人的袍原是满族人民创造的一种日常服饰，清政权建立之后，满人袍服推广为人人必穿的服饰。在清王朝倾覆之后，以西方的轻装为参照，国内妇女开始时兴短、窄的旗袍，1929年，民国政府规定，蓝色六纽旗袍为女礼服。后经过20世纪三四十年代的不断改良，旗袍那些中西融合的特征慢慢稳定下来，最终成为识别性很强的中华女装，也形成了一套洋洋大观的旗袍文化（图1–7）。

图1–7　末代皇妃婉容的旗袍演变

（左至右：清宫廷旗人之袍；清末的衬衣；20世纪20年代的倒大袖旗袍）

旗袍的基本特点是袖身通裁、右衽大襟、立领、盘扣、绲边、两侧开衩。有的学者认为，如今被看作国粹的旗袍，从风行之初就摆脱不了西化的胎记。也有人说，旗袍是中西合璧的产物。的确，在20世纪的中国服饰史上，旗袍之所以备受重视，与兼收并蓄的多元思想有直接关系。旗袍之“贵”，不仅在于它是作为传统文化的延续，更贵在其是传统与现代的完美结合。

《中国旗袍》一书中写有一句话：“首先因为有了东方式的中国人体型，再有出众优美的旗袍包装，两者完美地结合成一体。”[3]中国女性体型柔和、含蓄，身体起伏小，骨骼圆润。旗袍把这样的体型特征表现得很得体，适度的曲线，收一点点腰，不强调性感。同时，因为旗袍通体一身，线条流畅，更显人修长，尤适合清瘦的南方女子，拔高了整个身形。紧闭的立领直而挺，给人端庄矜持的感觉，顺应了这种纵向的美感。包裹式的穿法，也令体态若隐若现，恰到好处地表现了中国女性婉约、尔雅的气质，温和而不张扬，也符合东方人眼中的淑女形象。

今天我们对旗袍更多的是一种审美认识，但旗袍在创制之初的目的却是为了体现男女平权思想。辛亥革命以后，“男女平权”成为社会改革的热门话题，甚至成为五四新文化运动的重要内容。知识界提出“女子去长裙”的说法，也就有了女性改穿男子长袍的先声。张爱玲的《更衣记》中写道：“一截穿衣与两截穿衣是很细微的区别，似乎没有什么不公平之处，可是1920年的女人很容易地就多了心。她们初受西方文化的熏陶，醉心于男女平权之说，可是四周的实际情形与理想相差太远了，羞愤之下，她们排斥女性化的一切，恨不得将女人的根性斩尽杀绝。因此初兴的旗袍是严冷方正的，具有清教徒的风格。”[4]由此可见，旗袍的出现，完全配合了女性争取权利的愿望。所以旗袍也被认为是妇女运动高涨的一种折射。战争年代，女子也有参军者，她们穿上这种男装的袍来实现独立人格或自身的价值。因为旗袍早期的这一属性，直到20世纪40年代宋庆龄身穿旗袍在美国演讲时，还被美国媒体评论为“充满了力量”。从这个视角，可以说，就像西方女性的铁拳藏在天鹅绒手套里一样，中国女性的“气势”则是隐在一席旗袍之内。

女式旗袍因男女平权而生，一出现，却迅速进入流行时装的行列。旗袍流行的现象在19世纪三四十年代的上海很突出，旗袍在当时是一种既稳定又变幻无常的时装。那个时代的旗袍稍不留神便会落伍，这种时髦需要‘追赶’才能及。[5]那时连香港很多私立学校和社团办的中小学也都规定女生要着长衫（袍）为校服，20世纪30年代，旗袍还传至东南亚诸国，足见证旗袍的传播效应。

旗袍的流行是有原因的，它本身非常“百搭”，不仅能与背心、中式女褂、女袄等传统服饰搭配穿着，与女西服上衣、外套、大衣、毛线衣、毛绒外衣、裘皮大衣等相组合，也别有韵味。况且旗袍可以胜任各种场合，材质也灵活多变，下摆可方可圆，纹饰可繁可简，所以受众很广。

旗袍成了流行的多面镜，只不过不同群体会选择风格各异的旗袍，端庄的衣领满足了闺秀保守谨慎的要求，蓝色土布旗袍衬托了学生的纯朴，精湛的丝缎衣料彰显了贵妇的奢靡，交际花则以修长的大腿展露着她们的妖媚，电影明星的旗袍极尽奢华，而知识女性的旗袍则朴素淡雅。

春晚舞台、选美比赛、红毯，一直是旗袍等国粹民俗大放异彩的场合，不断有明星为旗袍代言，体现传统文化的商品的广告也常用到旗袍，综艺节目也常以旗袍作为复古题材进行展示，比如真人秀节目《偶像来了》为女星拍摄的旗袍怀旧写真，可见旗袍的复古热潮经久不衰。

现如今，中国第一夫人以什么服饰亮相，成为大众关心的内容。在外事出访中，彭丽媛女士的着装几乎都是中国元素的创新设计，经典的过膝裙、中式领套装、修身剪裁的毛呢立领外套、旗袍式样的连身裙，都是浓郁的传统文化与现代精神的完美结合。

旗袍的传承与传播力，不只体现在中国乃至亚洲，对西方时装设计师也一直产生着影响（图1-8）。约翰·加利亚诺为迪奥设计的第一个高级定制系列（1997年春季）首秀便受到中国的启发，其中两件从中式披肩演化而来的礼服广受关注：一条是妮可·基德曼在参加1997年奥斯卡颁奖典礼时身穿的黄绿色旗袍，另一条就是图1-8右图这件有着夸张穗边和精致刺绣的洋红色礼服。

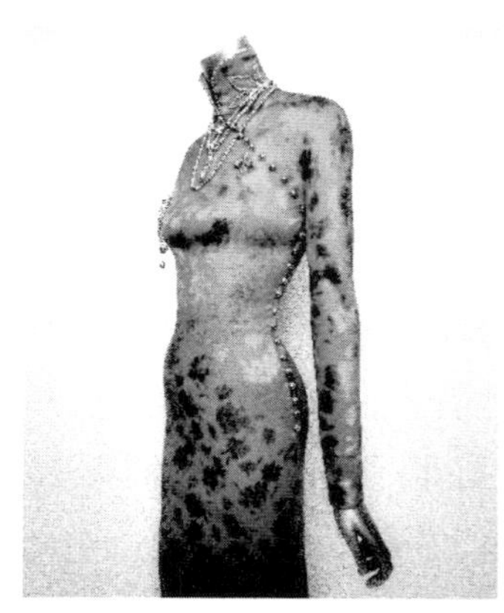

图1-8　西方设计师演绎的旗袍

（左至右：迪奥 1997年作品；高缇耶2001年作品；迪奥1997年作品）

让·保罗·高缇耶2001秋冬高级定制系列，设计师从中国画中寻求元素，人物、蝴蝶与竹子的图案构成重点，用剪绣和补贴表现在紫色旗袍的背上。设计师对后背的裸露非常西化，但装饰主题皆以中国绘画为灵感，无疑是利用了东方文化的“象征性”，用外国人所不熟悉的这些古香古色来营造一种中国幻象。

这些案例给我们带来很多思考，让我们将旗袍作为一个出发点，从更广阔的视角看一下中国风服装的传承与传播。中国风设计的人员中，有本国设计师，也有西方设计师，他们分别代表了两种不同的设计语境。本土设计师有郭培、许建树 （Laurence Xu）、夏姿陈等；还有一些小众的新锐设计师，他们对中国元素有着更为清醒的文化认知。外国设计师的作品往往更加新奇，更令人眼前一亮，并非他们的设计方法超越了我们的本土设计师，而是西方人按照自己对于东方风土人情的想象造就了一种更华丽的装饰风格。

从大量的设计作品中也能看出，我们的本土设计师的中国风作品，对“中国”二字的认识比较现实，所以选材与转换也都很真实，让很熟悉这些元素的人跳脱出其思维习惯是很难的。相比之下，西方设计师对中国本土文化并没有参透多少，对中国元素的运用也停留在一些皮毛上，没有太现实的元素，但也正是这种不完全基于现实的元素，反而让西方设计师对中国的幻想更多，许多设计都是他们脑海中产生的幻象和浪漫情怀的产物，其作品具有多种神秘、想象的艺术美感，当然，这种不真实的美是更让人震撼的。

第二节　服饰传播的功能

一、服饰媒介即讯息

加拿大传播学者马歇尔·麦克卢汉最具代表性的“媒介即讯息”理论，“希望用媒介来解释社会的一切发展和变化”[1]136。在他看来，“媒介可以囊括一切技术，不仅电视、漫画、广播电台是媒介，甚至自行车、住宅和武器都是媒介”[1]136。在麦克卢汉看来，“媒介本身比起它所承载的内容更重要”[1]136。

麦克卢汉的理论可以用来解释服饰。当大多数学者关注服饰在材料和造型方面的物质内容、对服饰进行“外在物象”的微观研究时，我们从传媒理论进行思考，却能发现服饰作为宽泛意义上的非语言性媒介，其精神性对物质性的制约，形成强势的单方面影响。也就是说，服饰的研究重点不应只是它的物质内容，而是其在社会文化影响下产生的表征性和精神性。服饰在任何社会形态下都是一张“社交名片”，不同的服饰能够表现不同的人与社会的关系。这也是理解古今服饰的出发点，“服饰媒介即讯息”理论也由此产生。

古代服饰，无论它多么强调伦理性、多么富有礼的意识，其目的都是影响受众，以着装为媒介说服受众，规范其思想和行为。

例如，周礼建立的章服制度，要求帝王在祭祀时身穿绣有“十二章”纹样的冕服（图1–9）。十二章纹是帝制时代帝王及官员礼服上绘绣的十二种纹饰，包括日、月、星辰、群山、龙、华虫、宗彝、藻、火、粉米、黼、黻十二种纹样。

图1–9 秦始皇章服画像与十二章纹样

这些纹样最初来自人们对大自然和宇宙的观察，在原始彩陶中早已出现，后来被赋予了巩固帝王地位的教化功能，起到了中介的作用：日、月、星辰，取“照临”之意；山，取其稳重、镇定之意；龙，取其神异、变幻之意；华虫，羽毛五色，十分美丽，取其“文彩”之意；宗彝，取“供奉、孝养”之意；藻，取“洁净”之意；火，取“明亮”之意；粉米，取“有所养”之意；黼，取“割断、果断”之意；黻，取“辨别、明察、背恶向善”之意。十二章纹从先秦一直沿用到近代复辟帝制为止。

事实上，十二章纹是泛意识形态的产物，它看重的是象征统治者权威的中介本质，而非真正的十二个具体物象，甚至物象的形式可能并不符合人们的审美需要。只是说，从长期的历史进程来看，形式本身起配角的作用，富含象征的媒介性起到了决定性的作用。所以，这套图式符号曾经影响着帝政王朝的文化和制度，甚至反映了政权的发展轨迹。

历代的《舆服志》也是通过服饰媒介逐层划分等级的典型案例，它依据纹样和用色的表征性，与官职和官场组织所产生的效果同具效力。以唐代服制为例，有常服、公服、朝服、祭服四等之制。其中朝服又称具服，公服又称从省服，常服又称宴服。《唐书·舆服志》记载：

平巾帻者，武官、卫官公事之服也。金饰，五品以上兼用玉，大口绔，乌皮靴，白练裙、襦，起梁带。陪大仗，有裲裆、螣蛇。朝集从事、州县佐史、岳渎祝史、外州品子、庶民任掌事者服之，有绯褶、大口绔，紫附褷。文武官骑马服之，则去裲裆、珣蛇。袴褶之制：五品以上，细绫及罗为之，六品以下，小绫为之，三品以上紫，五品以上绯，七品以上绿，九品以上碧。裲裆之制：一当胸，一当背，短袖覆膊。螣蛇之制：以锦为表，长八尺，中实以绵，像蛇形。起梁带之制：三品以上，玉梁宝钿，五品以上，金梁宝钿，六品以下，金饰隐起而已。

从省服者，五品以上公事、朔望朝谒、见东宫之服也，亦曰公服。冠帻缨，簪导，绛纱单衣，白裙、襦，革带钩褵，假带，方心，韈，履，纷，鞶囊，双佩，乌皮履。六品以下去纷、鞶囊、双佩。三品以上有公爵者，嫡子之婚，假絺冕。五品以上子孙，九品以上子，爵弁。庶人婚，假绛公服。（《新唐书·志第十四·车服》）

以上为唐代公服之制，按照冠制等级、服装配套、衣料规格、用色范围、贵饰标准等一系列制度区分官阶。这类服饰的力量并不在于其物质属性，而在于它是影响人们认识社会秩序的特殊的物化语言。官服系列在王朝统治的认同结构内进行传播，而认同结构能使服饰作为政治文化标志在全国范围内推广。比公服更为复杂的还有所谓“国之大事，在祀与戎”的祭服，更是体现了农耕文化中以服装作媒介，在人与人之间甚至若干代人之间进行割裂，塑造社会等级，从而对其进行控制的地位巩固论。

与我国官服体系一样，西方的古罗马服装也带有工具性的特征。古罗马男子穿的托加，从每一种颜色、装饰和样式，都能明显判断出不同的身份、地位和职业，为阶层的区分提供了视觉定位，从而创造出独特的罗马符号：外来者及被放逐者不被允许穿托加，一般市民穿本白色的托加，参加竞选的官员必须穿漂白处理过的托加，神职人员及上层人士还会让16岁以上的男子穿紫边的白托加，元老的托加也有紫色或红色镶边，而绣金线纹样的紫红色托加则是罗马皇帝的专用色，因为紫红染料昂贵，只能从地中海紫贝中提炼。绣金的紫袍也像我国的赐服一样，会被赠予打了胜仗的将军，作为礼服在凯旋时或大型庆典中使用。古罗马时代，人们可以通过服饰对社会进行分类、排序、建构。因此，剥夺某人穿托加的权利就成了一种侮辱和惩戒行为，托加作为媒介形式产生的影响远远大于它作为具体着装样式产生的影响。

托加甚至被视为和平的标志，所以罗马士兵不穿托加，只穿丘尼克和萨古姆。西塞罗在《论责任》中说过："让武力屈服于托加。"由此可见，托加自身创造了社会价值，并突出了象征符号的意义。托加作为媒介对罗马社会的重要性远远大于其物质内容对社会的重要性，至于它是6米长、1.8米宽的半圆形羊毛布，还是从左肩围裹并缠绕全身的着装方式，其实并不重要。这些都从根本上说明了服饰媒介即讯息，任何主导一个时期的服饰形式，也都作为媒介传递着主导社会进程的讯息。

简言之，服饰本身作为媒介时，会对意识构成产生重要影响。古代用绫罗绸缎代指王公贵族，用布衣代指平民百姓，这个形象的比喻，更侧重给衣料重新创造了意义，即讯息。服饰媒介具有改革的能力，了解着装现象，不仅有助于我们思考并发现看待事物的新视角，更有助于我们了解人类塑造社会的规模和进程的内在逻辑。有趣的是，服饰虽然指导了我们分辨和解读事物，但它的这种介入却潜伏在日常生活里，往往不为人所注意，多数人也并未有意识地去思考着装行为和服饰观念对于我们认识世界有着怎样的影响。

二、服饰传播的目的与方法

（一）传播的目的

大凡服装史类书目，在服装起源部分总会涉及三个基本问题，其中一个问题就关于人类"有目的"的着装行为。由于材质的限制，服饰不像是建筑中的壁画、石器陶瓷等易于长期留存，所以从服装加工技术层面对于服装发展的探究是充满了随机性和偶发性的。因此，本书着重把服装传播探讨的重点放在着装的"目的"，即服饰传播的目的上。

1.传播适应性的目的

历史上的中西方服饰，其着装观念完全不同，之所以分途发展，正是服饰适应不同的文化背景和思维观念的结果。

大陆与海洋，创造出了完全不同的民族性格和不同的宗教信仰。中国文化是一种大陆型的农业文化，这是一种朴素而又实在的生产方式，长期在这种生产方式下的中华民族便形成了一种好静的性格。而西方民族生存的空间以海岛为主，流动的生活方式使人们在漫长的岁月里形成了爱动的性情。他们的生活流动不居，靠贸易维持繁荣。静与动的民族性格差异，使中国人倾向于保守，容易顺乎自然，不喜欢变革；使西方人倾向于开拓，对新奇事物感兴趣，习惯变化。

宗教信仰伴随着人类的需要而产生，实质上是民族性格的一种延伸，是和民族的本质紧密相连的。中国人宁静、爱好和平、能与自然和睦相处的性格，也体现为对异族宗教文化的兼收并蓄。在不断的冲突中，佛教文化以融合的姿态汇入中国文化的母体，儒、道、释相互渗透，加上基督教的后期传入，共同形成了中国传统文化的根基。在西方传统中，人们习惯称西方文化为“基督教文化”。古希腊文明、古希伯来文明和古罗马文明三大文明源头汇总于基督教，以宗教信仰的形式在西方构筑起庞大的文化体系。

2.传播装饰美的目的

服饰美是最为普遍的传播内容。赏心悦目的装扮，能够令人产生视觉快感，进而升华为美感。

翻开西方服装史，各历史时期、各风格流派的服装相互借鉴、循环往复，服饰的新观念、新意识空前活跃，无不是以美为前提的。以近代为例，从法国皇后约瑟芬身着一套典雅肃穆的新古典主义女裙接受拿破仑加冕，到浪漫主义时期蕾丝和塔夫绸堆砌的脂粉娇柔形象，再到新洛可可时期沃斯主动探索服装样式的变化，高级顾客欧仁妮皇后引导了复兴裙撑的流行，巴斯尔时代令身材“前挺后翘”的臀垫的复活，又到古典样式向现代样式过渡的纤细、优美的S形女装时代，新的女装样式一个取代一个，呈现出缤纷多变的服装流行现象。而时装流行变化的历史，也可以说是服装设计师们自我风格创新的表现。近现代出现的国际服装大师均以敏锐的感觉契合时代需求，体现独树一帜的创意，并不断推翻现有的样式，求得了标新立异的风格特征。

3.传播伦理观的目的

中国传统服饰在宗法文化的背景下，通过上层社会的政治统治和儒家的“礼”的思想教化，其社会伦理功能日益彰显，甚至在一定程度上超越了实用功能与审美功能，形成了中国古代独特的“服饰治世”文化现象。

林语堂曾说：“大约中西服装哲学上不同之点，在于西装意在表现人身形体，而中装意在遮盖它。”（《生活的艺术》）中国服饰文化受到传统伦理价值的约束，不是重人体的写实表现，而是重衣物的写意和传神，强调服装必须遮盖身体，不以自我炫耀为目的。儒家以“德”“礼”来规范服饰，不单单以宽袍大袖遮蔽人体，更强调不能显露肌肤，把衣服的遮蔽性能上升到了人格高度，体现出一种严谨守礼的风尚。儒家服饰观念由于在历史上长期占统治地位，因此，其“藏形”“隐形”的道德功用对历朝历代的服装造型都有影响。班固在《白虎通义》里这样解释“衣裳”：“衣者隐也，裳者鄣也，所以隐形自鄣闭也。”他认为衣裳的作用是把肉体遮掩起来，体现的是传统服装伦理纲常的一面。

4.传播仪容礼仪的目的

我国古代服饰最注重容仪，《弟子规》有“冠必正，纽必结，袜与履，俱紧切”的要求，通过仪表类比人格，衣冠齐整表示人的端正和恭谨，衣冠不整则代表其失去尊严。所谓“文质彬彬”“诚于中而形于外”“失去仪礼不为人”，都是将服饰的容仪看成是立人的根基。

在此观念下，孔子以“礼”“仁”观念维护西周建立的色彩典章，把赤、黄、青、白、黑定为正色，其他色彩称为间色，将正色和间色赋予尊卑、贵贱的等级象征意义。玄、纁二色来自“尊天法地”的思想，在祭祀时用于最崇高的冕服，上衣的玄色较红、黄、青、白、黑更是象征尊贵而至高无上；下裳的纁色属配色，衣为“正色”裳为“间色”的搭配，也象征尊卑有序。战国末期的“五德始终说”也将五个正色和阴阳五行学说联系了起来。同时，在尊卑体制下，统治阶级崇美尚丽，追求气象宏大的华丽尊贵，逐渐形成了中华民族喜好明艳色彩的风俗。

5.传播表征性的目的

牛仔服就像可口可乐一样，作为美国文化的传播符号，成为现代社会的一种消费表征（图1-10）。牛仔服是现代服装中传播最广的品种，最早出现在100年前美国西部淘金者的身上，结实耐磨而且实用便宜的帆布裤受到矿工们的青睐。从那时起，粗斜纹棉布、靛蓝染色、缉有粗犷的双明线、用铆钉固定边角的这些特点，至今基本没有改变。牛仔服的文化表征在传播更迭中被多次修改，从最初的实用性工装裤，到“二战”时以美军将其用作军服为契机，牛仔裤随着美国士兵遍布世界各地，为其战后在全世界普及撒下了种子。它具备了跨越了国界、肤色和民族的国际性要素，很快被“垮掉的一代”（beat generation）——避世派作为反抗世俗的叛逆表征，成为年轻一代与传统和古板决裂的服饰代表。20世纪60年代的嬉皮士运动、70年代的朋克运动分别把它与颓废形象和暴力形象联系在一起，牛仔服彻底成了与体制格格不入的文化符号。

图1–10 牛仔的表征性

（左至右：美国西部工人淘金服；美军战服；青年反体制运动的服装）

牛仔服在20世纪70年代进入中国时，一时难以被国人接受，尽管在这之前，我们国家的工人阶级已有几十年穿劳动布的工作服的经历了。但牛仔服传播的更多是一种叛逆符号，而不是劳动符号。从牛仔服的表征性上看，它打破了性别的局限，消除了性别符号，男女都能穿，民主性很强。但从款式上看，牛仔裤紧包臀部和大腿的造型特点，却把两性的信号更加露骨地显现出来。因此，牛仔服成为性感时髦的品类，被当今设计师实力推崇。

（二）传播的方法

服饰分化衍生的实质意义其实就是对字面意思的拆分与提炼，或者说是字面意思对服饰的衍生意义的高度概括。从表象上来理解，分化，是指事物分离演化的过程，也就是其脱离母体而成为有独立意义的个体的变化过程；而衍生，则是在分离出个体后的进一步自我发展与演变，经由衍变而生出独属于自己的内核与特点。从过程性来讲，分化与衍生的两个行为，既能同时进行又能依次进行，而同时进行势必会对于新事物的自我完善有更强的促进作用。但是同时和依次在界定时常容易产生的争议使我们不宜过多纠结于此，而有关“这些分化而来的服装普遍强化了原来的特征”，本书将在讨论中山装的过程中深入分析。

服装的外来移植，顾名思义，需要满足“外来”与“移植”两个要素，即由外界、外地传来的服饰特点与流派，在经过本地的吸纳后，移植到了本地的服装流派上，通过改良乃至创新，成为一种新的服装，并扎根于此。从上位观念看待这件事，其实这是一个文化移植的过程，服装作为文化的一种符号化的载体，其外传移植被接纳，体现出的是一种文化的强大与自信，是被客观条件所证实的结果。并且这种“植”所体现出的是不同于“殖”的一种更为自然的良性生长，是主观的接受，而非外力的强殖。

服装的分化衍生与外来移植，都是服饰传播的重要方式。外来移植大多走向了分化衍生的发展道路，分化衍生也与文化脉系中的彼此影响脱不了干系，这两种行为在历史的发展中相辅相成，为形成各种民族服饰与流派服饰做出了巨大贡献。同时也体现了人类文化的多样性与包容性特征。

三、现代制服及其“媒介”性质

按照一定制度和规定穿用的服装，统称制服。制服是个庞大的衣系统，标识是其作为“媒介”的基本属性。通过统一着装，带来服装使用者行为的规范化，以及对体制产生的自觉归属感，能够满足社会组织形式对秩序、效能和理性精神的诉求。

（一）制服体系的标识性

从古至今，人们都生活在制服营造的社会环境中。古代中国人就以十二章纹样的图案“标识”帝王冕服制度，首服冠帽“标识”戴冠者的具体官职，各朝代《舆服志》记录的朝服、官服、公服，都在通过制服的标识性传达各种社会内容。

进入工业文明时代，社会组织形式凸显了制服的一元性目的。托马斯·卡莱尔在1836年预见性地提出：“社会，这个令我越思越惊的东西，居然建立在服饰基础上。”此处的服饰即具有强制性、规定性的制服。

现代社会各集团组织在一定程度上被军事化，现代制服体现为着装统一、训练有素、纪律严明，有教育意义。特别是经历了两次世界大战，由战时军装、工装演变而来的现代制服一度在欧美国家盛行，无论是具有法律效力的正式制服，还是受组织内规章制度管束的职业制服，均利用“标识”维护其合法性和严肃性，确保集团利益和对于管理成效的促进作用，禁止非该集团成员使用，甚至也不允许在非适用场合穿着。

现代制服更加规格化、统一化，令着装者的行为更规范化。在实际生活中，制服明显起到了提高效率、解决矛盾、规范行为，使私人生活和社会生活的空间秩序产生明晰感的作用。它特别强调各种组织或团体的“区别”，通过“区别”显示着装群体的身份、地位和职责权限。

按社会组织分工，现代制服可分四个类别：国家职能部门的制服（军警、消防、公职人员制服）、行业与集团规定的职业制服（交通运输、物流、保险、银行、餐饮、医疗、体育、教育等行业制服）、仪式制服（奥运会、世博会、学位服、仪仗服、宗教团体等制服）、企业制服（商场、公司、门店等制服）。

（二）职能制服的法例规范

国家职能部门的制服，要求标识性明显、功能性突出，令穿着者具备某种紧张状态，有利于增强其责任心和使命感，还能给工作带来便利。例如军人、警官一旦穿上军警服，立刻精神百倍，给人以庄重感和严肃感；身穿制服的法官更容易具备正直和良好的德行，执法公务机关的工作人员借助制服的威严和震慑力，影响了社会整体的秩序和规范。这类制服都是“归属于某社会集团的成员资格证，同时也是服用者面向社会时的身份证”[6]。

世界上大多数军装均为绿色（草绿、深绿或黄中偏绿）。军服不约而同地朝绿色发展，是由从实战教训中总结得来的规律决定的。利用绿色作掩护，不易被发现，隐蔽了军队的行动。因此，各国军队虽然服装形式差别很大，但在颜色上却逐渐统一在绿色基调上。

我国军服分为陆、海、空三军干部与战士的制服。三军主要以服装的颜色、帽徽图饰来区分军种，形成了陆军以棕绿色为主色调、海军以白色和藏青色为主色调，空军以蔚蓝色为主色调的三军军服颜色（图1–11）。

图1–11 我国的陆海空军服

除了军装，其他执法单位的制服都经历过多次变迁。以检察机关的制服为例，中华人民共和国成立后的几十年里，检察部门处于无制服阶段，检察人员出庭办案多身穿类似于中山装的便服。20世纪80年代开始，检察部门进入军队式制服阶段，工作人员开始身穿军事化制服，头戴大檐帽，这种类似军人的服饰行为，强调了国家赋予检察部门的强制力。进入21世纪，职能机关告别了大檐帽和肩章，转而以西装式制服为主。而检察官的形象则越来越文职化，这种不仅是世界各国检察官着装的走向，也是法治文明、执法观念进步的体现。可以说，制服的变化从微观的角度记录了我国法制建设的进程。

同时，我们也应该看到，职能部门制服的工具理性过于关注权责分配，制服的发展变得趋向特权化。21世纪初常见的情况是，越来越多的不同组织部门混乱地穿着相似的制服。99式警服是国家根据国际惯例，为人民警察设计配发的执法服装，但这款警服随后就被其他执法部门相继仿制（21世纪初公安部公布的一项调查结果显示，涉及仿穿公安制服的部门就包括城管、文化稽查、技术监督、环卫、环保、市政、市场管理、烟草管理、环境监察、劳动执法、农机监理、客运、畜牧检疫、交通联防、国土监察、卫生监察、物价、动物检疫、进出口商品检疫、盐业、工商行政、商品综合治理、屠宰监察等），后来这套警服又被一些市政公交部门用来当作客运制服，有的单位甚至将其当作保安制服。这种借助警服的威力给自己执法、执勤过程提高便利的结果，助长了个别部门的特权，给人们带来了视觉的混乱，因而极易让大众产生情感上的抵触。

李当岐教授在研究制服时说道："通过穿用制服来明确组织体内部各个环节、各个部门的活动范围和职责权限，使每个成员有组织地顺应于整个集团的目的，从而消除和避免各种矛盾，以提高整个集团的运转效率。"[2]23由此可见，制服相似度过高时，组织体边界区域模糊，一个系统作用于另一个系统，不但无法发挥其协调社会内部矛盾的功能，也难以促进社会的正常运转。

（三）行业制服的双重表达

行业制服涉及交通运输、物流、保险、银行、餐饮、医疗、体育、教育等领域。这类制服对外是为了与同类集团产生区别，对内则有利于加强管理，规定穿着统一的制服便于工作。行业制服虽然没有法定强制力，但要求各行各业工作人员必须穿着，对其会有一定程度的约束力和规制力。

各航空公司的制服是行业制服的典型案例。航空制服不仅代表穿着者所属公司的形象，有的甚至代表着一国的形象。许多航空公司的制服都出自知名设计师之手。优雅极简的纯色套装仍是大多数制服的首选（图1-12）。

图1–12　法航制服和韩航制服

法国设计师克里斯汀·拉克鲁瓦（Christian Lacroix）用低调的深灰蓝色套装为法国航空呈现了法式优雅：深灰蓝色是法航保持了七十多年的制服基本色，从正装到外套、鞋帽、配件，赋予了制服以极大的选择和组合空间，法航甚至还设计了孕妇装，兼顾了员工职业生涯的每个阶段。拉克鲁瓦的设计特别关注乘务组人员在工作期间的情感需求，尤其关注单衣和饰物搭配的繁多变化，使每位乘务员都能穿出个性和品位。

大韩航空的制服是意大利设计师费雷（Ferre）的作品，被公认体现了全球时尚魅力与韩国传统美的高度和谐。制服柔和的色彩彰显着沉静的韩式优雅。中国国航的制服以中国蓝和中国红为主色，这两个颜色是从明瓷中提取的“霁红”色与“青花”色。霁红多呈褐红，宛若凝固的鸡血颜色；青花是紫蓝色，纯粹、浓艳。两色都给人一种深沉安定、莹润均匀的高雅之感。

跟套装制服不同的是，有一类航空制服青睐传统民族服装，设计师大胆运用民族色彩与装饰，充分体现了民族的即世界的，令人印象深刻。以东南亚国家为例（图1–13），彩色的马来西亚布裙制服在马来传统服装沙笼柯芭雅（Sarong Kebaya）的基础上设计而成，新加坡航空的制服以宝蓝色背景的蜡染彩花作为主要图案，马来西亚航空和新加坡航空的制服贴身裹体，采用当地传统印花织布制作。马来西亚航空和新加坡航空的服装款式相似度较高，但这却并非恶意竞争的结果，而是由商业发展历史导致的。20世纪70年代以前，两家航空曾同属一个联邦公司，所以制服的款式、颜色和花纹都有很多相同的地方；其不同之处在于，马来西亚航空的制服是深V领，新加坡航空的制服是小圆领。这样看来，服装不仅传播着民族形象，还能传达出更多的信息，供人们解读。

图1–13 新加坡航空的制服和马来西亚航空的制服

以上这类制服聚焦人文关怀和情感需求，意在通过传统趣味或地域化处理，为制服注入亲切自豪的民族个性气息。可见，民族元素的加入，目的是为了唤醒穿着者和观众的情感体验，加强传统与现代之间的情感交流，使制服成为沟通时代文明、传播民族文化、塑造国家形象的文化媒介。

（四）仪式制服的人文延伸

仪式制服包括奥运会、世博会的礼仪制服、学位服、仪仗服、宗教服，还有因特定活动穿着的统一服装，例如APEC会议制服，这类制服强调的是容仪性。

着学位服、行拨穗礼是大学毕业典礼上的一项重要仪式，这一传统开始于中世纪的欧洲。当时的大学生都是神职人员，在服饰上不追求装扮，款式简单朴素，以长袍和外套为基本款。长袍有兜帽，便于往返教堂的路上遮风避雨。都铎王朝时期，英国的牛津大学和剑桥大学将这种款式确立为学位服的标准，颜色保持纯黑，19世纪末，开始用不同的颜色代表不同的学术领域。学位服由学位帽、流苏、学位袍、垂布四部分组成。博士学位袍为黑、红两色，硕士学位袍为蓝、深蓝两色，学士学位袍为全黑色，导师学位袍为红、黑两色，校长袍为全红色。垂布饰边则是按文、理、工、农、医和军事六大类分别为粉、银灰、黄、绿、白和红色。我国一开始使用的也是欧洲的学位服制，因为大学体制和学位制均来自西方，但近年来自创中国式学位服的呼声高涨，像北京服装学院的“民国魔法装”、中国美术学院的“国色国香”学位服，这些试图创新的改革行径在一段时期内将会愈演愈烈。

在各大国内外赛场上，礼仪制服给人们留下的印象很深。比如北京奥运会的青花瓷礼仪服。赛场上，不仅仅是礼仪人员要身穿制服，参赛选手的运动服也属于制服的范畴，因此运动制服又分仪式制服和比赛制服两种。

以APEC会议制服为例，APEC规定领导人穿会议举办国的民族装，2014年北京APEC会议上各国领导人身穿新中装亮相。新中装的面料采用宋锦和漳缎，色彩上使用了故宫红、靛蓝、孔雀蓝、深紫红、金棕和黑棕等厚重大方的传统色调，男装采取了立领、对开襟、连肩袖，提花万字纹宋锦面料，饰海水江崖纹的设计。女装为立领、对襟、连肩袖，双宫缎面料，饰海水江崖纹外套。采用“海水江崖纹”的设计，赋予21个经济体山水相依、守望相护的寓意。新中装不仅体现了中国设计的突破，更应作为媒介来理解，它寻求到一种演绎世界地位的方法，同时可以溯源到传统之本，使中国人文更有力量。

另外，商场、公司、门店等企业制服，也都同样起着社会及职责的区别作用。企业制服要明确“工作用”的特点，要用实用与否的最终标准来约束情感，达到既重视理性设计又带有情感体验。纽约设计师斯坦·赫尔曼设计的联邦快递公司制服使用浓郁的色彩作为基调，主色绿、紫、黑，配以这些颜色的各种混合色，加上动感夸张的拼色，设计风格极易让人联想起高尔夫球场上见到的休闲装，使通常感觉冷漠且程序化的物流人员显得亲和温暖。根据纽约时装设计技术学院的制服权威梅琳达·韦伯教授的说法：紫色和绿色使得联邦快递公司的员工容易辨认。麦当劳全球制服、美国全国铁路客运公司制服、派克梅里达饭店制服也都出自赫尔曼的设计。

现代制服的媒介性质已提高到一个本体论的高度，每当出现受大众欢迎、辨识度高、传播力广的制服，往往被看作是一种形象地演绎整体秩序、把握业态行情甚至世界的方式，在不同的文化、民族和国家中给使用者带来了相当程度的积极心理。

第三节 服饰传播的符号

语言符号表述为能指和所指，非语言符号的服饰，本身也带有两重性：一方面是物质的造型，即能指；另一方是表示的意义，即所指，二者的结合就是服饰传播的符号。

持这样的认识，我们可以进一步展开论述，服饰上的每个构成要素并不是服饰传播研究的看点，把服饰的形色质纹和它的着装行为联系起来，考察它与内在表达的意义、社会语境、文明习俗等之间的关系时，才具备了研究价值。如20世纪20年代西方的夫拉帕女装本身并不意味着什么，当把它的搓衣板外形与战后妇女解放运动关联起来时，它才被赋予了服饰符号研究的意义。

一、结构化要素

（一）服饰符号的任意性

在过去，衣衫褴褛是落魄卑微之象，不过，川久保玲在20世纪80年代推出的“乞丐装”，通过撕扯、破坏、拧扭、填充对材料进行再造重构和不对称处理，塑造了一个个颓废哀伤并且尚未完成的“乞丐”造型，却被西方主流媒体赞为“居于中间的艺术”。理由是她挑战了“美”与“丑”的分野，对西方传统的“唯美、平衡、和谐”的美学标准做出极大反叛，颠覆了人们长久以来的视觉习惯。因此，可以说乞丐装系列已彻底脱离“穿”这一实用功能，更偏向艺术境界。

为什么破烂服装的效果在不同时期不同层面有这么大的差别？其根源就在于破烂这一符号本质上受到一定系统的制约，反过来说，破烂形象本身和属于感觉的潜意识之间的结合，形成了不同的结论。

在这里，服饰符号的重要特征是构成它的两个概念关系上的任意性。也就是说，符号的能指与所指的关联是任意的，不是必然的，而是约定俗成的。所以，当把破烂装理解为分辨身份的象征时，破烂的穿着打扮会被视为乞讨者或流浪者，谚语“人敬富，狗咬破”是对这类弱势群体进行的舆论攻击。但当设计师把破烂理解为表达创造新的美学的时候，那些破洞衣服就让我们开始重新思考时尚在现代文化中的定位。也就是说，破烂本身没有意义，这种意义是人们所赋予的，而且，也没有什么因素限制它必须被赋予这样或那样的意义。

再比如，大众对色彩的评价与色彩本身的关系并没有必然联系。色彩本身并没有美与不美之分，但却在特定环境下对应着某一概念。比如红白二色在我国民间对应婚丧大事的服色，在日本就是男性和女性的代表色，而在西方白色代表纯洁，红色却指廉价。即使在中国，现代人对红白二色的古典式使用场合也发生了改变，白色和黑色代替了红白二色的象征意义，人们甚至可以在某些场合只根据自己的喜好自由配色，这就是服饰符号的任意性原理。

（二）服饰符号的组合关系

从物质属性上看，服饰是人的第二皮肤，也可以说，服饰是人的身体的延伸。当把服饰作为内在感觉来表达时，服饰就具备了行为意义，成了主观感情的延伸。瑞士语言学家索绪尔关注的是“符号之间的关系，以及符号组合背后的规则，一类是组合（连锁）关系，另一类是联想（聚合）关系。”[1]27对于服饰，组合关系更多是基于服饰与主观感情的关联。

比如，穿着宽松舒适的衣服，强调身心需要休养，适合居家或休闲的场合；外出着装则需要在习俗规则下按照不同情况选择不同形式的服装，这样可对应同样的感情：正装代表尊重对方，表达内心的重视；礼服表示场合隆重，反映庆吊的心情；运动装对应肢体活动和增强体质的需要；工作服和制服有利于识别身份和提高工作效率。服饰的形式与含义进行组合后，带有明显的规则制约作用，能把穿着者的地位、职业、阶层、文化水平等社会信息传达给他人。[2]9

有意思的是，除了传递身份信息，人们还可以通过服饰符号的组合关系，把情绪、喜好、自信心等个人性格信息以及主观感受也传达给他人（图1–14）。“以比对方谦逊、让步的外观来表示尊崇、恭顺、服从的态度。”[2]22《甄嬛传》中的甄嬛专门以素雅淡妆礼服出席太后寿宴，以表示谦逊。“以与他人协调、类似的外观来表示友好、和睦、协作和顺应的态度。”[2]22中老年人喜爱跳广场舞，许多人就会穿纯色上衣，搭配白色裤子，用统一着装能表示协作的态度，“两会”期间参会人士也通常以相似的商务着装表示对他人友好和睦的态度。

“傲慢、尊大和颓废、挑战性的外观表示威胁、压迫和抵抗、叛逆的情绪。”[2]23中国的杀马特一族，是结合日本视觉系和欧美摇滚的综合体，他们盲目模仿日系摇滚乐队的衣服和头发，五颜六色的长发和浓妆，加上稀奇古怪的装束，令其形成了一种另类怪诞的青少年形象，以此表示自己叛逆的情绪。“通过明快、华丽、醒目的穿戴对他人表示祝愿、恭贺的心情。”[2]23艺人被邀请出席时装秀场时，通常会穿着该品牌的新款时装亮相，以表达祝贺的心情。“通过暗淡、沉稳、肃穆的着装向对方表达哀悼、悲伤的感情。”[2]23葬礼上人们普遍会穿无装饰的黑色朴素套装，以表达哀思的心情。

图1–14　服饰的选择与主观感情有关

（左：《甄嬛传》剧照中的素雅淡妆表示谦逊恭顺；中：用“杀马特”造型表达叛逆情绪的年轻人；右：2015年“两会”上的人大代表着商务装表示协作的态度）

（三）服饰符号的联想关系

服饰符号的联想关系，指该符号从某一点出发，可以纵横关联出一系列的联想，由此及彼，逐渐扩大服饰符号传递的范围。如哥特的女帽汉宁，与同时代的教堂、文学、建筑、绘画，组成与宗教结合的联想关系；洛可可时期的帕米埃女装，与同时代的帷幔、墙纸、家纺，组成与室内装饰结合的联想关系；第二次工业革命时期英国男子的礼帽，与同时期高耸的烟囱形态组成了联想关系。

当我们观察西方服饰时，可以从外形上得到启示，服装外形与阐释社会行为组成了关联。李当岐教授对美国雕塑家鲁道夫斯基的四雕像进行过研究，这组雕塑致力于在外形上反映19世纪末至20世纪前期的四个时代，即40年内产生的四次服饰巨变（图1–15）。

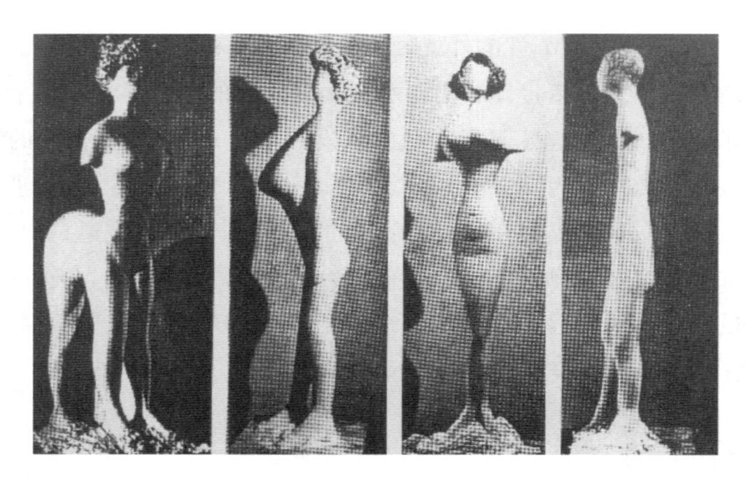

图1–15　鲁道夫斯基的四雕像与服装的外形

（下左至右：巴斯尔样式；S外形；霍布尔裙样式；管子式女装）

（1）用四条腿的人头马造型，来表现19世纪末欧洲女装流行的巴斯尔样式。这种服装是在裙子里面穿臀垫，把臀部向后撑大，后突的外形与人头马形似。

（2）用屋檐一样的单胸来表现1904年的女装外形。那时的女装流行S形，用紧身胸衣强调胸高和臀部的后翘，从侧面看呈S形。

（3）用一条腿的造型来表现1911–1914年设计师保罗·波烈推出的下摆收小的霍布尔裙。

（4）用搓衣板一样的女体造型来表现20世纪20年代的女装样式。受到女权运动的影响，当时的女性否定第二性征，有意把胸压平，女装流行扁平胸、低腰身的外形。[2]17

罗兰·巴特把符号表示的意义进一步区分为明示义和隐含义。在上面四个女装雕塑中，不同时代的“外形”符号被大众赋予了特定的隐申含义。“人头马”外形，“屋檐单胸”外形，“一条腿”外形，“搓衣板”外形，是符号载体本身。明示义分别为“裙撑的最后弥补”“消失前的紧身胸衣”“解放躯干却束缚双腿”“薄露透的现代格调”。他进一步对它们进行了社会评价，隐含义分别为“向现代靠拢却又不想丢失古典的自相矛盾”“从古典步入现代的徘徊情绪”“解放现代身体的局部妥协”“彻底解放后的身心重塑”。这样就通过四个服饰外形解说了女性价值观的骤变方式与现代社会地位的确立过程。

二、编码与解码

英国伯明翰大学的斯图尔特·霍尔于1980年提出了“编码/解码”模式，这组对应词有两个关注点，“媒体内容生产过程中的政治和社会预警分析（与编码有关），媒体内容的消费分析（与解码有关）。”[1]38从服饰传播的视域来看，现代设计师更为明显地成为“编码/解码”的意义建构者。尤其是具有时代回音的里程碑式设计师，传播经由他们创造的设计符号来展示，而符号的本来面目具有随意性，经过设计构思、组织方法以及设计师的社会背景和行业惯例等要素结合起来后，就会呈现不同的意义。

（一）设计师的“编码/解码”模式

法国高级时装大师迪奥的弟子伊夫·圣洛朗（Yves Saint Laurent）是一位艺术感知敏锐的设计师，他的作品中处处体现着当代艺术流派或艺术大师风格的影响。圣洛朗的设计编码并非随心所欲，根据时代语境和社会话题，他会将设计编码锁定在某个范围内（图1–16）。

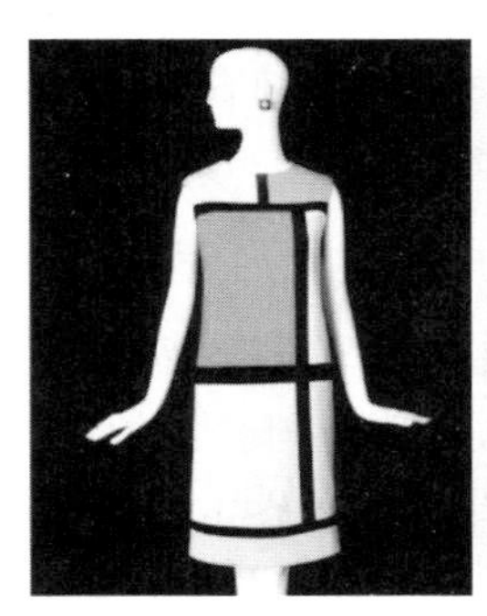

图1-16 伊夫·圣洛朗设计上的“编码/解码”模式

1965年，著名的蒙德里安系列以简洁明快的蒙德里安冷抽象艺术为内部构造，在现代女装向单纯化、轻便化方向发展时赋予了同一文本中解码出来的意义。1967年的非洲系列，锁定单纯豪放的非洲原始部落工艺，吸收后现代主义思潮的主张，使异域民族解码产生了优先意义。1968年推出的狩猎装（Safari），一系列无色系、简洁、中性的狩猎装束基于“纪念1968年法国学生暴动”而作，强调了圣洛朗“尊重和热爱现代女性、让女性看起来更有力量”的主导立场。

1975年的吸烟装大胆地开创了更彻底的中性风格，男士礼服的经典元素——领结、马甲、铅笔裤、粗根高跟鞋、金属质感配饰、英伦绅士礼帽、修长收身皮草西服、皮手套、褶皱的长丝巾、长筒马靴——完全、直接地被编码进女装中，从着装上埋下了传播女权立场的伏笔。之后，圣洛朗几乎每年都会推出不同款式的吸烟装，从20世纪80年代女权运动全盛期烟装强调宽肩线，垫肩窄裤脚呈现上宽下窄的倒三角形，以塑造女强人强悍的形象，到20世纪90年代烟装又融入立体裁剪技巧，裤脚宽松曳地，走的是优雅闲适的路线。吸烟装的意义通过编码与解码的过程被制造出来。

1980年的中国风系列，是他1977年来中国旅行，受中国文化启发，从宫廷艺术得到灵感，酝酿的时装。直到2004年，他还继续吸收中国文化，以龙袍（受末代皇帝溥仪登基所穿龙袍启发创作）为灵感设计了若干中国龙的深V收腰礼服，将东方的元素编码，由西方的审美解码，带有明显的修正和综合特征。

编码/解码是圣洛朗从艺术中提取意义的过程，所以人们在圣洛朗的设计作品中看到的不是简单的复制艺术，他不断解码艺术中带来的信息，因此受众的解读与圣洛朗的意识形态也近乎一致。

（二）素材的编解程序与过程

要想了解服饰符号的意义，必须考虑到它在设计中可能会被重构的若干方式。设计行为属于创新，但并非发明，所以对设计编码后的符号，会建构出不同的主张和见解。

亚历山大·麦昆（Alexander McQueen）是服装业界熟知的英国已故设计天才，其作品的核心体现在对素材的编辑上。麦昆曾从印度、中国、非洲、日本和土耳其等国的历史文化与服饰中汲取灵感，融入自己的设计。例如，充满童话色彩的“树上少女”系列（图1–17）中的一款红色A字形大礼服，其设计灵感源于他在萨塞克斯郡东部乡间居所看到一棵老榆树所萌发的奇想：女孩在前半场中身裹黑色素衣，当她遇见王子，从树上下来，摇身一变，成为高贵的公主。这款礼服则是高贵公主的化身。麦昆结合此前他在印度的游历，大量运用印度繁复的手工刺绣，这些服饰也成为他作品中唯美梦幻的代表。

图1–17　麦昆设计的“树上少女”系列

（左：英国演员艾玛身穿麦昆设计的2008春夏“树上少女”礼服；右：美国大都会博物馆中展出的“树上少女”礼服）

2001年沃斯（Voss）系列（图1–18）的灵感来源于挪威以鸟类栖息地而闻名的沃斯小镇，这意味着作品中会有很多关于鸟类的细节。麦昆将舞台设在巨型透明匣子之中，外面镶嵌双向玻璃镜面。观众看得到匣子里的模特，但模特与观众却是隔绝的，只能看到自己的镜像。麦昆说这一装置的目的，是让人将目光转回自身，引发其内省，进而意识到美来自内在，发布秀中的时装更是再现了这种想象。

图1–18 麦昆设计的沃斯系列

秀场最后的震撼场景灵感来源于乔·彼得·威金的画作《疗养院》，肥胖的情色作家米歇尔·欧利头戴面具，赤裸身体倾躺在椅子上，嘴里含着一根吸管，身上群飞出躁动的飞蛾。麦昆恐惧死亡，却又渲染死亡，他对素材采取了反向编码的模式，观众能够理解其文本的含义，但却按照完全相反的方式来进行解码。例如，麦昆每次将"破碎、尘迹、腐朽"发挥在时尚中，观众可能将之理解为"神秘、永恒、绝美"。

缅甸长颈族的铜项圈在加里亚诺和麦昆的早年设计作品中都有过极为独到的演绎（图1–19）。这组银质时装的造型，则令人想起苗族头饰和中世纪十字军锁子甲的造型，看似无关联的文化，被设计师转换得如此协调，好像它们天生就有渊源一样（图1–20）。迪奥品牌的每一季设计，都在延续创始人迪奥最精髓的"新风貌"，从经典中汲取营养再作创新（图1–21）。这样，我们就看到了不同设计师在同一语境下，会用不同的方式来解码素材：有的是倾向性解码，有的是转移性解码，有的是服从性解码。

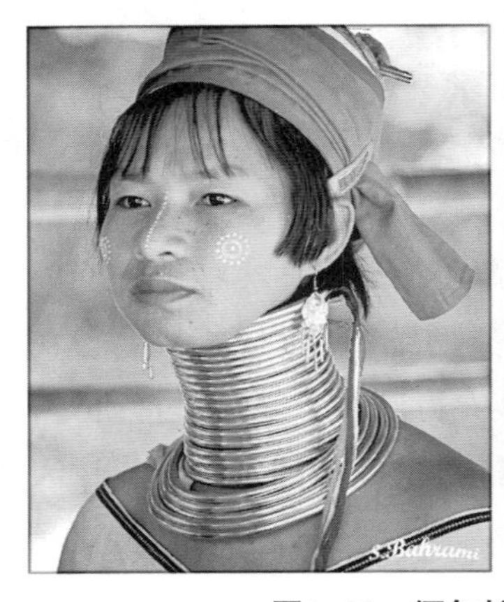

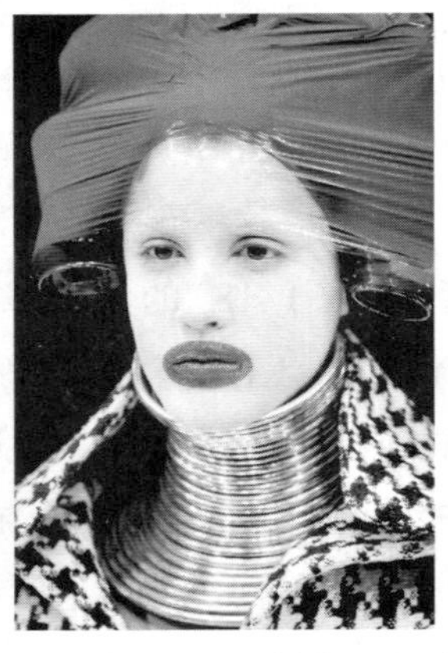

图1–19 缅甸长颈族的铜项圈；麦昆设计；加里亚诺设计

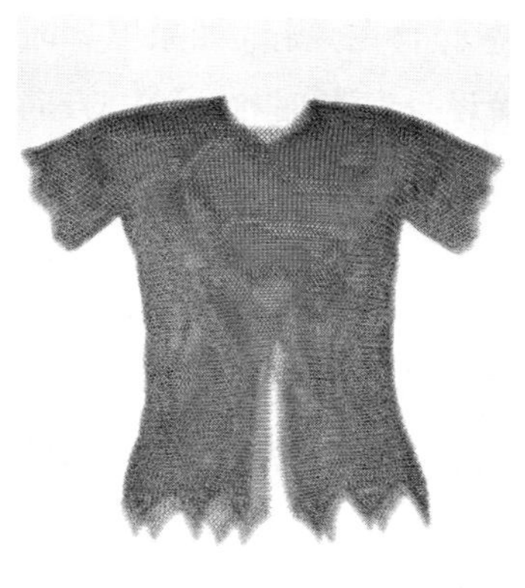

图1–20　十字军锁子甲；苗族银饰；麦昆的融合设计

图1–21　迪奥“新样式”；2007年作品；2011年作品

（三）霸权式流行与二次编码

尼克·史蒂文森在阐释符号编码的文本时指出：“以霸权为主导的阐述方式，是以讯息所提示的预想性意义来阐释文本的。”[1]45在风靡世界的现代女装体系中，巴黎处于时尚霸权地位，编码了很多流行指南信息。并非品牌和设计师展示了什么，传播就会理所当然地发生。两次世界大战后，香奈儿与迪奥分别扛起了巴黎高级时装的大旗，并在其所处的时代引导了流行趋势。

无疑，指导女性方向的设计作品，如香奈儿的功能主义设计和迪奥的造型风格设计是他们行业地位的承载者，但传者在阐释这些设计讯息时可以优先编码，尤其是香奈儿的爱情经历与女性真我风采，迪奥的细腻感性与单纯的执着灵魂，都将高级定制的幻想与巴黎时尚的意识形态糅合在一起。如果巴黎时装周提出，所有下一季的女裙应该更加大胆华丽，而设计师适时推出这一方向的设计，大众又接受并普及这一观点，那就可以说这是一种霸权式的阐释。这样的路径在时尚圈司空见惯。

即使是不同国家、不同民族的设计师举办着风格各异的时装秀，但只要是手工缝制的花团锦簇的高级定制系列，结果往往是着力贴合宽泛意义上的高级时装文化类型，在其自身的积极参与之下，这些他者会快速融入法国人创造的高级时装体系中。

很多设计师需要消化巴黎高级时装工会对作品的要求，以适应法国高级时装体系的需要，这一行为可称为二次编码，二次编码与设计师早期推行自身风格的初编码并不相同。通过调整为主流的设计审美，天马行空的创意与各种高超的手艺要一致等手段，设计师将有辨识度的高级手工艺编码进秀场作品中。可见，这类服饰的表达受制于先在的文化符码体系，为了使品牌同化于巴黎高定体制，服装符号编码与解码的方式必须有所改变。

三、传统与反传统

服饰的传统与反传统，像一枚硬币的两面，在服饰传播过程中紧紧伴随，具有互补性。传统绝非故步自封，或者“旧瓶装新酒”；反传统也不是与过去决绝、割裂，或者全盘更新。二者的伴生，实际上是一个转变意义的关系，或者说是一种文化实践的重构。如果要挑选一个最经典的案例，可通过溯源日本现代时装的崛起，看到“传统与反传统”这个概念的演变过程和传播过程。日本时装设计超过半个世纪的繁荣和蓬勃，使其成为直线裁剪体系下的其他亚洲国家在时装行业国际化发展上颇值得借鉴的范本。

（一）传统在现代文化中的定位

日本时装设计自20世纪70年代起便成为世界时装汪洋中独具特色且不可取代的一股浪潮，伴随着三宅一生、山本耀司、川久保玲等大师的名号越发如雷贯耳，日本现代设计美学观念也深刻而广泛地影响了始终掌握话语权的西方设计师（图1–22）。

图1–22　守住民族情结的日本设计师及其代表作

（上左至右：三宅一生、川久保玲、山本耀司、高田贤三。下左至右：一生褶、破烂装、黑色解构、后现代民族风）

从整体上看，日本社会对待外来文化的态度总是遵循着“照单全收——民族自省——深度糅合”这一路径，这一特色在服装业同样得到了鲜明的体现。在20世纪60年代到70年代中期，日本社会的服饰大观始终唯西方马首是瞻，这与当时追求现代化的社会风气密切相连。然而自从20世纪70年代开始，一批年轻的设计新兴力量学成归国、自立门户，正式拉开了本土时装设计腾飞的序幕。

日本时装设计的特色主要表现在结构的革新和面料的改造两个方面，不同以往的是，二者都以深厚而神秘的东方文化作为依托，把“衣着”作为人生观的传达，将设计上升到哲学的高度，因此与西方相对实际的设计形成了差异化竞争，例如，三宅一生所标榜的“意在衣先”的设计理念、山本耀司所贯彻的“反时尚”设计理念，以及川久保玲所力行的“破坏再造”设计理念。

（二）松散廓形与平面剪裁

服装作为身体的装饰和修辞，西方与东方在“形”的概念上大相径庭。总的说来，西方较为偏好贴合人体结构，对服装进行三维创作，以最大限度地彰显和强调人体的美感。这一点发展到了今天，表现为西方对于“性感”的定义，即服饰鲜明的性征和直接的裸露是达到性感必要的途径。与之相反，在东方的传统服饰文化恰恰是隐藏人体结构的，尤其是女装，身体被掩盖于宽袍大袖之下，排斥身材的显山露水、凹凸起伏。

不同的审美诉求导致服饰在制作方法上南辕北辙，西式服装对于人体包裹性的塑造使其多采用曲线式剪裁，消除了服装和体型之间的余量；然而这种余量却是东方式衣着所必需的部分，以求最大限度地隐藏曲线，因此直线型剪裁便成了东方服饰的本质特色所在。这一特性经由20世纪70年代崛起的日本设计师们再发现、再定义、再创造，形成了令世界时装界惊艳不已的现代东方风格。

在这些作品中，日本设计师们把民族服饰精髓和现代艺术氛围有机融合，创作出以“内空间”为新意的时装作品——他们往往擅长用松散、廓形和宽大的布料体现其东方哲思，这是他们的秀场“主菜”。但在这些平面化的基调之上，三宅一生会利用布料的叠加效果制造出富有禅意的虚实对比，山本耀司则貌似随意实则考究地将布料缠绕或纠结，在平面上造就与形体起伏无关的节奏感。

因此，这一阶段，日本设计师们的作品中弥合了传统与前卫，既洗练大气又酷感十足。而值得注意的是，这种前卫和独立恰好是与流行服装美学全面对抗的结果，这种绝不曲意逢迎、坚持遗世独立的态度令日本时装在概念上显得尤为“高级”，与其说日本设计师们在设计服装，不如说他们在设计一种先锋的“解构”理念，或者可以说，他们的创作是由当代行为艺术生发的枝叶。

另外，这批大师大多偏爱用无色彩或低饱和度的色彩来作为服装主打色（高田贤三除外）。例如，川久保玲的黑几乎成为她的品牌印象，山本耀司也好用黑白灰及其之间微妙的过渡来控制层次变化。除了用色的低敛之外，质感上的“旧”也是这批设计师的共同追求。三宅一生的作品曾被评论为“装土豆的麻袋”，山本耀司的水洗布更是让他的所有新款都像穿了几百年……这种形、色、质的配合使这些时装的气质更加多元，韵味更加丰富，集合了东方、前卫、工业、颓废等元素，从中也可以瞥见“二战”结束伊始的日本风物在这批设计师早年经历中所打下的烙印，以及西方20世纪60年代末兴起的青年文化对他们的影响。

（三）面料的实验与再造

日本时装大师们纷纷游历欧洲之时，正值西方时装设计观念新旧碰撞之际，在巴黎，所谓的“高级时装”观念令市井阶层反感，令年轻一代发笑。这种矛盾渗透在西方社会的方方面面，著名的“五月革命”（1968）的爆发是暗流涌动的矛盾的必然结果。而山本耀司曾透露，这些社会运动与思潮刷新了他的设计观，三宅一生也曾提及意识形态和文化走向对于他的创作理念的深远影响。

这种“革命”精神在这代设计师的作品中绝不仅仅体现在廓形结构上，也呈现于服装材料的质感和肌理上。例如三宅一生大名鼎鼎的“一生褶”——他改良了20世纪30年代的意大利设计师马瑞阿诺·佛坦尼（Mariano Fortuny）发明的一种带有细密褶皱的面料，结合自由不羁的服装结构，将材料本身的美感发挥到了极致：宽博的衣裙上褶裥密布，随穿着者的行动而呈现出涟漪般的流动感，极富诗意。同时，这种面料用其极大的弹性令穿着者倍感方便舒适，这也是三宅一生将现代服装的机能性纳入设计的一个证明（图1–23）。

图1–23 三宅一生的经典“一生褶”作品

三宅一生将面料——一种媒介本身的美感挖掘出来并予以放大，这与现代主义艺术对于“材料”的推崇一脉相承。而现代主义中的另一个关键词“否定”同样体现在这些日本设计师的创作中。例如川久保玲的“乞丐装”，设计师通过撕扯、破坏、拧扭、填充，对材料进行再造重构和不对称处理，打造出一个个衣衫褴褛，颓废哀伤并且尚未完成的“乞丐”造型。她为视觉习惯带来了极大的震动，挑战了“美”与“丑”的分野，其作品及理念是对西方时装界传统的“唯美、平衡、和谐”等美学标准的极大反叛（图1–24）。

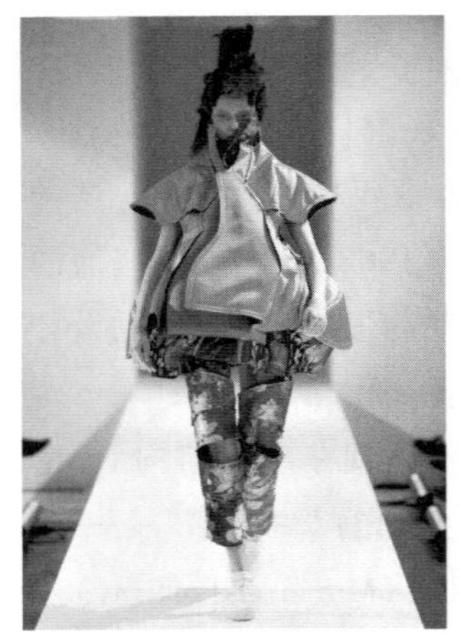

图1-24　川久保玲对抗古典的颠覆式美学

（四）传播开放性的设计语境

这批极负盛名的日本设计师大多于20世纪60年代在欧美进行过专业的设计训练并曾师从著名的时装设计师，对西方的设计制作流程相当熟稔，这些经历为他们的成功提供了宝贵经验。然而更为重要的是，留洋经历让他们真切地认识到东西方在艺术理念和思维方式上的差异，而这才是他们创造辉煌的关键契机。与西方直接的、唯美的、精致的审美趣味不同，他们开辟了一条内省的、自然的、朴素的甚至叛逆的革命之路，东方文化滋养了他们，而西方文化与现代艺术则为其提供了补给，令他们的才华之作在民族与世界、传统与现代之间自在游走。

日本设计师将东方美学介绍给世界，为世界时装设计提供了新的思路，展现了新的气象，东方元素也成为众多西方设计师的灵感缪斯，我们在之后很多国际大牌的天桥上都能瞥见东瀛风的端倪。然而，即使当今亚洲元素在每年的时装周上总会被使用，但对比之下仍然可以得见20世纪80年代风靡全球的日本新浪潮设计师们的独到之处——他们有一种吸引“头脑”和“思考”的力量，即使你的“身体依旧停留在巴黎”。这种具有思辨性的文化内涵让这些作品成为传世杰作，也足以让这些设计师被冠以“巨匠”之名——他们不仅试图定义何为“时尚”，更是在定义何为“服装”。

在世界时装界，他们的作品极具异域文化的辨识度，却难以找到明显的、直白的民族符号，人们嗅到的更多是独立的、先验的和未来的气质，这是源于设计师对于民族基因和现代意识的深度糅合及完美消化，而这一点尤其值得中国时装设计师借鉴并学习。

第四节　服饰传播的途径

一、双向互传理论

服饰传播的内容、过程以及程度通过事件的互动和交往而改变，这是一种自然而然的传播路径，因为传者与受者通常存在交流。服饰一方在传入其他地方、改变其他地方服饰格局的同时，其他地方的服饰也会传入本地，与原来的服饰融合，形成新的服饰。可见，A影响B的意义，反过来也被B所影响，这些便是双向互传理论探讨的主要内容，双向互传也由于双重强调而具有丰富的立论依据。

（一）中原服制移入日本

三国时代，东吴与日本的商贸活动频繁，中原纺织品及衣服的缝制方法传入日本，交领右衽、广衣博袖的曲裾袍服在日本被称作“吴服”，专指以蚕绢为面料的高级服装，区别于用麻布或棉布做的衣服。虽然这时汉服已传入日本，但真正关于中国服饰传入日本、被吸收和制度化的记录，是从奈良时代开始的。

日本江户时代《装束要领抄》一书提到，和服沿唐衣服而其制大同小异益。本邦通中华也始于汉，盛于唐世时。在唐文化影响下，和服开始以色彩划分等级，颜色自上而下分为深紫、浅紫、绯、绀、绿、黑。

那时正值唐的鼎盛期，日本派出大批学者、僧侣到中国学习和交流，遣唐使来中国，收获了唐的文化艺术、律令制度以及制度烦琐的朝服系统。随后，日本开始效仿唐服制度，衣服令就是服制传播过去的重要内容，它规定了日本皇室的礼服、朝服和制服。其中，朝服与冠帽的制定、区分官职等级的方式，以及按行业分类的公务人员的服装，皆与中国服饰制度相近。日本本土的和服体系中，有一部分是唐代服饰的移入。唐服融入日本本土后，发展了和服系统，比如平安时代皇室和公家贵族女性的华贵礼服“十二单”，采用唐绫和浮线两重织物，强调重叠，设有特定的颜色与纹样，这些特征受到唐服的延伸影响，形成了平安时代的日本和风服饰面貌（图1–25）。

图1-25 唐代大袖衣；唐代着装；日本和服

（二）日本解构成新浪潮

日本早期习得了中国服饰审美之玄妙，并对服饰本身的意义和符号进行了独特的解释与融汇。在这个基础上，前文有述的三宅一生、川久保玲和山本耀司，带着独特的东方理念，调整和改变了服饰传播互动中运用的符号，以二维的直线剪裁与巴黎传统的三维立体剪裁形成强烈对比，开启了"解构主义"风潮。时装编辑布兰达·波兰（Brenda Polan）曾回忆："在那之前巴黎从没有过那种黑色、奔放、宽松的服装，他们引起了关于传统美、优雅和性别的争论。"他们所有在服装上的百无禁忌，在世界时装舞台上掀起了一股泉涌般的"日本新浪潮"。

他们的"反时尚"设计不仅与欧洲潮流背道而驰，更反过来对世界时尚产生了深远影响，著名的比利时"安特卫普六君子"正是受日本新浪潮的影响才诞生的。自三巨头之后，一波又一波新的日本设计师开始进军国际时装界，这些人基本都是三人的门徒，他们以日本和服文化、直线及严谨的剪裁和不相容的唯美诡异著称，发展成为日本时尚的中坚力量。在这些铺垫之后，解构风格就成了日本设计的DNA，设计师们开始集中在色彩混搭、上下颠倒、巧妙串接、外露缝线、释放肩膀、加长袖子、不对称线条等诸多方式上对设计进行修正。

这种整体格局与服装孤立环境内的自然变化不同，它从直线的基本形态出发，却又更进一步，与现代艺术在互动中生产出"共同的符号"，并不断印证、重塑或新解之，东方解构的意义就这样通过持续的日本设计师的阐释进行着。

（三）洋装传入我国

洋装，是我们早先对欧美国家服装的统称。民国时期，洋装的许多工艺和技术是辗转日本再传至中国的。早在鸦片战争时，为挽救危亡，洋务派提出“中学为体，西学为用”，康有为、梁启超都呼吁过用洋装改造国人，在学生和军人中最先普及了西式的操练衣帽与军服。受这股风气影响，穿西装逐渐被城市男子接受。

张爱玲曾说：“民国初年的时装，大部分的灵感是得自西方的。舶来品不分皂白地被接受，可见一斑。”20世纪20年代，有不少女性喜好纯粹的西洋服装，有条件之人直接从欧美购买洋装回来，多数人是在开埠城市照样子制作。主要款式有大衣、连衣裙、套装、礼服等。这些来自国外的新潮样式开始在上海、广州、香港等地风靡，洋装成为那时的一种浪漫和时尚的象征。另外，中国的设计师们也开始借鉴洋装进行设计。为配合时髦女郎，传统旗袍也开始与玻璃丝袜、高跟皮鞋相配（图1–26）。

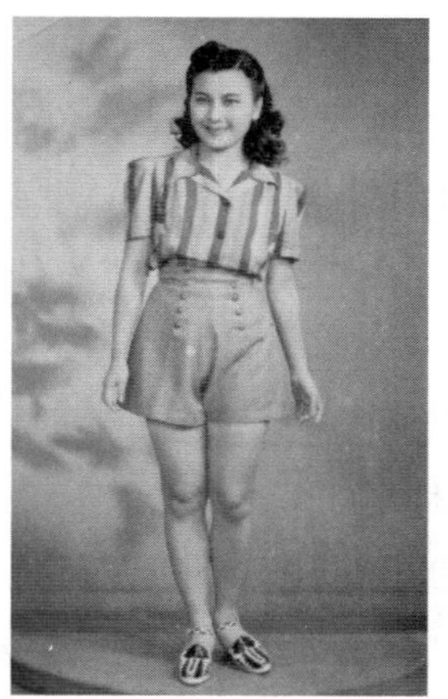

图1–26　洋装传入我国

20世纪20年代，西式连衣裙在国内很兴盛，各种喇叭袖、背带式连衣裙、腰围线下采取三段式的连衣裙及印花连衣裙等都可以见到。在古代，妇女秋冬只穿斗篷御寒。到了民国，大衣成了时髦女郎的冬季外出服。1927年创办的云裳时装公司就是从设计和制作西式大衣开始的。当时还出现了价格奇贵的皮大衣，叶浅予发表于1928年《良友》的“冬季装束美”系列服装采用了前开门襟、青果大翻领、单排扣或双排扣的大衣设计，与西方同步，属于洋装的范畴。

1930年《玲珑》杂志发表的上海时装研究社创作的“秋夜礼服”“将各色素缎裁成锯齿状的块面，铺陈在胸腰充当点缀”。这时也已出现女性着西式白纱结婚礼服的现象。开始，婚礼服是以中西合璧的方式，新娘穿传统旗袍，披西式头纱，戴白手套。像这样将传统与西式结合的做法在当时很时髦，后来婚礼服发展为男女都穿西式装，即新娘穿婚纱，新郎穿西装、皮鞋。

（四）西方与“镜窥中国”

西方现代服饰在全世界遍地开花的同时，中国文化也广泛地影响了西方的时装设计师。被誉为时尚界奥斯卡的Met Ball，以“镜窥中国”（*China: Through the Looking Glass*）为主题，集中介绍了百年来西方设计作品中的中国元素。之所以称为“镜窥”，该展览的导演王家卫有自己的解释：“东方的月亮投入西方的水镜之中，呈现出来的不一定是现实，却是种不一般的审美。与其把它称为镜子，倒不如说它更像是个窗口。”策展人安德鲁·波顿也重申了这一印象：“这里面的中国自然并不完全是现实，而是西方设计师脑海中产生的幻象、浪漫以及怀旧情怀。”

传播学理论上有过类似观点的建树，早期互动论者查尔斯·库利强调“人们在互动过程中，在他人的观念中发现自我，就是所谓的‘镜中我’”。服饰的双向互传模式发展了这一概念，即服饰的交流与传播，是与周围环境互动、了解对象、选择路线、植入融合，一直到最终固定下来的过程。这并非跨学科研究中的创意，在此前，最早开始研究这种互动关系的是哈佛大学的心理学家詹姆斯，他认为事物具有从主体成为客体的特性，解读“镜窥中国”的代表作品有助于我们理解这个术语的意义。

香奈儿虽然在设计上大刀阔斧地进行改革，但她对中国文化却情有独钟：“18岁起我就爱上中国屏风，当我进入一间中国古董店，我差点开心到晕倒，那是我第一次看见中国屏风，也是我第一次收藏中国屏风。”她一生收藏了32面中国乌木漆面屏风，直到1996年品牌秋冬高定系列中，拉格菲尔德以康朋街31号故居里的屏风为灵感，设计了系列女装，体现出设计师对中国艺术的独特品位（图1–27）。

图1–27　香奈儿收藏的中国屏风与拉格菲尔德1996年作品

该系列服装款式本身中规中矩，但它们以富丽迷幻的插屏花纹为布料肌理，再现了填漆螺钿、八宝镶嵌的屏风工艺，并以人物、宝塔、亭子、虫鱼鸟树以及栩栩如生的风景为图案主题，那些神话、帝皇和山水图案密密麻麻，充满了紫禁城般的鲜红与金黄。这种设计表达方式，无疑体现了该品牌融贯中西的看家本事，尽管服饰图纹细密拥挤，中国元素多到目不暇接，但在风格上拒绝内敛、喜爱表现的气质显得十分欧化。

这种设计理念并不属于中国本土，更多存在于西方视角，从14世纪起，西方人就发现了东方元素的美感，并开始自行仿造，“镜窥中国”便是欧美人按照自己对于东方风土人情的想象所造就的一种装饰趣味，换句话说，它呈现的风格其实是西方人对东方艺术的理解，掺杂着西方传统的审美情趣。

二、扩展与转换模式

服饰在传播时会产生一种自然而然的途径，那就是符号的扩展和符号的转换。

服饰符号在获得意义之后，还会以附加新的符号的形式进行意义的扩展。一般情况下，服饰附加的新符号越多，阐释的观点也就越不同。新的观点并不是从原来的观点里分出来的，而是形成了各自独立的观点。

让我们以中山装为例，来看一下服装符号的扩展模式。中山装是以孙中山的名字命名的服装，据悉，它来自日本的学校制服。从构成上看，中山装垫肩收腰，对襟排扣，贴袋袖扣，裤上有三个口袋（两个侧裤袋和一个带盖后口袋），挽裤脚。显然，中山装是西装的基本形。

源自西洋服装结构的中山装，如今有着泛政治化的解读。它的符号意义之所以有鲜明的政治色彩，是因为一些学者为构成这一服装的符号提供了多重意义：衣服的四个口袋代表“国之四维”（礼、义、廉、耻）；五粒纽扣表示五权宪法学说（行政权、立法权、司法权、考试权、监察权）；衣领为封闭式翻领，表示严谨的治国理念（三省吾身）；衣袋上面弧形中间突出的袋盖，笔山形代表重视知识分子；后片整块不破缝，表示国家和平统一之大义。

按照这一说法，中山装来自顶层设计，这些属于民族意志和国家权力的符号意义不断叠加，就有了大规模传播的基础：先是孙中山将这款服装作为同盟会的标准服装，后来中山装被强力推广。1929年《文官制服礼服条例》规定，中山装为“法定制服”，南京政府的政治要员须统一穿这款正服。1936年，国民政府下令全体公务员都要穿着中山装，而且从学校层面开始推广，要求学生也穿中山装。影响之下，“商人以爱国革命为中山装宣传，知识分子争相穿着，中山装走向了大众”[7]。经过“先政府、次教育、再大众”[7]的逐次推广，符号之间就构成了系统关系。

但是，薛伟强对同一服装的对抗性观点又做出了这样的阐释：中山装的特殊政治意义只是一个美丽的童话。他对民国时人着中山装的原因和价值文献进行普查后说道：“章乃器所言，要革命，先从服装革起。”“《新闻报》载文曰：国人欲以之纪念孙总理者。”“双石山人认为中山装之价值主要有便利、严整、价廉，利于阶层平等，适用多种场合。”“1928年上海邮务职工会代表大会通过一律改着中山装议案，里有多项：一改良中国服装、二提倡国货、三提倡朴俭美德、四表示尚武精神。”[7]这种以史为证的对抗性观点与“中山装体现孙中山治国理念”的文本理想针锋相对。

以上阐述的不同观点，作为“根据各种主导性话语策略来对各种文本进行定位”，这样的符号表达并不真实。但美国传播学家马克·彼得森则认为：“当我们再现关于现实的经验时，我们就再造了现实，我们仍然能够找到它背后的社会、文化和历史条件。”考虑到中山装在传播中的特定话语，其符号具有历史叙事的意义，它与革命信念、历史记忆、爱国情怀等内因交织在一起，成了中华民族的形象符号。中华人民共和国成立后，我国领导人经常穿着中山装出席重要场合，因为毛主席常穿中山装，所以外国媒体将中山装称为“毛装”（Mao Suit）。

随着越来越多民国影视剧的拍摄，影视明星也经常身着中山装出席各种场合，很多时尚品牌也开始纷纷设计自己的中山装。有的以中山装为造型，饰以龙、凤、梅、兰、竹、菊、琴、棋、书、画等图案刺绣；有的用印花面料和拼接面料制作中山装，变庄重的中山装为活泼创意的时装。出席北京APEC会议的国家领导人穿的“新中装”，则弱化了西服的特征，用更古老的直线连袖展现民族文化的自觉与自豪。这样，中山装本身的属性发生了根本变化：最初的政治属性被时尚属性和现在的人文属性所替代。这种传播方式在服装学上被解读为“从同系列的服装里分出了同系异种的服装”，在传播学上被阐释为“通过替换部分符号进行意义的转换”。无论在哪种方式中，中山装都成为已经被编码的讯息，通过传播普遍强化了其新的特征。

三、传播的关键视点

服饰研究是一门应用研究，所以研究服饰符号可以在符号学本体研究的同时，同样从传播途径的层面推进它的符号认识。为了了解服饰是通过什么途径来传播的，需要关注以下视点：

第一，人为设定的服饰伴随着强制性传播，能够引起人们直接、迅速的反应。从服装学的角度看，“许多服装并非自然形成、自然出现的，而是为了维护某一阶级的利益，人为地创立和规定了服装内容，包括服装的种类、款式、色彩、纹样和用法，以显示穿着者的动机、身份、地位、任务和职责权限”[2]181。无论是过去的祭服、朝服、公服、常服、戎服，还是现代的军服、警服、宗教服、工作服、仪式服以及各类团体服，都属于人为设定的服饰，在传播过程中与强烈的社会表征意义相连。

这样的服饰必然需要像“魔弹论”那种具有不可抵抗之强大效果的传播途径。借用英国符号学家迈克尔·欧肖内西和简·斯塔德勒的表述，可以理解为“符号系统都有一套基本的要素，并按照一定的规定、规则和惯例来联结”[1]33。同样的道理，上述发挥象征和标识功能的服饰，传达的不是物质载体本身，而是符号，为防止编码和解码过程中出现错位，需通过法规、制度和惯例来传播。以明洪武二十六年规定的百官公服为例，服色为一至四品绯袍，五至七品青袍，八、九品绿袍。织纹的区别更精细，一品大独科花（团花），径5寸；二品小独科花（小团花），径3寸；三品散花无枝叶，径2寸；四、五品小杂花纹，径1寸5分；六、七品小杂花，径1寸；八品以下无纹。为进一步表示官阶，腰带也分等级：一品玉带，二品犀角，三、四品金荔枝，五品以下乌角（牛角）。这类符号系统基于三种色彩、六种纹理和四种配件，组成了有效的整套意义符号，所以只认识色、纹、质这些物质要素是不够的，必须正确了解法规、制度和惯例，才能进行有效的信息传播。

第二，同一语境下的同一群体，拥有类同的心智和对事物的理解，会遵守一些约定俗成的着装习惯，并形成一套本社区内有约束力的服饰符号。“这些符号和规则在文化上是共享的，它们依赖人们的文化认知。只有在人们了解并分享符号规则的基础上，符号才可以发挥作用。”[1]33因习俗性协定产生的各地的民俗与民族服饰，就可以理解为这样一种传播模式。反过来说，服饰符号在不同的环境、不同的村落，由不同的民族进行了有区别的编码和解码。

比如支系繁多、内部差异极大的苗族服饰，有一套自己的复杂、庞大的符号系统。然而，如果不懂苗族服饰的支系分布、区域生态和年代跨度，只描述它物理层面的银饰、苗绣和蜡染，就等于没有真正解码它的意义。

根据情境的不同，色彩也有不同的属性和符号。云南大理的白族，同样有自己内部的服饰规则，白族人崇尚白色，服饰也以白色为主。尤其是白族姑娘头上戴的头饰，代表了大理的“风花雪月”。垂下的穗子是下关的风，艳丽的花饰是上关的花，帽顶的洁白是苍山的雪，弯弯的造型是洱海的月。而到了内蒙古的牧区，男女老幼都喜欢穿色彩鲜艳、撞色对比的蒙古袍，虽然袍的式样和颜色因地、因人而略有差异，但对比纯色却是各式蒙古袍与其他民族袍服的统一区别。内蒙古人一年中只穿袍，春秋穿夹袍，夏季穿单袍，冬季穿皮袍和棉袍。男袍肥大，女袍略收，但都不属于合体服装。袍比人高，袖比手长，领盖到脸，多数地区为保暖，袍的下摆不开衩。这些不仅仅是当地人的自由喜好，更带有明显的社会性制约作用，用来解释和规范民族内部行为。

西方也有类似的例子，比如法官和律师戴假发的习惯出现在12世纪的英国，当时上层社会的人都戴假发，这是出席正式场合的打扮。从法国的路易十三开始，假发成为许多行业的一种标志，但法国大革命后，假发习俗在欧洲逐渐消失，现在只有英国等少数国家的法院系统还保持有这个习惯。法官戴的是披肩假发，律师戴的是小假发，假发有白色、金黄色、浅灰色和灰色之分。一般认为，假发戴得越久，越老越脏，颜色越深，说明法官从事法律职业的时间越长、资历越高。所以，法官的假发越是破旧，证明这位法官的审判经验也越丰富。这一套有关假发的符号意义，就是因行业习俗协定而生产和传播的。

第三，服饰符号通过文化上有差异的系统传播。

这里，我们用明朝官服与李氏朝鲜官服的传播符号进行对照，把它们拿来做比较研究的一个主要原因是，常服样式就其自身要素而言没有太大的意义，而其比较价值依赖于它们是由宗主国与藩属国的封贡关系形成的服饰差异系统这一事实。

明政府上采周汉，下取唐宋，整顿和恢复了传统的汉族礼仪。明朝官员以乌纱帽和圆领袍服“补服”为常服，补服取名自前胸和后背的方形绣片，方片中织有飞禽走兽的纹样，纹样因区分官阶的传播意图而产生，由官方本身（即解释者）进行阐释符号的意义：文官用禽，一至九品的绣片放样分别为仙鹤、锦鸡、孔雀、云雀、白鹇、黄鹂、鹌鹑等；武官用兽，一至九品的绣片放样分别为狮子、虎、豹、熊、彪、犀牛、海马等。

李氏朝鲜之初，李成桂为巩固政权更迭后的统治，在即位之初的半年内，就先后九次遣使赴中国，请求明朝皇帝赐国号，以求获得明朝对新政权的承认和支持。同时主动遵循明朝官员常服的形式和制度，继承了明朝建立的中华正统服制。

朝鲜官服也为乌纱帽和袍衫，也分紫、红、蓝、绿四等服色，朝廷官员袍衫上也绣着流云和仙鹤。帝王的常服也是圆领衮服，也佩戴翼善冠。但作为附属身份，官服自然也有降级的表征，主要体现在：王只能穿红色金蟒团纹衮服，不能穿明黄色龙袍，不饰十二章纹样，属于明朝亲王等级。官服在尺寸比例上均小于明朝，袍衫较短，露出鞋筒；腰带抬高，接近胸部，不能与明朝服尺寸相同，否则视为僭越。传统韩服也形成于这一时期（图1–28）。

图1–28 古代朝鲜官服继承明朝服制

（左一、左二：古代朝鲜官服画像；左三：韩剧《观相》中的官服剧照；左四：韩剧《王与我》中的朝服剧照）

明朝官服只有在和上述李氏朝鲜的官服符号的比较关系中才能显示出意义。如明服的“褒衣博袖”如果不和李氏朝鲜的“短衣窄袖”相关联，就没有特定意义。

第四，商业社会的服饰作为符号时，不仅传递意义（与现代化对等的社交符号），还有意识地制造意义（通过作品展示、时装秀、订货会以及媒体宣传等方式，向消费者推广新样式，短期内形成流行性的符号）。商业服饰也通过明示义（流行趋势）和隐含义（商业刺激）进行传播。

这一类商业性传播最著名的例子是通用汽车提出的“有计划的废止制度”理念。在设计新汽车式样时，通用汽车有计划地设定了几年内不断更换部分设计的方案，基本遵照两年一次小的变化、三四年一次大的变化，人为地造成了有计划的式样老化过程，该行动被称为“有计划的废止制度”。这是一种通过不断改变设计式样造成消费者视觉及感受双重老化的过程，旨在促进消费者追逐新潮流，放弃旧式样，对维持现状产生负面联想（过时、老土等）。

“有计划的废止制度”也被运用到成衣业的分析中。为了不断更新客户的衣橱、刺激客户的消费欲望，全球的成衣品牌集中在规定时间里推出流行指南：每年3月举办秋冬季时装发布，10月举办春夏季时装发布，向大众推出新设计和新趋势。几乎所有时装都以否定过去的样式为前提，比如，去年流行大摆裙，今年可能流行筒裙；上一季流行浅色调，这一季就会变成暗色或无彩色。逆向思维的设计手段对消费者的心理产生影响，潜移默化地令其觉得之前的流行服饰已经过时，促使人们以跟上潮流为目的的购买和穿着新的服饰，引起数月乃至半年的流行。

不过，这种方式被证明很容易造成资源浪费，而且，商业行为下的服饰符号带有“只见流行语汇，难见文化分析”的局限，也为人们对服饰符号的理解增加了变数。

第二章　服饰的生态性传播

生态一词被转移到服饰传播研究中，服饰就成为生态学研究的一种载体。服饰生态系统包括物理环境、人文环境、拟态环境以及它们之间的交互。人作为其中的有机体，使用并传播与他们的生活环境相适应、相协调的服饰。反过来说，服饰是由一系列生态关系组成的传播媒介，它能反映人的生存状态以及人与环境之间丝丝相扣的关系。

第一节　自然环境的制约

依据对生态学的认识，人类最早生活在温带，因发展所需逐渐向南方的热带和北方的寒带扩散，直至足迹遍布整个地球，甚至远涉太空。依据人们所处的不同的生态环境，服饰呈现出不同的存在和传播的状态。简单地说，服饰是顺应人类生活和生产活动的各种自然条件而产生的，自然环境对服饰的产生与传播形成制约。

一、气候适应

服饰传播是依据人们生活的自然环境而发生的。地球上的广阔空间因为地域阻隔，形成了各具特色的气候类型，也因此形成了不同的地域文化，人类服装的传播与变化同样受其影响。在服装起源的研究领域，气候适应说一直是比较有代表性的学说，其观点是人类为了适应自己所生存的气候环境（主要是御寒），从以往的裸态生活中走出来，逐渐进化到利用自然或非自然的材料来遮盖和保护自己的身体。“气候适应说主要是对应寒冷来说的，保温、御寒既是服装的目的，又是服装的起因。”[2]37

生活在北极圈的因纽特人，其衣料文化以及由此创造的毛皮服饰完全是为了适应这种极寒的、冰雪覆盖的极端环境。因纽特人过去靠在室外雪地上打猎和在海上捕鱼为生，他们所穿的服装大都采用动物毛皮为原材料，并且巧妙地通过一种空气的物理特性，即热空气不会向下散逸的原理，与服装结合来强化保暖功能。熊皮、狐皮和海豹皮也都是他们制作衣服、鞋帽的主要材料。因纽特人为了对抗北极的严寒，制作和穿着鞋子的时候会进行一番特殊处理，会在一层较为轻便柔软的鞋子外面再套一双靴子。在外出打猎或者进行其他室外活动时，因纽特人会再穿上一层宽大的、毛皮朝外的防风雪外衣，还要戴上连指皮手套，这样一来，他们在零下四五十摄氏度的寒冷中便能泰然处之。与因纽特人衣料文化相同的是我国的鄂伦春人，他们千百年来生活在寒冷的大兴安岭森林中，穿着以狍子皮为主材料的衣服。狍子是鄂伦春人的狩猎对象，用它做的衣服既防寒又耐磨（图2–1）。

图2–1 因纽特人和鄂伦春人的毛皮衣料文化

与此相对，热带地区生活的人们因为气候炎热，不适宜覆盖、包裹的服装，基于散热和凉爽的需要，他们的穿着较为单薄，一些热带的原住民甚至到现在还处于裸态生活状态。但地缘风貌是复杂的，沙漠地区的人们有着因为炎热而需要穿衣服的现象。比如北非和阿拉伯国家，虽然温度高，但是人们会将身体从头到脚用衣服包裹起来，穿着长达脚面的长袍加过肩头巾，这是因为沙漠环境湿度低，日晒严重，需要避免暴晒，防止脱水，所以比起裸露身体，这种服装形式更适应当地环境。

也有因为温差大而直接选择裸态生活的群体，这就是澳大利亚和中非的原住民。尽管他们生活在温差巨大的环境下，白天50摄氏度的高温、夜里0摄氏度的低温，却仍然过着裸态生活。这也是适应环境吗？的确如此。因为他们有把“神奇的泥土”涂在身上的习俗，“这种当地随处可见的黑色、红色、白色的泥土拌以兽类的油脂或椰子油制成的软膏涂在身上，白天防晒、夜间防寒”[2]37。所以这里的人不穿衣比穿衣更能适应气候环境。

按照李当岐教授对服装生态学的理论阐述，环境因素是服饰传播的首要因素，人类根据自身所处环境选择了适应环境的服装，对人体生理机能形成补充。“自然环境，特别是气候风土条件，直接关系着服装的自然发生，产生出那个地域的独特服饰。顺应自然环境，是维持人体生存的基本条件。世界各地因气候类型不同，衣服的形式也有很大的区别。”[2]193

我国地域辽阔，南北气候差异巨大，地形复杂，因此也形成了各不相同的服饰文化。无论服饰的形态还是材质、色彩，都与气候环境有着密切联系。我国大部分地区位于温带和亚热带，各地区一年之内温度和湿度随着四季而变，服饰的季节性较强，分为冬装、夏装、春秋装。

在高原地区和大陆性气候较为明显的地区，日温差较大，比如在新疆有“早穿皮袄午穿纱”的说法；云贵地区有“一山有四季，十里不同天”的说法。因为气温随着海拔的升高而降低，在山区不同的海拔高度，气温也有显著差异，由此产生了不同的自然环境和服饰特征。

新疆谚语中有种对立的说法：“六月里穿皮袄是有的，三九天空衫子是抖的。”这两个看似矛盾的行为却提醒着我们：当地人在穿戴衣物时认识到极端天气的特殊性是一个必须重视的限制因素，这是宝贵的造物经验，也是形成异样风俗的神奇所在。新疆山区是大温差环境，即使在暖季，也不比绿洲的温暖，山区里只要没有日照，冰川积雪留下的寒气仍然让人感觉透心凉，比如科库西力克的多条平行峡谷中，有“太阳一天九出九落”的奇景。

因为高原地区温差巨大，人们在着装和饮食上强调要“顺其势”，所以“出门要带三件宝：风镜、水壶、大皮袄”，皮质衣物成了一年四季都不能少的服装，特别是夏天，看着旭日当空，说不准什么时候就狂风大起，甚至乌云一来，雨雪骤降，所以一天之中的穿戴要跟着气候随时更换。山区牧民即使是去夏季牧场，出发前也一定会先穿上光板羊皮衣皮裤、戴上翻毛皮帽、脚蹬长筒皮靴。如此武装一番，牧民仍觉不足以防患于未然，还要再带上更厚实的大羊皮袄或絮驼毛棉大衣，以及大裆皮裤，为高山多变的气候做好准备。

牧民有了这样的装束，即使遇到一天里气温下降几十度的情况，也能随时随地调整衣物。皮质衣物在抗风和御寒方面的优势要远远高于棉织物，一件皮毛大衣足以抵得过两三件棉服，“话说到实处好听，皮袄穿上隔风”，道出了新疆牧民充分考虑用材性能的衣着原则。

再以藏族服饰为例，藏族世代居住在青藏高原地区，这里海拔高、昼夜温差大、常年积雪、气候条件恶劣。这里生活的藏民的生产生活方式以牧为主，为了适应特殊的自然条件以及由此产生的生活劳动方式，藏族人多穿着保暖性极强的材料所做的服装，材料一般是动物毛皮或者棉麻制品，服装的款式多为宽松保暖的长袍，袖子宽敞，既有利于防寒，同时也方便日常起居和劳动作业。因昼夜温差较大，所以在白天气温上升时，穿长袍的人可以脱出一个臂膀，看起来是将长袍斜穿一半。这样的服饰特点功能性强，方便穿者在气温升高的时候散热，能起到调节人体体温的作用。藏族牧民长期生活在严酷的自然环境中，其着装形成了适合当地气候的传统服饰体系。

服装的传播和变化与其所处环境密切相关，一种服饰在通过种种原因进行传播的过程中，也会因环境的变化而逐渐发生改变，脱离原来的面貌，并最终形成适应当地气候与自然环境的样式。

由此可见，人类社会的存在与周围环境有着密切的联系，服饰的产生和发展也深受环境影响，并且在一定程度上决定了服装的地域差异性。可以说，服装发展变化的过程也是人类在自然环境中生存和适应的过程，地理差异和气候变化刺激了人类对于衣物的不同需求，所属的自然资源也为顺应环境的服装提供了基础材料。

二、防护需要

除了对适应气候的研究，服饰的生态性传播还考察人们出于防护需要所进行的服饰合理存在的传播。这里，防护需要是个复杂的概念，包括它们的防护目的、特定内容以及传播的行为方式，它为我们定位某类服装，并为传播这类服装符号提供了支持。

（一）依气象作防护

自然环境的不同特点促使服装有了功能性的区分，在气象变化下产生了具有防护功能的服装类型。根据气象分类，常用的有防寒服、防暑服、防雨服、防风服等护身衣物。

防雨工具早在原始社会就已出现。还没有纺织技术的时候，人们就用树叶草葛遮身。自周代开始，古人就习惯用编织的蓑衣当作雨衣了。直到20世纪，多雨的南方山区、农村，还有人用蓑衣来防雨。蓑衣是用一种叫“蓑草”或者莎草的植物编织的像衣服一样的雨具，蓑衣的名字也由此而来。蓑衣的主要用途是防雨和防晒，《诗经》有云：“尔牧来思？何蓑何笠？”记载了当牧童放牧回来时身上穿着蓑衣、戴着斗笠的样子。蓑衣一般制成上衣与下裙两块，穿在身上，与头上的斗笠配合使用。上衣是披在肩上的圆领无袖、前开襟的“蓑衣披”，前后衣襟呈半圆形，穿着时两臂活动自如。而下裳是围腰短裙的形态，叫作“蓑衣裙”，腰上部有两片背带，可以吊在肩头，也有棕绳固定位置，可调节腰部松紧，裙摆较大，方便行走劳作（图2–2）。

图2–2 防雨工具之蓑衣

蓑衣的具体形状和尺寸也与穿戴者主要从事的工作有关，比如从事农业种植的人穿的蓑衣短小且严密，能起到防雨防晒的效果；而在江上打鱼的人穿的蓑衣主要遮住身体的后半部，用来抵挡风浪并且减轻船只重量。我国南方地区、日本、韩国、越南等地都有这样的雨具，它解决了人们在田间劳动或打鱼时有效防雨的问题。今天，广西桂林的老人家仍在穿用蓑衣。

比蓑衣更进一步的雨衣，是在丝绢一类的纺织品上涂上桐油，制成“油衣”，丝绢涂上桐油后呈黄色，宛如琥珀色，又称为“琥珀衫”。古代还有用粗麻、棕榈树皮的丝等制作雨衣的，也有用油葵叶做雨衣的。到了清代，出现了用羽纱、羽缎做的雨衣，这是从国外传来的一种外表坚挺滑爽的羽毛织物。今天，尼龙雨衣和科技纤维雨衣取代了天然材料制成的雨衣，成为广泛应用的雨具。

除了衣服，脚上也有防雨具，先秦时期古人就穿上了“屐”，木屐是两齿的木底鞋，在古代是用于室外的常鞋，也是南方地区的实用雨鞋，到现在我国一些边远欠发达地区仍在使用。张大千绘制的《东坡居士笠屐图》中，苏东坡就脚穿木屐。近代橡胶、塑料以及各种防水涂层织物的开发，大大丰富了防雨用具的内容。

适应环境的另一类防护服是防风装。我国先人用来挡风寒的风衣，最早出现在春秋战国时期。《左传》记载：“雨雪，王皮冠，秦复陶，翠被，豹舄，执鞭以出，仆析父从。”复陶就是风衣，形状即斗篷。魏晋南北朝时期的文人也常用鸟羽制作风衣，衣身非常宽大，像一件披风，也叫氅衣。白色鹤羽的氅衣叫鹤氅。明清时期又出现了用布帛代替鸟羽的氅衣，叫一口钟，或罗汉衣，是上层社会妇女的礼服外衣。

古代在北方会用到各种风帽和帷帽来挡风尘。现代的防寒服也大都带有风帽，过去在北方还称带帽的防寒服为“棉猴”和“皮猴”。

今天，人类居住的室内环境越来越舒适，已不需要过多的防护服装，但小型的防护配件还是日常必备，例如，出于对日晒、辐射和雾霾的防护需要，太阳镜、防辐射服和口罩就成了当今人们生活中使用的护身工具。

（二）以安全性为目的

研究物理环境下服饰的生成与传播，不能仅仅关注环境气象的影响，还应该认识在环境气象之外的，对比赛运动员、特殊工作群体有安全防护功能的服饰。

专业的运动服装因人们有被保护的需要而产生。运动员的标准穿戴，缺少任何一样都会被禁止上场。例如，击剑保护服由质地结实的特氟龙面料制成，其强度足以抵挡剑的刺劈。击剑运动员会在击剑服上衣内穿一件由硬质塑料材料制成的护胸板。击剑裤必须长及膝盖以下，并被紧紧固定在穿着者的身上，而且运动员还要穿一双长袜。此外，花剑和佩剑运动员最外层还要穿一件金属衣。

激烈的碰撞型运动对服装的防护机能更加重视。美式橄榄球运动员的全套装备缺一不可，我们看一下它的规范描述：首先，头部防护最主要的就是头盔、面罩、牙套。这些东西不仅能保护面部，同时最大限度地防止了对脑部的创伤。躯干防护叫作护甲，防护范围包含了前胸、后背、肩膀。锋线的护甲更厚，外接手和四分卫更注重肩膀部位的伸展范围。腿部防护叫作护腿板，标准的护腿板一共有7块，2块保护膝盖、2块保护大腿、2块保护两侧股骨、1块保护尾椎骨。以上就是一个美式橄榄球运动员的标准穿戴，缺少任何一样都会被禁止上场。曾经有些外接手为了跑得更快而放弃穿戴护腿板，这是被联盟禁止的行为。有些运动员可以根据自身需求而合理地增加防护，比如外接手会增加背板以保护后腰，有些伤愈后的球员会加关节支撑设备等，这是被允许的。

冰雪项目的服装也有特殊设定。同高山滑雪服一样，滑单板时的服装也要防水、防风、透气，并要保证身体活动自如。此外，还要用一些护具如护膝、护肘、护腕、护臀等加以保护。同样，风镜也是必不可少的（图2–3）。

图2–3 以安全性为目的的滑雪服装和橄榄球服装

在赛车项目中，赛车服是职业或者业余赛车选手必须穿的套装。赛车服包括赛车夹克和赛车连体服。不同车种的赛车服也是不一样的。如摩托赛车服的背部、肩部、肘部、腰部和膝部都带有护具，目的是为防止赛车手在参赛中不慎摔落而导致严重受伤；而汽车赛车服主要是以阻燃材料为原料，据说这种叫诺梅克斯的防火材料可保证赛手“在700度的火焰中有12秒的保护时间”，所以连赛车服的缝线以及广告布条，都必须符合“12秒保护时间”的标准。

田径、举重、游泳等运动为减小阻力，以紧身衣为主，但其服装也有不同的具体规定。在举重比赛中必须穿举重服，男运动员必须穿护身或紧身三角裤，女运动员必须戴胸罩、穿紧身三角裤。举重鞋的后跟应是正常形状，鞋底不得超过鞋帮0.5厘米，鞋帮靴高不得超过13厘米。举重腰带须系在举重服外，宽不得超过12厘米。

水上运动项目的泳装更具科技功能。从1999年使用鲨鱼皮泳衣开始，泳装比赛服受到各方关注，因为鲨鱼皮泳衣是一种模仿鲨鱼皮肤制作的高科技泳衣，许多专家认为这种高科技的应用违背了比赛不借助外力的本质，在强大的舆论压力下，国际泳联于2010年开始对穿高科技泳衣者实行“禁赛”，规定泳衣材料必须是“纺织物”。同时取消了连体泳衣，回归短泳衣：男子泳衣只能为短裤，即从腰部覆盖到膝盖；女子泳装上身不能覆盖脖子和超过肩膀，下身不得超过膝盖，泳衣不得有拉链。选手比赛时只能穿一件泳衣，泳衣之外也不能用任何其他物质缠绕身体。

以上这些例子都是为了在运动中保护身体而制定的规则。除了运动比赛，特种工作比如消防人员，石油化工、能源地质、军工、船舶、清洗消毒、实验室、传染病疫的现场工作人员等，都需要穿戴防护装备和防护服，这类服装必须具有防火、隔热、抗辐射、防热渗透、抗病毒、防菌等性能。

从生态的角度看，服装随着人类探索的脚步不断向前发展，服装的进化伴随着人类所及的环境。当人类步入太空时，需要创造出适用“真空无气压的130度高温和零下120度的低温、强辐射的极端环境”[2]9的服装，为实现人类太空探索的宇宙服随之诞生。宇宙服不只是一个生活容器，“为人体提供所需的温度、氧气、水等，并帮助人处理排泄物，使人能在其中生存”[2]9，更是太空环境中的救生衣，可以为宇航员提供纯氧供应，还有加压大气、调节温度和抵挡微小流星体撞击的作用，体现了服饰即环境的意义。

三、奇风异俗

当我们把服饰所处的自然地缘当成基础环境时，生态环境的差异以及各地的风俗习惯影响了人们的认知、理解和感受，并给人们的着装带来了巨大影响。晏婴的“百里而异习，千里而殊俗”，正说明生态环境的差异构成了服饰传播过程中的奇风异俗。

我国领土辽阔，地形复杂，是多民族国家。数千年来，各民族处于自然经济状态中，使用着不同的文字或语言，形成了历史悠久、特征鲜明的风俗习惯和文化传统。在有关新疆的风俗中，有四条是专门形容服饰的奇异情形的：（1）胶鞋套在皮靴外；（2）裙子穿在裤子外；（3）夏日要把皮袄带（前文有述）；（4）头上要把帽子戴。这几条趣谈乍一看似乎有点离奇，细读却透露出当地曾经有过的长久沿袭的奇风异俗。因风俗多变，不同地域的人们会选择大相径庭的服饰形式，而在新疆地区，人们的着装方式更是强烈地呈现出以上四个奇俗化特征。以下我们将以前两个奇俗为例，来认识他们别出心裁地进行自我创制的异式风俗服饰。

（一）“皮靴穿在套鞋外”

20世纪中叶，新疆地区出现了一种有趣的配鞋方式：穿完皮靴后，再套一双胶鞋。在过去，穿长靿皮靴是新疆兄弟民族的传统习惯，这一点无须赘言。胶鞋作为现代鞋业的产物，在中华人民共和国成立后取代了传统布鞋，因最先被解放军使用，所以又称解放鞋。因价格低廉又轻便耐用，胶鞋很快成为各地居民的普遍用鞋。尤其是在偏远山区的乡镇和村庄里，至今仍然随处可见穿胶鞋的劳力者和农民。虽然皮靴和胶鞋都曾是特定时代的典型衣着，但像这种“胶鞋套在皮靴外”的穿法却是十分少见的。

造成这种现象的原因有两方面。从气候与环境因素来看，当地干旱少雨，空气异常干燥，干燥环境下容易形成扬灰，起大风时还会形成沙尘暴，过去人们曾用“晴天乱风一身土，雨天化雪两脚泥”的说法来形容乌鲁木齐老城面貌，而遥远如塔什库尔干的边地农村，其环境状况更为恶劣，因此，服饰的防护功能总会被提到首位来考虑，因而形成了有别于其他气候特征地区的着装风俗。从宗教及生活礼俗的角度看，新疆多数民族旧时就有入室脱鞋、步入毡毯、盘腿而坐的日常习惯，穆斯林在做乃玛孜（礼拜）时，为保持礼拜场所的神圣和洁净，也必须要脱鞋才能进入，为了便于宗教活动时易穿易脱，套鞋的穿法被发明了出来。

这样一来，套穿两双鞋子的习俗，作为新疆人独辟蹊径的一种创造，很快成为当地的穿戴习惯和卫生习惯。“居住在城镇的维吾尔族人，喜在鞋、靴外面套上胶鞋，这是一种良好的卫生习惯，无论走亲访友，或是在自己的居室内，都在屋前把套鞋脱放门外，以防将泥土、脏物带进屋内。”[8]可见，这种略显累赘的防护形式确实能解决环境卫生的难题。

为方便行旅特意形成灵活穿脱模式的套鞋很能代表新疆各民族的共同需求，所以套鞋的式样在塔吉克族的衣生活中得到了沿袭。套鞋刚出现时，套在靴子外面的浅口鞋用橡胶制作，里面衬上色彩艳丽的绒面，既能保持鞋靴的干净，也能保暖御寒。浅口套鞋有两种形式，前文有述：圆头套鞋用来套较硬材质的皮靴，比如马靴、革靴，多为年轻人所穿；尖头套鞋则主要用来套柔软材质的软靴，如软底皮靴、毡袜靴，多为中年以上男女和宗教人士所用。

套鞋以浅口鞋紧紧包裹住高靿靴的形态，就外在表现形式来看，与自古以来西域之毡靴配皮靴的穿法一样，也是寒季里“与时相宜”的社会习俗和求暖、求便的常规反映。这一习惯古已有之，只是随着现代鞋品的涌入，鞋类也走向轻装化，外层的皮靴变成了浅口胶鞋，内层硬挺的毡靴变成了软皮子筒靴，一切都轻薄起来。尤其是尖头套鞋内的软皮底靴，通体只有一层皮子，无跟又柔软，更像皮袜子，不能直接在室外行走，所以必须穿在套鞋内。

（二）“裙子穿在裤子外”

游牧民族因为骑马的关系，自古就有裤子。西域先民以戴帽和穿长裤的打扮出现在许多考古资料里，比如龟兹壁画中有很多“耕作图”，其中克孜尔窟里画有手握坎土曼在刨地的农民，他们“头戴圆顶帽，上身赤裸，下身着短裤”，尽管学术界对图中所指具体民族还没有统一的意见，但可以确定的是，它使我们依稀看到当时西域普遍存在的游牧民形象。裤装在这里或许与防晒、防凉或避风沙有关，或许与早晚温差太大，人们需要御寒有关。

诚然，裤的出现首先是这些气候和地理环境因素所导致的，所以欧亚大草原上，从黑海经高加索到里海，再到天山、阴山以及蒙古草原和东北亚的广阔地域，因自然环境的近似使这一文化带上所有游牧民的着装带有普遍的相似性，那就是以裤为主。在冰雪凛冽、严冬难熬的生存条件下，选择包裹四肢、紧身窄小的上衣和下裤这种样式的服装，无疑有利于高寒地带的生命防护，这不仅是生态环境条件下的最佳选择，而且应该说是游牧民创制的一个伟大发明。

图2-4 裙子穿在裤子外，是游牧民族妇女的着装方式

自古以来，不仅游牧圈的男子穿裤装以便于骑涉狩猎，女牧民的裤装也自立标格，她们以裤配裙，裤厚重、裙轻柔，极富行牧特色，享有最早的二部式服装构成的机能性优势，在整个服装史上占据醒目的席位，这种“裙子穿在裤子外”的装扮开女裤之先声（图2-4）。

若是继续深究这种衣俗习惯，恐怕还不止于适应自然生态环境这个原因，导致牧女穿裤的深层次缘由是游牧生产方式决定了妇女在劳动分工中与男性有相同的着装需求。如果说游牧民在资源匮乏且不稳定的情况下，从生产、军事到物质文化的形成，是人类社会史上的一次成功范例，那么，妇女在其中发挥的作用则是不可低估的。

“在欧亚大陆游牧民的生产中，妇女占有重要地位”[9]，有人甚至认为“古代游牧民族妇女所负担的生产劳动，确比男子为多”[9]58。妇女在日常生产和生活中除了协助丈夫从事牧养牲畜的工作，如接羔保育、剪羊毛、挤奶，更多投入在家务劳动上，如养儿育女、柴米油盐、洗洗换换，还要进行一系列手工纺织劳作，如制作毛毡、缝衣刺绣。在古代游牧地带，部族、民族间的更替较为频繁，一旦引发规模性战争，男子就全部上阵，妇女成为族群里唯一的劳动力。

在游牧社会普遍存在的“军民合一”常态下，她们自觉地去承担整个家族的生产任务，“御车载辂，敢于乘马，与男子同”[10]，以此来维护族群的稳定。她们要像战士一样勇敢，像男人一样劳作，与男服穿同样的封闭式长裤和高筒靴是她们在艰苦多变的环境里做出的必然选择。妇女着裤，是过去游牧民生产的特殊性决定的。

欧亚北部广阔的游牧文化，无一不是这样的形态。长裤有着其他任何围裹式和前开式服装类型所远不及的机动性、灵活性、便捷性，裤子适合人体结构，追求裁剪的技法，不仅让妇女们穿着舒适，还有助于减轻劳作阻力，大大提高她们的生产效率和生活品质。从这个意义上说，妇女在生产劳动中占有与男人同等的重要地位，社会关系也比较平等，服装不以强调性别特征为目的，所以她们的穿戴除了裙子是女性化的标志，其他品种几乎与男子的一样。即使在长裤外穿上飘逸灿烂的花裙子，舞动起来像飞旋的草原之花，也遮掩不住她们的狂野自主之气和骁勇的豪杰本色。

可以说，各民族生活的自然环境因气候类型、风土条件、习俗惯例、经济文化各不相同，产生出那个地域独特的服饰风格和着装形式，研究奇风异俗的主要目的是力求为服饰生态性传播提供更丰富的视角。

第二节　人文环境的进化

生态一词不仅意味着对自然环境的研究，也需要考察它如何影响了人们的感觉、理解和价值观等人文要素。这里，人文环境是一个复杂的信息系统，它以满足人的合理需求为根本，决定了人们如何寻求到与人文生态最协调共生的服饰模式。人文环境推动我们传播某种着装观念，当人文环境发生进化的时候，传播的服饰符号也在持续地变换。本节以“现代女装”为线索，用平行比较与文化比较的研究法，阐释西方女装实现现代化与中国女装开始现代化的人文过程。

现代女装包含四个方面的意义：“（1）把女性从束缚肉体的紧身胸衣的禁锢中解放出来，回归女性肉体的自然形态；（2）把女性从束缚四肢活动的装饰过剩的传统重装中解放出来，向便于活动的、符合快节奏现代生活方式的轻装样式发展；（3）排除服装上的社会性差别，纠正古典式的阶级差和性别差之偏见；（4）从繁重的手工缝纫那里把女性解放出来。”[11]维特根斯坦在《哲学研究》中说道：“人的身体是人的灵魂的最好的图画。”自20世纪80年代以来，身体的跨学科研究在西方已形成较完备的理论体系。时至今日，关于身体理论与服饰的关系问题，已经进入研究者的理论视野。我们在研究服装时，总要落脚到对人的身体的研究，避开身体这个语境，则无法完整地阐述服饰的本质。

一、中国的现实诉求

古之身体话语，正如对视觉的压制一样，一直属于文化禁忌，尤其女性的身体更是被限制。从《诗经》中的“宜其家室”①，到《礼记·礼运》记载的“男有分，女有归”，至《红楼梦》中柔弱的伤情落泪的林黛玉，均是几千年来女性的角色期待和美的典型。这种“美”，禁锢了女性的活动，也牺牲了独立的人格空间，抑制了心灵的自由。在服装形态上，禁锢下的“美”同样存在。直到20世纪初，女装的着装观念一直都求弱、求禁，把女人的身体笼罩在宽大平直的服装里，窈窕生动的肢体被虚掩掉。如此一来，身体无法作为哲学观察和文化研究的重点，这是传统道德规范所致。那么，身体话语是如何开始其解禁之路的呢？

中国历史上关于女性身体的解放有两种说法。一种说法是“女性解放运动说”或者“女性自主意识说”，另一种说法是“强国保种说”或“救国说”。如《不缠足会驳议》中说：“欲救国，先救种，欲救种，先去其害种者而已，夫害种之事，孰有过缠足乎？”[12]这种说法似是专门针对“国族危亡”而发的。

① 在书《周南·桃夭》中有这样的描写：“桃之夭夭，灼灼其华。子之于归，宜其家室。”

我们普遍认为，第二种说法较准确地揭示了女性身体解放的深层动机。

首先，清末，受到列强瓜分、弱国亡种的威胁，延续两千多年的中国封建社会步入了历史的低谷，接踵而至的洋务运动、戊戌变法等一系列变革浪潮，都以失败或夭折告终。历史证明，器物和制度的改革，无法从根本上实现“强国保种”的愿望。于是，解放个体成了新的变革焦点，重振民族精神的时代诉求落实在了身体的改造上。

黄金麟在《历史、身体、国家：近代中国的身体形成（1895—1937）》一书中指出，近代以来国家意识对身体的规训，带有浓厚的政治色彩，是在当时的资本主义发展和民族国家兴起的背景下进行的。1898年康有为上书《请断发易服改元折》，提出：“夫立国之得失，在乎治法，在乎人心，诚不在乎服制也。然以数千年一统儒缓之中国，褒衣博带，长裾雅步，而施之万国竞争之世……诚非所宜也。”[13]他认为裹足无法劳作，长辫不利生产，宽衣博带不便于竞争，所以力主解放身体，“与欧美同俗”，最后达到开启民智的目的。留法博士张竞生1926年出版了《性史》，尽管因书中内容招来诘责与倾轧，但他将西方的性活力论与强国强种联系了起来，呼吁女性开展体育运动，提倡身体的解放。

可见，身体的觉醒在革命者眼中，攸关国族的生死存续。强国保种成为言说女性身体解放的前提。细细阅读当时主张妇女身体解放的言论可以发现，不论是禁缠足，还是去平胸运动，都旨在令女体健康强壮，以便孕育优秀的后代，增强国民的体格。即使是赋予女性与男子同等的受教育权利，也是为了补充社会劳动力，同时丰富家庭文化、提升子女的启蒙教育。这些举措，无一不与保种强国的目标相连。

事实上，中国近代的身体解放一开始就与西方不同，不单纯是启蒙运动式的人性解放，而是救亡图存下的一种实际选择。如金一所言，“爱国与救世乃女子的本分也”[14]。爱国的精神和救世的行动，只有促使女性先解放身体，才能促成整个国族身体的现代化。身体解放被置于家国天下的宏大话语中，因而有了其独特的时代属性和中国属性。

其次，有人认为，改革者因感受到外国异邦的讥笑而产生了个人羞辱感，国族形象被败坏，迫使他们寻求女性的身体解放，从而达到洗刷国耻的目的。

尽管女体解放是为了救国，从头到脚的现代化更新，是为了提高国民的基本素质，但女性身体解放之路却漫长而坎坷。1902—1904年间，梁启超长篇专著《新民说》曾将身体的五种感官欲求看作“五贼”，号召在身体解放的同时加以“制欲”，可见他对这股身体解放浪潮心怀忧虑，担心身体解放过程中释放出的情欲化倾向和形而下的身体特质会毁弃中国实现现代化的国民改造契机。这种将身体解放限定在社会改良框架之内的做法，势必出现一种自相矛盾的身体观：一方面，鼓励女性走出封建道德伦理的拘囿，进入社会空间；另一方面，又对解放了的女体保持高度警惕，将其作为欲望载体，唯恐因此而诱人堕落。持此观点的大有人在，连胡适等人在对男权道德规训与女性主体意识的态度问题上也矛盾重重。这种矛盾的身体观进一步影响了中国女装在现代化起步阶段的复杂性，并贯穿了20世纪女装现代化的整个进程。

对女性身体的解禁，除了上述矛盾之外，还包含了占据社会主导权力的男尊女卑文化遗留下的更多历史问题。对那些长期被锁闭在传统家庭中的女性来说，身体的解放是一项旷日持久的浩大工程，最大的阻力不仅来自传统道德伦理的根深蒂固，还有妇女本身的思维惯性和身体的顽强性。

二、西方的哲学思想

研究现代女装的开端，绕不开“身体”这一核心命题。在当代理论视野中崛起的身体研究并不是一蹴而就的。在相当长的历史时期里，西方哲学的基本主题都源于思想，思想以上帝之名或者理性面貌出现，去贬低和压迫感性的身体。从19世纪末开始，以尼采为代表的现代身体理论才开始出现，并逐渐进入哲学与社会学领域的思考范畴，成为学界关注的热点。我们对现代身体观的考察，也是围绕19世纪末到20世纪20年代这段时期与身体解放相关的理论进行的。

西方文明自产生以来，在有关人的“灵魂”与“肉体”长时期的地位博弈中，形而上的“灵魂”（精神和理智）被视为最高级的存在，抑制了形而下的“肉体”（人的身体）。西方哲学对身体的否定可以追溯到古希腊时代，由苏格拉底和柏拉图开始。苏格拉底认为，身体是低贱的部分，“不健康的身体会引起遗忘、气馁、心情不好和疯狂的后果，甚至会导致所获得的知识最终从灵魂中被驱逐出去”[15]。柏拉图也认为，身体和灵魂不仅分离而且对立，人若想智慧，就要“甩掉肉体，全靠灵魂用心眼去看”[16]。这种二元论使精神规定肉体，肉体被摒弃。中世纪的基督教文化持同样的身体观，奥古斯丁从宗教立场将肉身看作灵魂的樊笼，认为“人是有罪的，只有在上帝那里才能找到同一性和完整性的根源”，只有压制身体的卑贱，以禁欲的方式才能够接近上帝。文艺复兴时期赞扬人性，曾一度出现对身体的赞美，但并没有解放身体，因为当时主要目的是推翻神学，以推崇知识。在近代，哲学问题以知识为中心，身体更多的是被遮蔽和遗忘了。17世纪开始的理性方法论对感性经验继续怀疑，笛卡尔提出灵魂与肉体彼此独立、互不干涉的身心平行说，同时认为身体的感性会阻碍知识和真理的获得，再次回应了传统的二元论身体观。黑格尔也对身体不以为然，他关注的是抽象的意识和绝对的精神。这样，身体要么被神的理性所笼罩，要么被人的理性所框定，躲在了历史的黑暗角落中。19世纪，马克思主义哲学使人的身体逐渐显现出来，马克思第一次意识到改造异化的人关键是对物质身体的解放，但是，马克思将人的身体规定为劳动的动物，认为最终决定人性存在的还是高于肉体的意识，身体并没有获得其自主性，它只是一个必须的基础[17]。总之，西方哲学思想将理性作为参照，使得身体始终被压抑，不被思考和关注。

直到尼采哲学的出现，才把身体从传统的理性中解放出来，身体才开始获得空前的自由。在尼采那里，真实的世界不再是柏拉图的理想世界、基督教经院哲学信仰的彼岸世界，也不可能建立启蒙主义者所预期的理性世界，与此相反，它恰恰是一个此岸的、现实的、感性的生命世界。

本书的“身体解放”主要从尼采的一系列著作中进行解读。尼采的《查拉图斯特拉如是说》《道德的谱系》《善恶的彼岸：未来哲学的序曲》《权力意志》《偶像的黄昏》等一系列著作涉及身体这一更本源和更基础的自然造物，提出了“身体本体论”这一大胆命题，大大拓宽了哲学理论的维度，开创了“以身体为出发点”“以身体为主体”的研究视角。尼采指引着人们向身体发问，让身体成为首要的问题：“我曾常常自问，从大体上看，迄今的哲学是否就是对身体的解释，并且是对身体的误解。”[18]他发现，很多时候，身体并不是所谓的道德和真理的奴仆，也不是服从于意识驱动的被动躯壳，而“灵魂不过是附在身体上的一个语词”“人是身体的存在”。

尼采在《偶像的黄昏》中对比了人的美丑：“只有人才是美的，只有充满生命的人才是美的。只有人才是丑的，只有没有生命的人才是丑的。”[19]他用诗歌般的箴言赞美身体：“要以肉体为准绳……这就是人的肉体，一切有机生命发展的最遥远和最切近的过去靠了它（身体）又恢复了生机，变得有血有肉。一条没有边际、悄无声息的水流，似乎流经它、越过它，奔突而去。因为，身体乃是比陈旧的‘灵魂’更令人惊异的思想。无论在什么世代，相信肉体都胜似相信我们无比实在的产业和最可靠的存在……总而言之，对肉体的信仰始终胜于对精神的信仰。”[20]尼采为人的血肉之躯正名，在《查拉图斯特拉如是说》中可以看出肉体与灵魂的关系是本末倒置的，不应是灵魂决定肉体，而是肉体决定灵魂。这种身心关系并不是简单地与传统价值体系相反，而是认为肉体才是存在的最基本的事实，灵魂只不过是肉体的组成部分而已。身体的解放与张扬，又进一步解释了人类学上的生命冲动（生命的根基是肉身）、生理学上的性冲动（与身体紧密相连的欲望）以及心理学上的创造力（身体美学），使之变得更丰富。

尼采的现代身体观为我们敞开了一条思考现代女装的哲学之道。后起的思想家都是从尼采的现代哲学话语中获得了灵感与启发，涌现了更多与身体解放相关的奇异灼见的著名理论和观点的。其中，认知身体的欲望构成了20世纪以来讲述现代身体观的强大论据。这一时期的弗洛伊德、乔治·巴塔耶以及后来的吉尔·德勒兹都为身体理论的新发展做出了贡献。

弗洛伊德的精神分析学说定型于20世纪最初的20年，他从性心理学的角度探索身体的处境。弗洛伊德认为，由性而生的欲望主宰着人的本能（人的基本动力的功能），“本能体现着作用于心灵的肉体欲求。”也就是说，心理结构的深处是本能，支配本能的是现如今有了发言权的身体，因此，身体成为被思考和争论的理论源泉。弗洛伊德将身体视作对性欲的渴望，在他的著作中，性欲既指对异性的肉欲追求，也指人追求快乐的普遍属性（他自己称之为“快感原则”）。可见，身体的内涵不仅有生理或肉体的，也有心理的。法国现象学家梅洛·庞蒂高度评价了弗洛伊德的身体发现：“不管哲学上如何表述，弗洛伊德毫无疑问已经最好地洞察到了身体的精神功能与精神的肉身化。”[21]弗洛伊德为身体理论提供了心理学基础，从而发展了身体理论。

但是，性欲问题与我们今天探讨的现代女装有无直接联系？弗洛伊德的一个重要概念——性欲的转换形式之说——为我们提供了答案。弗洛伊德认为，性欲作为本能是自然的，它在文明社会被各种社会影响和人的意识所压抑，所以必须加以转换，以其他形态间接地表现出来。我认为现代女装就是隐藏在性欲意识里的转移。他的性心理观念使人们不再把性视为神秘的，从而可以大胆表现性依附的身体，促进了现代女装在身体意识上的突破。所以，弗洛伊德的思想在20世纪20年代有着明显的积极意义。虽然他的观点被严重质疑①（后来社会心理学

① 弗洛伊德的思想在经过西方一些热衷于“性开放”“性解放”的狂热分子的意识更改后，出现了相反的论调，甚至有人以弗洛伊德作为幌子，提倡性的复归返祖，主张人类回归群婚乱婚时代。他的这些观点被极端化、偏颇化，受到排斥和否定。

成为研究主流），但我们对弗洛伊德学派在现代身体观上提供的理论成果是持肯定态度的。

乔治·巴塔耶[①]发表于20世纪20年代的《眼睛的故事》[②]，进一步揭示了身体的色情冲动，将身体欲望的话语赤裸裸地置于一个醒目的位置。而吉尔·德勒兹[③]更加直白地阐述了身体“纯粹是而且仅仅是欲望生产本身”[22]。

上述分析可归纳为：尼采颠覆性地把身体看作人的本质，灵魂反倒成了身体的组成部分，从观念上解放了身体。弗洛伊德对此观点加以补充，把身体放到更深一层的人的性欲中去理解，认为这是人的本质所在。20世纪初的现代身体观正是沿着这样的理论维度前行的，女性的身体也从被遮蔽、被忽略的角落走出来，得到了前所未有的解放与凸显。有关身体、欲望等方面的论述，是20世纪20年代女装在哲学、社会学、心理学领域与实现现代化有关的提及和开始。

三、无问西东的现代化

20世纪20年代的历史是一部东方文明与西方文明碰撞交流的历史。从服饰方面来看，这时的中国女装开始有意识地关注人体形状，同时保留了中国传统服饰的气质，服装由直线裁剪变为曲线裁剪。而此时的西方女装则恰恰相反，一改西方历史上的曲线美，由曲线裁剪变为直线裁剪。前者所处的时期是中国由近代向现代的过渡期，后者所处的时期恰好是西方历史上有名的现代艺术较兴盛的时期。二者虽然相距我们已一个世纪，且分属不同的文化，但可以说二者都反映了时代转型期所带来的特有的服饰变革，体现了女装现代化进程所留下的进步烙印。对于这个时期，仅仅让人们了解此时的服装样式是不够的，我们应该站在人类历史的高度，在社会文化语境中揭开现代女装转型的秘密，寻找具有普遍意义的发展规律。如此，关于20世纪20年代女装的解读必定

---

① 乔治·巴塔耶（Georges Bataille，1897—1962），法国评论家、思想家、小说家。他博学多识，思想庞杂，作品涉及哲学、伦理学、神学、文学等一切领域禁区，颇具反叛精神，被誉为“后现代的思想策源地之一”。其代表作有《内心体验》《可恶的部分》《文学与恶》《色情》等。哈贝马斯在《现代性的哲学话语》中表述了一个著名的观点：乔治·巴塔耶和海德格尔是尼采最重要的继承者；同时，他们也是尼采通往法国后现代思想绕不过去的人。

② 《眼睛的故事》堪称是色情史上最伟大的小说之一，创作于20世纪20年代。巴塔耶说：“色情不过是我们内心世界的一种再现，我们却常常欺骗自己，因为色情总是去寻求外在的刺激，而这种刺激不过是对我们内心隐秘欲望的回应。”

③ 吉尔·德勒兹（Gilles Louis Réné Deleuze,1925—1995），法国后现代哲学家。他的哲学思想中一个主要的特色是对欲望的研究。

是一项富有意味的研究。

（一）中、西方女装的交汇点

“中国”和“西方”，前者代表国家，后者代表方位，是两个不同层面的概念。但是，它们分别依托在儒家文化圈和基督教文化圈下，是各自文化圈在服饰文化方面的典型代表。两种服饰文化本无亲缘关系，但双方存在的“同中有异、异中有同”的异同关系却能相互参照，相互凸显对方的文化特质。现代女装这时已呈现出鲜明的交汇特色，主要体现为以下三点：

1.从裁制上看，“直线”和“曲线”有了现代新解

20世纪20年代开始，直线裁剪和曲线裁剪作为传统的中西方服装的核心区分到此为止。中国女装这时出现的各种改良带着西方的味道，由清式刻板的直线裁剪，逐渐演化为显露体形的西式曲线裁剪，为了表现自然人体的美与舒适，开始对人体进行塑造。西方女装此前（15世纪—20世纪初）一直是曲线主题，这时突然反传统之道而行，开始回避传统的夸张地突出女性三围的方式，趋向自然人体线条的展现。不容忽视的是20世纪20年代东方文化对于西方服饰变革的影响，设计师们从神秘的东方猎获新的灵感，当东方服饰的直线裁剪与西方内部的服饰现代化变革一拍即合时，西方社会的服饰流行趋势从结构到装饰都变得焕然一新。

结构和外形都是服装的核心，二者共同的核心令其必然有可借鉴和可相互转换之处。20世纪20年代中西方女装共同呈现为自然的外观，通过贴身的剪裁追求自然形态。自然线条成为现代女装的基调。而直线裁剪和曲线裁剪不再作为现代服饰文化的关键词，仅取其结构技术上的现代意义。

2.从造型理念上看，“平面”和“立体”互根互生

工业文明到来之前，“平面”和“立体”是影响中国与西方几千年的一个哲学观和审美观。女装的造型也是奉行这两个标准的。中国女装以宽松方正的平面造型为主，比较而言，西方女装则重视立体的空间造型。进入20世纪以后，中西两种文化在一个共同的现代环境中产生了交集，现代女装成为全世界女性追求的目标。显然，在现代女装中，“平面”和“立体”虽然性质不同，但在造型上的力量是等齐的。

现代女装，自一开始就在造型上无限扩展，以突出服装与人体的亲和度为

主要特征，同时倾向于艺术化的表现手法。这时期的西方女装更表现出类似的特点。在向来以人的体形为基本造型的女装中，突然经历了短暂的平直造型时代，“过时”的“构筑式”女服被摩登的“非构筑式”时装取代。现代女装的发展历程形象地说明了：“平面”和“立体”不再是中西方女装的表现中心，自然显形日益成为现代女装的主要特点。

3.从形态上看，“自然”和“人工”从对立到统一

中国传统的设计美学是“重自然、抑人工”，它的表层意义是“舍形而悦影”，深层内核则是“天人合一”的文化意境。在各种技艺中，中国女装对拼接和缝制最为看重。受国产面料门幅窄的限制，排版时面料都要拼接。归拔是改良旗袍的关键工艺，通过归拔，拔开胸量，斜拉腹量，归拢前腰，收紧后身，拔出臀量，归拢肩缝，圆顺袖窿，使衣片与体形进一步吻合。假使缺少这一工艺，仅靠省道就难以令旗袍合体，旗袍的风雅韵味也就无法展现。从这个角度就不难理解为何旗袍较少直白而多使用省道了。这里，我们实际上论述了中西方服饰文化融合的第三层关系：“自然”和“人工”也可相提并论。

西方服装从繁到简的过程也类似于“人工”向“自然”趋同的过程。文艺复兴以来，服装朝着华丽的人工美前进，在洛可可时期达到顶峰，成为最典型的“衣穿人”时期。直到20世纪初，女装变为某种简单的民用制服，这是女装向“自然”趣味发展的契机。安妮·霍兰德认为：“20世纪20年代女士们的服装发生了有史以来最重要的变化。那时的时装开始直接以女性的形体特征来表现她们的性别特征，并以此来代替过去的间接暗示的表现方式。”无疑，她在赞扬女性“自然”的肉体形态。这不是出自“人工”的主观能动作用，而是来自对“自然”的崇拜和再现。

总之，在中西方服饰文化交汇的20世纪20年代，双方在裁制、造型理念和形态上的对立开始被等同起来，彻底脱离了传统意义上的二分法，已见辩证统一的光辉。这与其说是在颂扬服饰的进步色彩，不如说是现代女装日益显出了它的双重本质。

（二）传统与现代女装的分水岭

20世纪20年代是古今服饰的分水岭。在探求传统与现代的交锋时，我们可以很自然地窥见女装在新旧交锋时刻的三个巨大的支撑点：一是功能意识的转

变；一是着装观念的形成；一是女装变迁的方向。

1.服装功能意识的转变

现代女装有一个原始的出发点，就是回归实用。其设计也是围绕解决人的基本生存问题这个目的的。过去的传统重装束缚了人们四肢的活动，装饰上故弄玄虚，这种“无用”设计脱离了实际。阿道夫·洛斯曾说过：“装饰就是罪恶。”此话言简意赅，切中要害。在设计之初，现代女装就对实用性异常关注，把日常生活中不被人留意，或被人有意讥贬的方便、轻巧、行动自由、感觉舒适的实用功能抬升到“时髦、优雅”的高度，真正体现了以人为本的思想。香奈儿偏爱自由舒适，她把内衣的针织面料和便服的机能性提炼出来，用在时装中，不仅让穿者感觉舒适，还不妨碍穿者的活动自由。此后，女装的设计重心都转向了实用。

2.现代着装观念的形成

自我表现、注重个性、标新立异是现代服饰发展一贯遵循的原则。透过约瑟芬·贝克（Josephine Baker）在巴黎的走红，我们可以窥见现代着装的一些基本观念。贝克是一位来自纽约的黑人姑娘，在俱乐部的舞台上进行表演。20世纪20年代初她到巴黎演出时，恰逢当时巴黎的艺术界热衷非洲原始艺术，连画家毕加索和马蒂斯都从非洲部落中寻找新风格。贝克利用自己“时髦”的古铜肤色，赤身裸体，仅在腰上挂了几根黄香蕉，头发剪得短到贴着头皮，拿着羽毛装饰在巴黎的一些高级俱乐部和酒吧演出，成为社会舆论的焦点。求新求奇是人的普遍心理，在20世纪20年代弥漫着现代风气的文化环境中，贝克没有延续过去的思想，她大胆求新，成为充分舒展自我、开掘个性化空间的时代偶像之一。

3.现代女装变迁的方向

民国时期，中国的服饰开始了与西方的横向交流，“中西合璧”成了常见的设计。以上海、天津为代表的开埠口岸，崇洋之风更浓，服装的时尚节拍加快，一度紧跟西方的流行趋势。这些交流带给女装兼收并蓄的多样发展，成为中国女装快速现代化的不竭源泉。西洋服装史的发展基本依靠传播来推动，不同国家、不同民族之间的横向交流一直在进行。工业革命以后，西方开始在全世界范围内传播其服饰。同时，也受到来自亚洲、非洲、拉丁美洲等地的异文化的影响，形成了风格独特的新艺术运动和装饰艺术运动，现代女装也是围绕这些文化艺术的思想核心而展开的。

透过现代女装的理论和实践分析，我们或许可以说：现代女装设计的最高宗旨，就是不脱离实用的目的，依据个人的意趣，充分调动自我的主观能动性，在创新精神的映照下，全方位地设计服装，进而决定服饰的美学效果。回顾20世纪20年代的现代女装，我们发现，一百年前实践过的这些样式，对今天的影响依然深远。诸如为什么场合而设计、为什么样的女性而设计、为何种生活方式而设计等前提依然摆在当今的设计师面前，需要其不断思索。当今的时装设计，不管变化得多么令人眼花缭乱，似乎最终都可以归入20世纪20年代的服饰类型中。这些变化，均是对现代服饰文化的发展。面对以上这些问题，我们有足够的理由去理性地审视20世纪20年代那些优秀的设计思想和文化意义。研究现代女装，认识它的原始美型，有助于今天的设计师宏观地审视设计对象，勇于推陈出新，更新自己的设计发展观。

第三节 拟态环境的转换

拟态环境区别于真实环境，是传播活动形成的信息环境，这个环境由媒介活动创造和维持。在服饰传播层面，拟态环境中的服饰不单单依赖直接环境产生，它超越直接经验去塑造物态，通过拟态的方式改变着真实的衣生活。如果给拟态环境下的服饰传播下一个定义，可以理解为服饰在不完全真实的环境中，需要借助仿生作为中介物，再现他物的功能，延展人的现实世界。

一、仿生学的形态表达

仿生指人模仿生物的特殊本领，以利用生物的结构和功能来提高人的实践能力、拓展人的所及范围。在原生态环境中，服饰几乎伴随着仿生行为而出现。直到现代，服装设计师仍不断在服装的色彩、质感、结构、内容等方面模仿自然界的生物造型，如植物、动物、昆虫和微生物细胞等自然生命，皆是设计的常见素材。

（一）功能需求的仿生

往前追溯，服饰的功能并不仅仅体现在能够防寒暑。当我们的祖先还生活在原始的环境中，没有真正意义上的服装时，他们既要和动物争夺地盘与食物，又要避免受到动物的攻击。于是，他们不得不长时间将花草树叶裹在身上进行伪装。这些裹在人身上的花草可以理解为最早的服饰，而它的功能便是伪装，用以向不同的物种发出“错误”的信息来避免引起对方的警惕。我们可以理解为，在这种情境之下，人类就已经在通过身上的穿戴物向自然传递着自己想要传递的信息了，即“服饰”就是以这样一种“传播媒介”的仿生方式作为开端的。

我国少数民族中对“万物有灵”信仰保存较好者，都会将崇拜物装饰在身上，成为研究其服饰仿生性的活化石。比如鹰、火、太阳承载了塔吉克民间的文化精神意义，并突出地表现在塔吉克服饰上。像汉族信仰龙图腾、苗族信仰蝴蝶图腾、彝族信仰虎图腾一样，关于塔吉克人的图腾崇拜，民族学者西仁·库尔班认为极可能是鹰。这种理论有据可证，在塞人（塔吉克族源之一）的出土雕刻文物中，禽兽纹饰品中有狮身鹰头的图像。塔吉克人把鹰作为自己的象征，自称“鹰的传人”，外人也将塔吉克族比赋“像鹰一样的民族”“鹰的使者”“飞翔的帕米尔雄鹰”等。塔吉克族的鹰文化进一步衍化到服饰内容，以图像或纹样的方式出现在舞蹈服饰、运动服饰以及婚礼的新郎面妆上。表演鹰舞的服装，在两袖内缝处制作出翅膀的造型，仿效鹰的体态，融入舞蹈动作之中。过去马球比赛时，球员的头饰、服饰上都会出现雄鹰的装饰纹样。而婚礼上新郎的眼睛周围会被画上鹰一样的眼眶，据说这寓意着塔吉克男人如鹰一般，眼界更宽广、未来更幸福。鹰舞服是能歌善舞的塔吉克人专门为鹰舞而创造的服装。鹰舞服样式采用了仿生设计，有很独特的造型：它的上衣像一件蝙蝠衫，两袖类似鹰的双翅，腰部合体，下接一段羽翅摆，长裤也分两截，膝部以上合体，以下为布条状，看得出这是有意模仿鹰的翱翔、盘旋、俯冲等动作的服饰。鹰舞服的色彩既不像舞台装那般缤纷，也不似常见的塔吉克服色，而是伪装成鹰的灰羽颜色，且前胸和小腿配以白色作间隔，反映出塔吉克人对鹰的直白理解。同时，人与自然的和谐关系也可能存在于这个鹰舞服的拟态形象当中，这个“鹰”代表了塔吉克人心中的理想和愿望（图2–5）。

图2-5 塔吉克人的仿生服装：鹰舞服

太阳崇拜可谓最具普遍意义的原始信仰，几乎所有民族都出现过太阳神。如人类学家爱德华·泰勒所言：“凡是太阳照耀的地方，均有太阳崇拜的存在”。太阳由圆圈纹、涡纹、“+”“×”等一系列符号构成，这些纹样通常施于帽绣、衣绣和装饰配件上。比如塔吉克男帽的帽顶上，有一环环从中心旋转而出的彩线刺绣，圆圈像日晕一样，这种圆涡纹给人一种生生不息、转动不已的感觉，象征太阳的周而复始、无限循环，是太阳崇拜的最好证明。塔吉克女帽上有更加麻密的刺绣，图纹中常见到一组圆圈与“+”“×”符号结合，黑红复彩勾画。长期牧畜和耕作的实践令牧民对太阳产生祈望和敬畏，经过雕刻、涂绘、纹绣于服饰和首饰上的太阳图像具有一定的仪式和信仰的仿生意义。

（二）精神表达的仿生

早在17世纪，西方设计师们就尝试从东方的花朵、竹子、孔雀中寻找灵感，甚至因此创造出“Chinoiserie”这个单词，用来形容当时流行的艺术风格，具有中国特色的原生态元素令西方人感到新奇，赞叹不已。之后西方时尚界的一众设计大师都对中国文化生态中的物象展开联想，创作了不少具有仿生性质的佳作。

FENDI从建筑中找到开拓点，设计师利用了中国南方少数民族古城的飞檐结构，设计了一款与其神似的尖角灯笼袖的服装，这款服装的袖子与一般的灯笼袖有所不同，袖口虽紧，但肩膀处宽松，而且肩膀最顶点处呈尖角状，腰带上同样是以红蓝两色搭配，鲜艳的配色很有少数民族服饰的感觉。 Lagerfeld 1984年春夏的青花珠饰晚礼服作品，整体造型脱胎于青花瓷瓶，周身均以白色真丝塔夫绸配以蓝、白水晶珠绣，还原了完整的青花瓷器。Sarah Burton也设计过青花瓷+白蕾丝的服装，服装上的半身用真实的碎瓷片堆砌而成，裙身使用大量柔软的、层层叠叠的雪纺，全衣采用精致的手工缝纫，堪称瓷器与时装的完美结合（图2-6）。

图2-6 青花瓷与仿生作品

（左至右：青花瓷；Dr. Martens（马汀博士）2015鞋履设计；Sarah Burton礼服局部；Dior青花瓷作品）

用现代的材质和技术达到返璞归真的目的，时装材质可以从高山中来，也能重归大地，这是新时代设计师理应有的人文关怀。当然，自然界中动植物的肌理纹样带给时尚界的影响更是毋庸置疑的。Stella McCartney以东方的花卉刺绣为图案，蕾丝花朵或浓或淡地被精心布置在单色裙身上，显得格外素雅安静。同样是精致的东方刺绣裙子，MAX AZRIA在繁花似锦的刺绣图案之中点缀上彩色的珍珠，令服饰既显得华贵纷繁，又有少数民族服饰般的极强的装饰感，而裙身其余的部分同样只留底料原色不做任何点染，繁简相宜。

Alexander McQueen在任职GIVENCHY期间的高级定制服曾采用中国的檀香扇制成披肩和裙子，此后他的作品中都能见到中国风的影子，戏曲里的绒球盔头、过去宅门上的镇宅兽、剪纸窗花都是他撷取灵感的来源。如今的GIVENCHY一方面将暧昧的类似图案发展到梦幻的极致，蝉翼般的蕾丝在层层叠叠中诉说着女性的性感，该品牌还在设计中加入了许多高原游牧民族服饰的元素，原白色的流苏大面积铺满胸前，长长的，随风摆动，浪子般的自由感体现得淋漓尽致，两种风格对比强烈。

Dior本人很喜欢用中国元素，1948年他设计过以“中国”“北京”“上海”命名的系列服饰。后来他又设计了“中国之夜”“中国蓝”“香港”“中国风”等系列服饰。1951年他以诗人张旭《肚痛帖》（清拓本）为灵感设计的剪裁简约的连衣裙，明显带有Dior“New Look”风格，服装背后的那份中国人文精神令人心驰神往。

Galliano常说旅行是设计的重要来源。2002年，他为了感受最地道的中国文化来华旅行了三周，中国的颜色给他留下了深刻的印象：夜上海的霓虹、橘色的太阳与灰蒙蒙的北京、红色的庙宇、蓝绿色的屋瓦、农妇身穿的少数民族服装，这些对Galliano来说既真实又虚幻。游览了中国以后他又去了日本，所以中日两种文化成了其系列作品的催化剂。他的作品在服装层次、纹路剪裁、针线缝纫技巧以及色彩搭配的处理方面，蕴含着中国戏剧服装的仪式和传统，正如Galliano所言："戏剧我一个词也听不懂，但是视觉上的一切我都记下了。"

随着越来越多的著名设计师争相发掘中国原生态元素，我们不难发现，服装设计开始越来越强调地域特色和人文气息。如今，我们把服装也归为艺术范畴，而服装作为人类社会文明重要的表现形式，同样无法回避东方美的博大和神秘。现在的时装设计师摆脱了用牡丹、水墨等图案来笼统地概括东方民族风格的束缚，原汁原味的少数民族元素也因为开始被中国本土设计师更深层次地理解和应用而在国际时装展示台上扬眉吐气。

二、取象比类的拟物性

取象比类的观念出自先秦哲学思维，在古代中医学理论中得到了特别的发展。什么是取象比类？《周易·系辞传》说："易者，象也。象也者，像也。""象"的其中一层含义即指模拟的象征性符号，如卦象、爻象。"比类"指将一切事物按照自身性质分别归类，以便研究它们的关系。

古代服饰纹样大多是经过人为抽象、体悟而提炼出来的概念或意义符号。联珠纹就是原始生命与太阳崇拜相互联系和作用的产物。服装设计师从联珠的纹样形式中取其骨骼、状态的"象"，然后"比类"不同地区出现的联珠纹，按照它们各自的性质分别将其归属到各自的文化语境中，来研究它们的传播关系。

19世纪宗教学家麦克斯·缪勒（Max Muller）就曾提出："人类所塑造出的最早的神是太阳神，最早的崇拜形式是太阳崇拜。"世界上的五大古文明发源地都将太阳移入生活、饰为艺术，借以抒发精神空间：中国花山岩画上的"太阳轮和铜鼓太阳"、印度绘有光束的太阳神、象征埃及"拉"的一轮金色圆盘以及中间带有一点的圆圈符号、希腊的阿波罗神和南美的玛雅太阳浮雕，皆视太阳为神圣之物，并将太阳设计成拟物性的符号加以崇拜。

南北朝时，祆教传入中国。作为波斯萨珊的国教，祆教艺术也为中国带来了波斯风格的装饰图形——联珠纹。祆教拜火，但其在图像上并未再现火焰的自然景象，而是启用了大宗的圆形符号。我们可以将这种现象理解为，火带来光明，而太阳亦具有同样的功能，所以圆形符号作为一个象征光明的容器，包含了火与太阳的双重意义。

最有代表性的波斯图式即联珠纹，与其说它是火的象征，倒不如说它代表了人们对太阳的强烈渴望。“表示天的圆圈是设计主角，其星相学寓意通过沿圈排列的众多小圆珠来表现，形成的联珠纹有神圣之光的含义。”[23]联珠纹中心的大圆圈象征太阳，沿圈排列的众多圆珠寓意太阳光芒或天体星辰，这一波斯式符号在祆教从西向东的传播路线上，从中亚早期粟特壁画到莫高窟“菩萨普门品”的中亚粟特商队，再到西安北周萨宝安伽墓石棺床画像石、青州傅家北齐画像石，甚至是日本美秀美术馆（MIHO Museum）馆藏的北朝祆教画像石，均可看到运用联珠纹这一相似点。

联珠纹的构成，在《隋唐五代工艺美术史》一书中有相关界定：联珠纹由连续的圆珠构成，时而呈条带状，排列在主纹或织物的边缘；时而作菱格形，其内填以花卉；更常见的是围成或圆或椭圆的联珠圈环绕主纹，联珠圈有大有小。[24]

研究者普遍认为将联珠纹作为组合题材研究其作为装饰的产生时期可以溯源至萨珊王朝时期（古代西亚），这一点从当时广泛流通的货币雕刻上可得到佐证。公元前，这里流通的金银货币上常铸有一圈小圆珠环绕着国王头像等图案。中世纪这种货币图纹形式依然流行，且推广到织物、陶瓷、金银器，环绕的装饰题材也从头像等扩大到禽兽、花卉等。[25]根据我国境内出土的萨珊银币，考古学家夏鼐进一步考证分析后认为，萨珊银币在我国西北地区（例如高昌）曾流通使用。银币作为广泛流通的交换媒介，直接影响着萨珊联珠纹的传播。

如果将联珠纹拆分成外圈联珠与内部母题来研究其溯源，不难发现，外圈联珠只是一种结构简单的几何形态，作为装饰题材它会自发出现在不同时代、不同地区、彼此隔绝的文明中，随处可见，无须有意的“文化传播”。我国新石器时期的彩陶、商周时期的青铜器以及西汉的瓷罐和两晋时期的青瓷上就已出现联珠纹。公元前5000年的马家窑文化遗址中出土的彩陶上出现了“有许多小圆点联系排列而成一个大圆圈，并在大圆圈内加饰其他纹样”的联珠纹，此类纹样在以后得到不断发展。商朝龟鱼纹青铜盘皿上，联珠纹的内填闭合特征更加清晰。汉晋的瓷罐上也均有联珠纹出现。[26]从以上考据中可以看出，丝绸之路开辟之前联珠纹早已在中国出现，它同样也是起源于中国的古老纹样。

与萨珊联珠纹不同的是，中国联珠纹没有特殊的宗教和政治的语义，而萨珊联珠纹则有神圣之光的含义。另外，中国联珠纹在南北朝之前一直都是出现在器物装饰上的，在丝绸上并未发现。[26]62联珠纹应用于织锦属于萨珊首创。

由于丝制品难以保存，今天在伊朗境内已无联珠纹织锦遗存，但萨珊织锦可以从当时出于贸易及外交等原因远传世界各地后分散遗存的织锦残片或同时期的其他艺术作品中获取信息（图2–7）。以我国新疆阿斯塔纳墓群出土的联珠猪头纹锦为例，其主体图案为獠牙外翘、眼睛呈菱形的野猪形象，文锦图案整体风格夸张奇异，在此前中原地区并未有使用这类题材纹样的审美习惯。据《锦上胡风》一书总结，此类图案流行于波斯到中亚地区：现存于美国宾州

图2–7　萨珊风格织锦纹样

（上左至右：唐代猪头纹锦，新疆吐鲁番阿斯塔纳出土；联珠猪头纹方砖，伊朗达姆汗出土；乌兹别克斯坦的巴拉雷克壁画中的猪头织物纹样。下左至右：乌兹别克斯坦的阿夫拉西阿卜壁画中的猪头织物纹样；阿富汗巴米扬壁画中的联珠猪头纹饰）

艺术博物馆的联珠猪头纹样方砖，出土于萨珊王朝的核心地区达姆汗；乌兹别克斯坦的巴拉雷克和阿夫拉西阿卜的壁画中均有猪头纹样的织物图案；阿富汗巴米扬石窟的D窟中，也有用联珠猪头纹作为装饰纹样的壁画，其青面獠牙的形象与阿斯塔纳所出织锦上的野猪头图案颇为近似。[27]阿斯塔纳墓群出土的萨珊式联珠猪头纹锦，一则可以从中看出萨珊式纹样风格，二则在萨珊与中原文化往来的历史背景下，可以说明纹样的传播性。

正因为早期的中国和西亚都有联珠纹的特定形式，当萨珊波斯的联珠纹织锦东传至中原后，人们对这一纹样形式并不陌生，所以容易接受，继而普遍流行。经过中原人对原有意义的消解、对原有样式的再造后，蕴含中原传统文化的联珠纹织锦，成为文化传播的重要载体，继续活跃在丝绸之路上。

三、扮装拟态的特定性

以服装为表现要素的造型艺术，还有舞蹈、戏剧、电影、电视节目等综合性艺术，但这些艺术都是以具体的演员来表现“剧中人”的，这与自然环境和人文环境中的服饰表现很不一样，适应于这些艺术场景的服饰，被称作扮装拟态。扮装拟态既是服装的功能，也是服装传播的目的。不光是综合性艺术，即使与生活服装关系密切的时装秀，也与真正的日用服装有一定距离，带有舞台化和表现性的特征，为追求舞台效果，在设计中也会采用戏剧化的艺术手段。

艺术场景中的服饰，注重的是塑造人物形象、构建故事时空、揭示艺术内涵，而生活中的服装则首先注重个人气质和个性；艺术场景中的服装强调的是以剧本为基础和纲要，以情节的起承转合为依据，以演员条件为载体，以场景美术为配合和呼应，而生活中的服装则强调对流行趋势和设计风格等审美内容的把握。但就影视剧来说，人物造型作为构成影视剧视觉呈现的一个重要元素，须遵循基本的设计原则，即要以剧情和角色的把握为核心，将设计思路和概念贯穿始终。单就“剧中服饰”的艺术形式来说，我们以奥斯卡最佳服装设计奖获奖影片《爱丽丝梦游仙境》为例，来对人物造型的奇观化现象与写实主义的糅合互嵌作一番分析（图2–8）。

图2–8　《爱丽丝梦游仙境》人物造型

作为由刘易斯·卡罗尔于19世纪创作的极具影响力的儿童文学改编而成的电影，《爱丽丝梦游仙境》本身就具有浓厚的浪漫主义标志：故事充满天马行空的奇异幻想。作为一部成功的童话作品，故事中绝不仅仅是荒诞有趣的想象，对于主人公来说，魔幻与现实世界中的境遇和成长是并行和互相推进的，创作者在小说以及电影中深刻地影射着现实世界的复杂性和19世纪英国的社会现象，这也奠定了影片视觉表达的总体风格：在绚丽的视觉效果中揭露和表现现实性。影片中的服装设计具有缤纷华丽的色彩和款式，将维多利亚时代的繁复奢华、20世纪的轻盈暴露、古代铠甲的闪耀、近代男装的简洁等设计风格熔于一炉，每一部分各具美感且各有其象征意义，组合而成后便呈现出完美融合于斑斓奇幻的童话仙境之中的生动形象。这种风格也呈现于同类型的其他奇幻影片中，如《沉睡魔咒》《灰姑娘》等。

（一）浪漫的奇想

浪漫主义创作的核心是追求理想、抒发主观情感、创造奇幻型的艺术形象，这也是奇幻冒险片的核心任务，影片中的服饰常用对比、象征、夸张、想象等手法进行创作。而成功的奇幻冒险影片总能够依据具体的影片内容和基调选择合适的设计理念及设计方法。

作为童话的《爱丽丝梦游仙境》被拍摄成电影，用大胆的夸张和绮丽的想象展现出了一幅缤纷多彩的梦幻画卷。爱丽丝一反维多利亚时代保守风气的荷叶边吊带露肩小礼服，花形褶抹胸裙装，色彩鲜艳的红、黑、白蓬蓬裙，银色修身二部式裤装战甲，战士绑带风格护手等服饰；疯帽子荒诞不经的橘色爆炸头、花里胡哨的帽子和领结；红桃皇后从头顶至脚底无处不在的红色桃心元素；白皇后接近黑色的深红色唇色和指甲与白色底妆、发色、衣裙及出场环境对比鲜明。影片用前卫而特别的服饰设计展现出了华丽浓烈的艺术效果，充满了奔放的理想色彩。

浪漫主义的服装设计带给观众以新奇的视觉刺激和独特的视觉美感，这是奇幻类影片的特别之处，影片中不同模式的想象和手法、不同装饰风格的运用无不彰显着艺术和灵感的魅力。

（二）写实的本真

在电影艺术中，现实主义的创作手法着力于还原本真的现实世界，在影片的服装设计中，即使故事被架构于一个虚拟的时空之中，依然依托于现实，完美契合被营造的空间，而并非漫无目的、不切实际的想象。安德烈·巴赞提出：电影再现事物原貌的独特本性是电影美学的基础。现实是想象的土壤，对于观众而言，观众的认知来源于生活以及客观存在，影片中的现实主义设计可以帮助观众定位和理解故事的宏观环境，而以现实为造型基底的戏服设计正是构建这种环境的重要一环。在电影《爱丽丝梦游仙境》中，无论是现实中的爱丽丝的亲友们还是仙境中的白皇后，都穿着高明度低纯度、有复杂装饰的洛可可风格连衣裙，这种写实的时空营造既将作为童话的故事置于一个具有甜美视觉效果的社会环境，也将主角放入了一个压迫女性身心的年代，为她的格格不入和逆流成长设定了环境背景。

（三）推动情节发展

服装不仅可以作为符号展现人物的一系列特征，也能够在整个故事发展的过程中暗示或表现人物的发展轨迹和变化。

爱丽丝的一系列成长和心理变化在服装及造型变化上都有所展现。从进入树洞之前表面遵守父权社会下的女性审美仪态，到跌落到树洞中时盘发散开体现出放开束缚、放飞自我的先兆，再到进入仙境后烦琐严实的洛可可式蓬蓬裙变成了轻盈的吊带荷叶边领纱裙，缩小后穿上疯帽子重新为她缝制的露肩褶花纱裙，现实中这是20世纪以来才流行的礼服款式，这种超现实的表达也意味着爱丽丝对于自身受禁锢的内心的释放和对于自我意识及社会认同的获得，从此之后爱丽丝和尊重、认同她的伙伴们一起踏上了冒险旅途。从进入红皇后的宫殿直到逃出的过程中，爱丽丝穿上了红色、黑色和白色相间，热烈而有旋律感的撞色设计的具有朋克元素的短礼服，带有明显的张扬和叛逆色彩，此时的爱丽丝已经是一个勇敢而机智的抗争者。进入白皇后宫殿后，爱丽丝先换上了简洁的军服样式的外衣，下身穿上了裤装，行走起来衣服后摆飘扬，像绅士般风度翩翩，这是爱丽丝摒弃长期以来社会集体意识的枷锁，获得自我身份的开始。最后的屠龙战斗之中，爱丽丝换上了象征着胜利、荣耀、熠熠生辉的银色战甲，和男性一样踏上战场，成为反压迫战争中的英雄，此刻的服装没有了性别区分，意味着爱丽丝彻底蜕变成了具有和男性统一地位的、拥有自我身份、实现了自我价值的女性。

回到现实中的爱丽丝开始走上了男性专属的工作场所，开启了商业征战模式，她穿上西装式大衣，系上了领带，散开长发，完成了现实和梦境中自我的合一。当然，现实中，直到20世纪女权主义的兴起，女性的自我意识才大规模地体现在中性化服装中，影片中的设计充满了理想色彩，现实的女性自我觉醒和对于男权的反抗的过程与爱丽丝这一浪漫形象的成长达成了和谐统一及互证，也在影片的服饰设计中得到了完美的演绎。

与之不同的时装秀，则带有广告性和娱乐性的特点，追求以另类的理念和吸引眼球的表演方式来赢得观众，提高知名度。比如高桥盾声名鹊起的一个主题秀“溶解”请来了众多双胞胎当模特，模特两两出场时，乍一看穿的服装都相同，但仔细对比可以发现，左边的衣服是右边衣服溶解后的版本，变形前后的感觉好像哈哈镜一样，这也是把服装构建成行为艺术的一种方式。侯赛因·卡拉扬也曾经用溶解的方法展示过“时装”，从最先出场的中国西南民族的妇女盛装，一步步，溶解到最后的黑色朋克装。这些服装前后毫无关联，却被设计师旁逸斜出地结合在了一起。卡拉扬最近又用水溶性材质制作了时装，模特在秀场的雨水中站着，服装很快发生了变化，水溶性材质被溶化后，服装变成了另一番模样，强调了设计的变异性。秀场服装侧重表现设计师推出的新主题、新概念、新主张，或者设计师采用的新手法、新材料、新造型，与我们的着装相差一段“生活”的距离。

第四节 三者介入的传播

一、现代性与裸露文化

性感与裸露是对照的关系，但从服饰传播史上看，裸露却不单单指向性感的外表而已，它在功能意识及着装观念上有强烈的文化属性。比如，“一战”后服装的裸露趋势就是服装魅力让位于人体魅力的现代内核的表征。这正是马林诺夫斯基提出的“整体”研究的方法，即要认识研究对象，必须掌握它所在社会的整体境况，否则就无法了解它的具体意义。

中国服饰是一种“包”的文化，所以在中国传统伦理思想中，“裸即是淫，淫即是罪恶”。历史上虽有过唐代贵族女子和魏晋文人在着装时的局部袒露，但20世纪之前的衣着观念，几乎都回避身体的话题，而专注于强调服装本身。将着装提高到容仪的高度，是中国传统服饰长久追求的目标。

与中国相比，西方的古典思想中，表现人体的重要性一直备受人们关注。如古希腊、古罗马不仅在体育竞技中展示裸体，而且用各种艺术形式来赞美人体。文艺复兴时期，一大批艺术巨匠开始用绘画或雕塑的形式来表现裸体。从女装上看，在中世纪末有了一个大胆的变化，首次出现了低胸裸肩的衣服，且越来越贴紧身体，服装因为局部的裸露而强化了吸引力，这一原则指导了此后服装的发展。但是，西方历史上也同样存在保守势力对服饰裸露的钳制现象。如文艺复兴以来，一直到20世纪初，女装一味地强调人工化，三围表现本身也被华丽的衣饰包裹，无形中约束了肌肤的暴露。社会和宗教机构长久以来对妇女身体的展露规诫甚严，甚至采取了法律手段进行严控。

这种境况在19世纪末被打破，德国兴起了裸体主义运动，有些人反对束缚身体，主张把“裸体之美”在海滨浴场付诸实践，因为他们发现身体沐浴在空气和阳光中最有益健康。“一战”以后，人们更加珍爱生命的美好，同时也感受到了工业社会对个性的压抑，开始向往最自然的状态。于是，裸体运动得到更多人的响应，很快传遍欧洲。对于这一事件，R.B.约哈森（R.B. Johasen）给予了高度的评价：20世纪人们从多层衣服的壳中解放出来，懂得了自由地接触大自然，这是现代人类最伟大的进步和发现，而不是电视和原子弹。[2]286弗留格尔认为，女人为满足自然和卫生要求而暴露身体的某些部位的观点与裸体文化的支持者的观点是一致的。[28]中国学者孙嘉禅也认为，“越少越好”几乎成了女性时髦的代名词。裸露成了服装现代化的表现特征，很难想象，一个遮盖严密的人能对现代化产生诉求。因此，“裸露是女装迈向现代化至关重要的一步，也是女性摆脱传统观念的束缚，求得自身解放的重要组成部分”。至此，裸露成为现代时装的主题（图2-9）。

图2-9　战后的妇女们以裸露四肢为兴趣，尤其注重腿的表现

在女装不断增强机能化的过程中，其厚、密、遮的古典特征发生了根本性的变化，现代女装以薄、透、露的方式表现其机能性，在服装类型上被称作轻装。

轻装关注织物的贴体性能与依附、伸展性能，反对硬挺，反对明确的外轮廓，这与面料轻薄的特性是一致的。

轻装虽是极强烈的现代符号，但依旧追求女性性别所属的含蓄和女人味儿，这与服装透的特性也是一致的。

轻装较重装更敢于裸露，身体得到了自由解放，日益短小的轻捷衣裙恰恰就是对肌肤的展露。

所以，现代化的轻装与薄、透、露存在相对应的关系。此外，现代女装逐步趋向于薄、透、露的开放阶段，还与着装性观念的开放有密切的关系。

薄，是与衣料有关的一个话题，在这里，薄不单指是薄型面料，它还成为轻装发展过程中的一个现代特征。在科技的作用下，近代产业革命把对人造纤维的设想变为现实。19世纪后期，人们相继研究成功了铜氨人造丝、黏胶人造丝和醋酯纤维，①这令现代的衣生活产生了重大改变。为了适应突如其来的紧

① 《服装学概论》第53页写道：“1884年，法国人查尔东耐（Chardonnet）成功地使人造纤维工业化。1890年，法国人迪斯派西斯（Despeissis）发明了铜氨人造丝；1894年，克罗斯和比万又发明了醋酯纤维。”

凑、灵活的衣束，战前衣料上繁复华贵的装饰瞬间消失，薄型轻装本身不再强化装饰，转而开始利用外搭的配饰，如项链、饰带等，弥补女人追求时髦的心理。

A.卢里认为，“一件衣服最具有官能感的部分是它的质料。在某种程度上，布料象征人的皮肤；所以不论布料是精致或蓬乱、是凹凸不平或光滑、是厚或薄，我们总是不自觉地将这些特质与穿者连在一起。”[29]乔安妮·恩特维斯特尔也以织物为例，把薄型衣料给人强烈的表面效果比拟为女装在暗示女性身体可以被真实地感觉和触摸，“柔软的或是女性气质的织品，如毛皮、丝绸、缎子和天鹅绒，都被当作色情相关的焦点”[30]。由此可见，轻薄的面料以性感作为媒介，帮助我们诠释了轻装化中“薄”的另一个意味。

透，是女性性格中的含蓄在服饰中的折射。杨越千认为，“透装可强化女性的温柔感，露而掩的表现方式，映衬出内向的性格特征，使女性更加‘女性化’。”[31]20世初期肉色与浅粉色的长袜成为流行，穿时贴紧皮肤，半透之下，如同细腻光滑的“第二层肌肤”。透装，仿效肌肤本色或传递身体特征，其性感的显现比裸露要来得丰富。“许多社交舞会的舞女为了更加性感，在短裙下摆或袖口添加了许多流苏装饰，这一装饰既有装饰性又很实用，摇摆飞散的流苏掩盖下的皮肤若隐若现。”开放性的装饰结构无意间为服装施展舞蹈动作注入了一种动感的力量，利用半透半遮的着装方式，通过不彻底的掩盖，渗透着性感魅惑的成分，提高了服装的被关注度（图2–10）。

图2–10 现代女装之“透”

露，散发着自我肯定的人体魅力，材料少、面积小的服装恰好烘托了肌肤的展露，因而“露”也属于轻装的范畴。在20世纪初的欧洲十分盛行裸露文化，我们可以从战后露出脚踝的短裙形象以及运动自如的轻松衣着中领略到肢体那奔放自由的裸露，我们也可以从20世纪20年代巴黎那赤裸大腿的旋舞和“裸体暗示”下的新时装中感受到现代女性时髦而性感的裸露心理。孙嘉禅提出：“短露是表现俏丽的一个特征，外显着生命的活力，因而会给予以生命意识为基质的人体审美以视觉美感。”[31]173这段话启示我们：现代观念是将人跃升为表现主体，服装的审美价值让位于人展露自身的美，因此，裸露型服装似乎成了现代时装的表现主题（图2–11）。

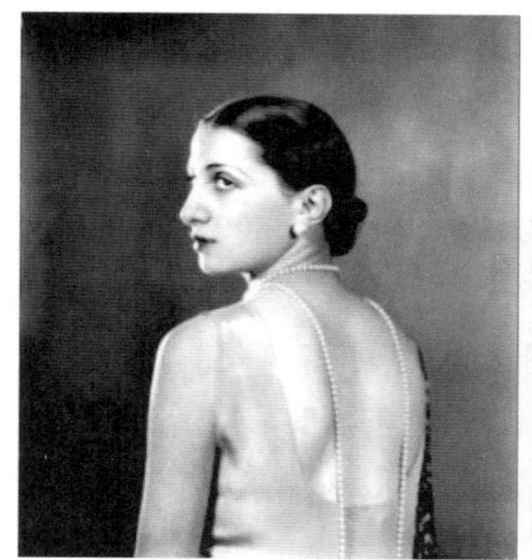

图2–11　裸露型服装

（左：1926年的露背连衣裙；右：1929年的露背晚礼服）

无论中西方，女性的腿部几千年来都被封闭在服装里，“一战”后，中西方女性都穿上了短裙，对腿部大幅度的暴露，明显是对妇女“解放”这一时代命题做出的回应，也是轻装区别于以往重装样式的重要表现特征。它以极短的裙面为腿部行动创造自由，以此打破了几十年前还坚不可破的女性着装规范和禁忌，显示出对传统服装观念的超越。这个时期就连被传统定格的晚装，都被设计得像日装一样短小。正是裸露带来的现代意味，使短裙迅速风靡全世界。至今，露腿短裙依然风行，在一定意义上，它是“现代女装”样式的延续。

至此，可以说薄、透、露充分体现了女装的机能性，成为轻装出现的直观效果。轻装中的薄、透、露风貌，不是优雅的、飘逸的、婉约的，而是倾向于大胆的、性感的、时髦的。其中的现代化趋势，恰好成为现代女装的基础之一。

二、可持续与绿色时尚

长久以来，在生态可持续发展的问题上，奢侈品牌和快销品牌都备受指责。嬗变的趋势和多变的风格背后，是物质和能源的高消耗。即便是奢侈品牌“识趣”地运用人造皮草代替了稀有的皮革皮草，也因为所使用的化学药剂等材料对环境污染极大而与环保背道而驰。

当社会的快速发展伴随着自然环境的恶化，人们开始意识到，永不止步地翻新并不是时尚的真正意义。时尚更应是一种积极美好的生活态度，一种能肩负起社会责任的勇气与自信。正如长期致力于可持续时尚研究的英国学者迪利斯·威廉姆斯（Dilys Williams）所说，“如今高端设计品牌竞争激烈，光有好点子已经不足以成为佼佼者，你必须关注伦理规范和价值。五年前，可持续发展被视为一个供应链问题；现在，它是个设计机遇。”正因如此，在十余年的时间里，绿色可持续之风在欧美时尚界渐兴，设计师们不断尝试、实践，从赋予旧素材第二生命，到开发使用新的可再生材质，甚至在生产过程及选择物料时，提供更多机会帮助弱势。绿色可持续之风不仅关乎创意、工艺，更隐含深层的社会意义，并且，在关注绿色材料与服装开发使用的同时，人们也开始探索一种更加绿色的穿衣方式，将已经拥有的服装通过别出心裁的设计搭配重新诠释，打破了“女人的衣橱中永远少一件衣服”的魔咒。

（一）红毯上的绿色时尚

作为绿色主义先驱和Eco-Age创意总监的利维亚·弗斯（Livia Firth）发起了“绿毯挑战计划”（Green Carpet Challenge，简称GCC），该计划的目的是说服奢侈品牌为红毯明星专门设计符合可持续标准的“绿色环保”作品。在她的带领下，Gucci、Alber Elbaz、Tom Ford、Stella McCartney、Lanvin先后加入这个项目，也收获了越来越多的支持（图2-12）。她说：“那些大牌设计师们逐渐意识到加入我们的项目能在公关方面得到回报，当梅丽尔·斯特里普穿着一件带有环保意味的礼服出席金球奖颁奖典礼的时候，Lanvin因为那件礼服得到了前所未有的关注。所以加入我们的项目就等于说是既给品牌炒旺了人气，又做了营销，一举两得。”

图2-12 “绿色环保”作品

（左至右：GCC“绿毯挑战计划”标志；Stella McCartney环保女装；Cate Blanchett在奥斯卡颁奖礼上佩戴的“公平采矿”认证耳环；Gucci植物染色手袋）

Livia创办的这一组织成功地宣传并推动了奢侈品的道德行动：Gucci设计出了具有不毁林性材料的植物染色手袋；Cate Blanchett在奥斯卡颁奖礼上佩戴了Chopard、Net-A-Porter、Christopher Kane和Erdem等品牌合作设计的耳环，这些耳环采用“公平采矿”认证的金矿制成；环保模范Stella McCartney采用经过认可的回收再利用材质制作晚礼服，混合了各种可再生丝尤其是生态蕾丝和Patagonia的可持续使用羊毛，恪守最高环保标准。Stella表示：“这个系列无疑将我一贯追求的环保目标又向前推进了一大步，我们采用对环境无害或危害极小的方式和原料设计并制作出美丽奢华的晚装作品，改变了人们可持续环保时尚的固有印象，并为这条道路带来了更多的可能性。”事实表明，绿色行动行之有效，品牌销售额在萧条的经济环境中持续上升。

Livia不仅发动了绿毯挑战，还掀起了从家里开始的“可持续衣柜运动”，她鼓励减少购买的数量，但适当提高单件的质量，衣服反复穿才有购买价值。这一理念得到了Lucy Siegle等专家的帮助与支持。

大势所趋，随着环保问题的关注度不断提高，更多奢侈品牌开始行动起来。除了在设计方面采取了环保的举措，奢侈品公司还致力于给社会做出积极贡献：Gucci环保产品的收入都捐赠给了非营利环境保护组织Good Planet，LVMH旗下的Loro Piana为拯救自然保护区濒危的野生动物投资了100万美元，PPR为维护妇女权利和尊严设立了基金，Brunello Cucinelli为工厂附近的村庄投资建造了剧院及运动设施，媒体评论这一系列行为打造的是“后代与地球和谐共存”的世界。

（二）旧衣“回收”巧利用

另一绿色穿衣风潮的产物是“古着”（Classic Fashion），可以指一切二手衣，十分平民化。古着在年轻人中很流行，不但价格实惠而且款式少见。随着时尚先锋们对复古风潮的推崇，这股流行风逐渐影响了全球，并与“混搭”（Mix and Match）风潮相伴而行，大有愈演愈烈之势。“混搭”拒绝“规规矩矩穿衣”，而是强调把风格、质地、色彩差异很大的衣服搭配在一起，打破了过去单一而纯粹的着装风格，使得着装者百变而神秘，极具个性。

将复古风和混搭风完美组合的代表人物之一是Kate Moss。她总是将当季天桥上刚出炉的新款服饰搭配私人古着服饰穿着，在各大时装展间穿梭。那些霉霉旧旧的复古衣饰与新款的潮流之选搭配在一起，产生了奇妙的化学作用，亦成为她独一无二的个人风格。连Calvin Klein都说，Kate Moss天桥之下的私人装扮，曾带给他无穷的创作灵感。

香港非营利组织Redress的创始人、来自英国的Christina Dean博士致力于提高时尚产业的环保意识，通过举办可持续服装设计比赛、时装表演、展览、讲座、研究和再生时装认证等，提高人们对于时尚产业污染问题的环保意识，推动亚洲的可持续发展时装业，她曾被英国版的*Vogue*杂志评为“最鼓舞人心的人”，也曾被*Coco Eco*杂志评选为地球上十位最具影响力的“绿色”女性之一。她于2011年创办了“衣酷适再生时尚设计大赛”（EcoChic Design Award），她把比赛中的织物废料限定为：卷轴尾端布料，已损坏的纺织品、碎布、纺织色板和样品废料，服装样品，废弃成衣或二手衣服，意在通过教育时装设计师来进一步改善环境（图2-13）。当获奖者为品牌Esprit设计的再生系列服装正式推向市场后，再生服装教育大众的使命便开始了。

图2-13 致力于可持续时尚发展的Christian Dior与衣酷适再生时尚设计大赛

具有环保意识的时尚名词“DIY”原本属于“草根一族”，指人们自己动手使旧衣变新衣，DIY不仅有效扩充了人们的衣橱，也充分体现了服装的可循环意识。通过废物利用、旧衣改造，每个人都可以节省空间、金钱、资源，而且整个过程充满乐趣，穿上自己打造的服装，除了美丽自信外，还有爆棚的成就感，同时也在为环境保护作贡献。

伦敦著名的环保服装设计师奥索拉·德卡斯特罗（Orsola de Castro）回收了大量奢侈品牌的剩余布料和旧衣物（Stella McCartney就是其中之一），对它们进行了升级改造，巧妙地将各种旧衣物的零碎部分加以组合，使得每件衣服展现出一种独一无二的魅力。另一位来自芬兰的设计师伊琳娜·普利哈（Elina Priha）毕业于英国金斯顿大学，受英国环保文化热的影响，她通过对回收的牛仔面料进行再加工，将伦敦街头风格融入设计中，达到了时尚与环保理念的统一。旧衣不仅能升级改造，还可以牵手艺术创作。Recycle Now Week展览上，李维斯前创意总监加里·哈维（Gary Harvey）天马行空地大玩旧衣创意，用41条李维斯501牛仔裤做了一条精美绝伦的连衣裙，他试图用戏剧性的设计改变人们的看法：穿旧衣并不是一件尴尬的事，旧衣经过再创造，一样可以使女性焕发优雅的光彩。

与代表一切平民二手衣的“古着”不同，Vintage指的是有着高级定制级别与数十年历史的“古董装”。Vintage原本是标注在葡萄酒瓶上表明年代的名词，逐渐演化成当今时尚界的经典着装风格，它引领了一种复古风潮，也是一种具有可持续性的着装态度。原本祖母级别的衣服，经历了大半个世纪后，经由细微的搭配变化，被时尚明星重新演绎，有一种怀旧、含蓄的美丽，看起来愈发有味道、有品位。对于很多钟爱时尚的人士来讲，寻找和收藏Vintage也成了他们生活的一部分。

如今在时尚圈，古董装的身影处处可见。能称得上“古董”的，通常指1940年以后至1980年以前保存良好的精品服装，其本身必须有历史价值，有历史定位，并且能代表某个时期的某些特定元素，像迪奥的NEW LOOK，戴安娜王妃、肯尼迪夫人、玛丽莲·梦露的旧衣，就具有博物馆级的收藏价值，博物馆装的独一无二也使许多明星为之疯狂。收藏经典款式（成名作、最具突破的代表作）代表着不可比拟的尊贵和奢侈，而对于这种华贵的热衷，令收藏者同时在不知不觉地对环保做着贡献。

拥有浪漫而怀旧的独特气质，又能传达微妙的摩登意念，这便是环保风潮耐人寻味之处。无论是古董衫、古着，或是混搭风，还有DIY，这些时尚流行的代名词都可以看作是人们对于环境逐渐恶化、资源濒临枯竭所做出的本能的回应。

三、民族性与设计传播

对于任何一个民族服饰设计者来说，除了在设计上大胆融入时代精神，进行多元化尝试，更应该从民族内部对原生衣饰的技艺和风格深入解读，民衣民饰经过改革后才能继续在民族内部发挥其作用。也就是说，设计师只有体味到这个民族的生活之美，具备了纯正的趣味，才有分辨优劣的眼力和开阔多元的视角，也才能相应地产生更丰富的设计思想。反过来，推翻过去的经验和从零开始起步的做法都不足取。

（一）对民族衣饰本身的认识能力和深度是突破设计壁垒的关键

作为传统民族服饰的改革者，首先要明白那些古代衣饰究竟独特在哪里，明白了这一点才有可能提升自己的设计。以游牧民族为例，透过其曾经所处的历史情境，能代表衣饰风格的核心特征应该有以下几点：

1. 来自游牧服装的窄衣构成

许多便于骑马迁行的草原游牧服饰都富有机能性的内在结构，其实这类服饰与以西欧的日耳曼人为代表的御寒衣有着相似的构造，即有相同的封闭式、窄小紧身、四肢分别包装的体形样式，所以统称它们为窄衣。像中亚、东北亚游牧部族的服饰都属于“窄衣”之列。

历史上凡涉及窄衣服制，都或多或少地带有些“军服”的成分，或者说至少外表看起来都像是战士打仗的衣着，因为游牧部族历史上全民皆兵，军民合一，所以单从样式上不易判别这类衣服是“日用服”还是“军服”。

2. 与古希腊希顿有相似的缘饰结构

在各类古老的服装形式中，几乎都存在“相对固定不变的样式和多变的表面装饰这两种现象交错而成”的设计关系，这一点在查看古埃及、古希腊到今天的非洲原始部落服装形式时都能得到证实。我们注意到，游牧民族很早就懂得以少胜多的设计道理，他们在简朴庄重的衣物表面进行细腻丰富的织绣缘饰，大胆使用许多鲜艳的色彩，特别是以白色装饰品与红色形成鲜明的对比，加上其他亮丽光泽的金属，使大面积的简与小面积的繁获得一种上述远古时代的审美效果。尽管各民族有着样式各具特色的服装，但在缘饰设计方面却有共通之处，缘饰相似的结构和布局，既近似古希腊希顿的缘饰结构，也是现代设计师最爱用的补强设计手法。

如今设计界难以突破传统，关键在于对服饰本身的解读能力和辨别能力不够。比如说，有些民族服装设计纯粹作表面文章，没有考虑到比例和尺度问题，通袖和衣身都不够长，显得局促；随意选料的结果是滥用丝绸类制作游牧装，垂感太强、质感太轻，看似优美，其实与真实的日常服饰有一定差距；制作中也没有注意到游牧服的层次性，穿袷袢却不穿中裙，令衣服不衬民族性。设计师过分执着于引人注目的造型和色彩，设计就容易流于浅层，甚至与民服的内涵旨趣大相径庭。

（二）与现代成衣相比，民族服装的设计须特别关注民族日常生活中的情感需要

我们之所以在设计要求中提出要统筹兼顾当地人的情感需要，是因为设计不止以实现民族服饰的重现和再生为目的，也需要考虑到如何保留当地人曾经从衣生活中获得的相宜匹配的情感体验和生活乐趣。

片面追求视觉感官的极端例子是民族风在目前的泛滥。当耗损大量人力物力却构思平庸的定制民族装出现在时装秀场上时，设计师的初衷是想为民族技艺找到适应现代设计的路径，但许多观众却不以为然。他们认为这种装饰趣味用意不明，只是一味堆砌贵重材料，不同民族间的服饰区别却越来越模糊。

游牧民族的审美情感究竟是什么，学术界对此着力太少，以至于如今的非物质文化遗产保护落不到实处。设计师的改造手法与传统意义上的民族服装大相径庭，脱离了当地最广泛人群的生活需求，把民族符号当设计元素来使用，在现代服装中大肆拼贴和挪用。我们认为这样做淹没了原生衣饰的“思想”，这样的设计难以创造出与时代精神相一致的服饰文化，即使满足了消费者一时兴起的猎奇心理，也无法在生活中让人长久面对。

由此可见，设计师不能把技艺本身孤立起来，而需要对当地人的知识、信仰、技术、道德以及艺术情调有特别的识见能力，所以追求技艺固然重要，能够欣赏本民族地道的衣饰、对当地人的兴趣感同身受更加重要。换句话说，称得上匠心独具的服饰设计，也一定是明白民族意图的真正“知心人”。

总之，好的民族装设计会感动心灵，设计师的所有工艺都是从纯正的民族趣味中衍生出来的，有关新时代民族装之美学也是从本民族内部的生活理想中发掘和提升出来的。只有尊重民族真正的精神品貌，实施的设计才有可能附带“灵性”。

（三）“过度装饰”不等于民族设计

现代人还常常出现一种认识上的偏差，即把“装饰过度”的服饰当成手工技艺和民族服饰的典型。

当今天的人们习惯于“少即是多”“形式追随功能”等过于简洁的人造物品之后，我们对于民族手工织绣表现出的物质性和技艺性的崇敬不但没有减弱，反而在加深。因为越单纯的造型越容易被引入批量生产，反而越繁复的工艺累加，越不似工业流水线上出来的机械物，也就越与纯手工贴近，在一定程度上似乎又与全社会对传统文化复兴的倡导相一致。

除了大众把“技艺水平”与“施工程度”画上等号之外，如火如荼的非物质文化遗产活动的开展，也促使被保护领域兴起了一股工艺竞技之风。特别是织绣艺人暗地里在女红的程度上“较劲”，已经升级到了一种挑战手工极限的地步。尽管女红匠人们也来自民间，熟知生活地区民族群体的真正需求，但她们仍渴望拥有技艺的独特性、超越性和唯一性，否则就无法获得传承人应当享有的社会尊重。实现自我人生价值的动机促使她们努力在“工艺”上精益求精。

那么，“施艺程度”到底属不属于民族衣饰文化与技术的评估标准？要回答这一问题，应视它有没有脱离民族的个性趣味和日用习惯这两方面而定。

首先要看民族的个性与趣味。柳宗悦《工艺之道》针对手工艺价值的观点非常直观，他说道：“工艺之美是工艺根本性的问题，工艺之美是实用的、健康的、有亲切感的、大众的、自然的美。唯有大众创造、具有实用价值的美才是工艺之美。”[32]我们认为这种评价用于现代民族衣饰设计法则也是恰如其分的。

其次要看民族内部日常的衣着习惯。民族服装是一个广义的词汇，并非从头到脚满身符号才是民族的象征。游牧民族的日常服饰从来都是简单随意的，简单的衣饰无疑是一种较接近自然的着装形式。设计师须利用减法来强调机能性和单纯化的要素，而不宜用趋于完美的表现技法，这种着装风格非常靠近塔吉克人的生活状态。

如今那种把堆砌式的技巧和各种繁复的技术陈规当成民族服饰之本，把简单有力、略显粗糙的原生状态下的民间服饰当作不完美加以否定，甚至视装饰的减少为技艺失传、难以为继，这些看法都是不合理的。有意识地强调民族符号导致许多设计超出日常太远，那些“炫耀技术”的夸张设计都偏离了常规习惯的实用性目的，只是徒然添加笔墨和追求高难度技巧，这样做的结果并没有带来艺术上的提升，反而因工艺过度而导致审美疲劳，成为过度设计的典型案例。

第三章 服饰的社会性传播

服饰是社会的一面镜子，服饰的传播不可能在真空中发生，因此，政治、经济、文化、思潮、战争和技术构成的社会环境，成了服饰传播研究的大命题。服饰文化学者也热衷于探寻服饰交流背后的宏观社会背景，并进而发现，服饰传播在整个社会环境中发挥着重要作用。

第一节 立足社会视角

一、文明的演进

文明的传播会给社会带来了巨大的变化，影响着社会的发展，每当有新文化进入一个社会，都会带来不同程度的变革。服饰是社会文明的一种表现形式，从不同时期的服饰中我们可以看出不同的文明特征。因此，文明的演进最直观的体现便是服饰发生的变化。

（一）西方文明史对服饰的影响

自古以来，文明的演进史同样也显示着服饰传播与发展的足迹。中西方由于文明的演进带来服饰变化的例子数不胜数。西欧文明是“从新月沃土开始，向西北发展，历经了古代、中世纪、近世纪、近代，文明形态不断发达，最终建立了现代文明”[2]186。与此相对应，西方服饰从古西亚的包裹型卷衣，向西北的古希腊服饰，即自然褶皱形态的披挂布演变，再到中世纪日耳曼人的御寒型窄小结构样式，发展出近世纪文艺复兴、巴洛克、洛可可的构筑性衣服，最后向英国的工业革命服饰迈进。英国人的近代市民文明装，即三件套样式，成为现代服饰的开端。

以上可见，西方服饰经历了从大到小、从平面到立体、从二维到三维的变化过程，这一过程正是伴随文明的演进而发生的。

以罗马的宽衣形态落脚到哥特时期的窄衣文化为例。罗马人在服饰风格方面受到希腊文明的影响，延续了披挂、裹缠样式，并在其开阔洒脱的基础上增加了罗马人特有的气派，将其演化成较为繁复、凝重、富丽的感观形式，尤其是公元前4世纪的罗马共和制鼎盛期，卷裹服装的发展达到顶峰，之后逐渐开始衰落。4世纪古罗马东西分治，东罗马进入拜占庭时代，古罗马那种南方式的卷裹宽衣逐渐变小变窄，托加最后变成了一条长带子，即今天绶带的前身。

在罗马宽衣退出历史的同时，日耳曼男子的短衣和长裤、女子的双层丘尼克连衣裙样式传播到了罗马。两种文明碰撞后，日耳曼人的北方窄衣文化介入了罗马文明，历史上被称为罗马式时代，罗马人的衣着开始窄衣化，那时流行的外衣布里奥（Bliaut）和内衣鲜兹（Chainse）采用双层穿着方式，喇叭状的七分袖，衣长及地，形成两个层次且合体的效果。

窄衣文化的重要结构——省（dart），形成了过去不曾有的弧线裁剪，并创造出衣服的侧面，使得服装变成了三面立体结构，这是近代三维空间的窄衣基础。女装裙量通过加入多条三角形布片来塑造，这种服装廓形与当时哥特式建筑的外形相得益彰，追求向上的轻盈感和尖耸感。

服装进入构筑的窄衣文化后，不断发展和延伸。15世纪以来，由于奥斯曼帝国入侵，逃难的希腊学者给意大利的佛罗伦萨带来了灿烂的希腊文明。在“人文主义”思想影响下，文艺复兴时期的服饰强调极端的性别对立：从16世纪硬直形的窄衣造型，到17世纪借由体积感与量感体现力度之美的窄衣造型，再到18世纪纤细和优美的窄衣造型，窄衣文化在文明演进中不断转变，形成了丰富多彩的近世纪服装基调。

工业革命之后，现代文明诞生，现代文明初创时英国的缝制技术及当时的服装样式，成为今天欧洲各民族自我认同的传统服饰样式。所以，今天如果人们去意大利，可以看到意大利的民族服装是一种以马甲、衬衫、短裤和长筒袜组成的民间服装，而不是古罗马或者文艺复兴时期的样式，这都是文明演进的结果（图3-1）。今天的希腊传统服装，也早已不是希腊女神式的衣服，取而代之的是一种有点土耳其风格的服装。

图3-1　古罗马文明时期的意大利服饰与近代意大利民族服饰的对比

可以看出，西方服装史本身就是一部文明传播史。服饰的改革和创新与跃动的、变化频繁的西方文明进程密不可分。在文明传播过程中，服饰既不断地积累进化，也不停地衰退消亡。有些文化特有的服饰传承至今，有些服饰则在文明的演进与传播中走向世界，被世界人民广泛认可。

（二）汉文明与周边民族的服饰交流

文化的交流是推动社会前进的主要动力之一。在我国历史语境下，汉民族与其他民族的文化交流是文明演进的典型。从服饰上看，现在的少数民族服饰基本上沿袭了中国封建时期汉族服饰的许多特点，或者说融合了明代的汉族服装文化。

比如，藏族服饰虽有独特风采，其特征为肥腰、长袖、长靴、编发，但也是有着汉民族服饰的大襟和右衽。分布在新疆伊犁地区和东北辽宁、吉林的锡伯族虽然与近代的满族尤其是古代的鲜卑族有一定的关系，服饰受满族影响较大，但仍然融合了较多的汉服饰语言。南方的诸多民族也是如此，像毛南族是岭西的土著民族，也是中国人口较少的山地民族，主要聚居于广西壮族自治区环江县。毛南族妇女戴的花竹帽“顶卡花”是她们的民族符号，但从服饰上看，毛南族服装以汉民族的蓝青大襟和对襟衫为主，妇女穿的镶花边的右开襟上衣及绲边裤子，一宽两窄的花边风格，还有姑娘系的绣着精美花纹的长方形围腰，这些都与汉民族传统服饰没有明显区别。

随着近年来民族间交流的紧密，民族差异缩小是客观事实。少数民族服饰吸收汉文化因子，族群服饰符号与汉族服饰符号的界限越发模糊。如今湖南的土家族服饰许多与汉族服饰几乎完全一致，在颜色上也秉持了“无红不成喜、有喜必有红”的习俗，对红色的喜爱也与汉族相同（图3–2）。

图3–2 锡伯族、毛南族、土家族服饰呈现出强烈的汉化特征

与此相对，其他民族也在民族交往、战争与统治过程中丰富过汉民族的服饰文化。

战国时期，赵武灵王在一次战役中不顾大臣的反对，坚持引进胡服，改变了汉服当时长袍的特征，主张采用轻便简洁的服饰。此外，赵武灵王还引进了北方游牧民族穿的靴子。《中华古今注》中记录：“靴者，盖古西胡也，昔赵武灵王好胡服，常服之。”而在着胡服和胡靴之后，赵国的军事实力也确实得到了极大提升，可见胡服确实比汉服更实用。

南北朝时期，我国服装经历了大变革。这个时代民族动荡，大量胡人进入中原，带来少数民族的异域之风，形成了时髦的服饰风格。其中一种服装类别是北方游牧民族特有的“裤褶”，其基本款式是上身为褶衣，即长到膝的直袖衣；下身为有裆的缚袴，即肥管裤，用粗厚毛布制作。到了后魏，人们对其进行了修改，主要取汉之广袖，使其符合汉服饰的气度，连那时的朝服都换成了裤褶服，妇女也多有裤褶，当然材料也随之上升为锦绣丝料。

隋唐时期，胡服对汉服的影响最为深远，唐代男子的主要着装——圆领袍衫，是吸收胡服特别是鲜卑族服装以及中亚国家服装的成分创制出的具有唐代特色的服装新形式。圆领袍衫直裾、左右开衩，和幞头、革带、长靴配套，一直流行到明代。隋唐时期不仅官吏服饰受胡服影响，百姓服饰也吸收了胡服的特点。胡服不仅在男装中广为流行，女子的胡饰、胡服、胡妆也深受妇女喜爱。

新疆吐裕沟出土的残绢画，画中的女子梳着回鹘髻（双桃式）、身着团花锦翻领窄袖胡服，衣着带有妇女胡服前期特征；武则天时代开始流行回鹘髻和翻领胡装；吐鲁番阿斯塔纳出土的女子骑马俑头戴帷帽，用以防风沙。这些案例都是西域服饰向中原地区移行的证据（图3–3）。

图3-3 萨珊风格织锦纹样

（左：吐裕沟出土的回鹘髻女子绢画；中：电影《狄仁杰之通天帝国》中体现的回鹘髻和翻领胡服；右：阿斯塔纳女子骑马俑的帷帽）

蒙古族建立元朝后，其非常典型的蒙古长袍也开始在中原地区流行。当时传播最广泛的一种袍服叫辫线袄子，交领、窄袖、腰间打细褶，用线横向缝纳固定，穿的时候腰间束紧，便于骑射。明朝时，一种叫作曳撒的服装作为外出骑马乘车穿的外出服出现了，该服装由辫线袄子发展而来。明朝特务机构中的锦衣卫最常穿用的右衽窄袖、腰间束紧、下裳散褶、膝下加襕的束腰袍裙，更成为明朝主要服装形制之一。

满族建立清朝后，汉族服饰纹样大量被八旗贵族使用。比如，在慈禧梳大拉翅、穿氅衣的画像中，可以看出她非常喜欢汉族服饰的花纹，像竹子、藤萝、牡丹、芍药、栀子花、海棠蝴蝶图、圆寿字等，成为她众多服饰的主要图案。当然，这种服饰交流是双向的，到了民国，满族旗袍又成为全国上下主要的女装样式，无论是老上海月份牌中的旗袍女郎，还是纽约大都会博物馆展出的旗袍实物，都从另一个侧面说明了服饰文明演进这一传播方式对服饰的直接影响。

综上所述，服饰的变革必然会伴随文明的演进而进行，当新的文明带来新的服饰时，人们理所当然地选择了新的服饰替代原有的服饰，博采众长，才促成了人类服饰文化的进步与繁荣。

二、政治的效应

服饰得社会风气之先，表象之明显往往与社会变迁有着密不可分的关系。追溯深层次的社会动因，作为社会意识中的上层建筑，政治不可避免地影响着人们的衣食住行，它不仅代表了政策、决策与组织形式，还是新的行动模式的源泉，影响着社会群体的生活方式与审美意向。各个时代的服饰风格、审美观念与时局及政治变化息息相关，政治的开明与封闭、社会的稳定或动乱往往也多由直观的服饰反映出来。

（一）西方政治舞台上的服饰变革

纵观西方史，特定时代大的政治变革都给服装带来了巨变。中世纪由于基督教神学统治，宗教成为上层建筑的棱镜，西方的宗教与政治无法剥离，受基督教“禁欲”教义的影响，服装严密地包藏身体，结构上变得封闭，造型宽大，人的形态美被极力掩饰。17世纪后期，英国“光荣革命”爆发，由资产阶级和新贵族阶级推翻了封建专制统治，确立了延续至今的议会君主立宪制。英国皇室利用华丽的服装彰显权力的作用逐渐减弱，议会成员摈弃了宫廷奢华的风气，简约、民主、富有城市中产趣味的暗色组合套装走上政治舞台。

从18世纪英国的肖像画上看（图3-4），男装以简朴的深色三件套为主，过去的蕾丝、刺绣和缎带消失了，厚重的假发也不再流行。相较同一时期宫廷趣味浓厚的法国贵族服饰，英国新贵男装那干练、简洁、男子气的格调，与英国的政治立场和英国式的法治规则有着不可分割的联系。去奢从简与政治活动和克己的道德追求被等同起来，议员穿上舒适实用的服饰，树立起新的道德模范形象，有利于新体制的彰显。

图3-4　英国进入产业革命后的服饰变革

18世纪末爆发的法国大革命是西方史上最常被论及的事件。回望历史，大革命不仅摧毁了上千年的法国封建政体，更是服饰从近世纪迈入近代的转折点。崇尚希腊罗马文明的新古典主义思潮，乘着大革命的暴风骤雨，异常迅猛地荡涤了束缚身体的人工美趋向，华服贵饰纷纷被扫落，女性服装的风向骤变，开始向古希腊、古罗马的自然样式靠拢。新古典样式女装的特点是造型简练、朴素，与装饰烦琐的洛可可风格形成强烈对比，轻快简洁的风格迅速流行。在取消了紧身胸衣和裙撑的基础上，女性多身着薄衣型服装样式的修米兹·多莱斯，即一种白色细棉布制作的宽松的衬衣式连衣裙，该裙模仿了古希腊的爱奥尼亚式希顿；不可缺少的装饰物披肩肖尔，模仿了古罗马的外衣；女性梳的古希腊式普赛克的发型和尼农发型，模仿了希腊神话中象征人类灵魂少女的贴额短卷发；皮带儿凉鞋桑达尔和低跟无带鞋庞普斯也是仿效了古典风格的产物。

图3-5 法国大革命带来女装的骤变

（左：大革命前的洛可可样式；右：大革命后的新古典主义样式）

从雅克·路易·大卫创作的油画《拿破仑一世加冕大典》中我们可以领略到当时衣服样式上的古典风。画中的皇后约瑟芬跪地接受拿破仑为她加冕，她的裙子是高腰身的细长款配白兰瓜形的帕夫袖，方形领口开得很大很低。领口和斗篷有飞边、褶皱、蕾丝的缘饰，服装色彩也使用了古罗马最典型的白色和酒红色。拿破仑则身穿古罗马的丘尼克裙，身披酒红色斗篷，头戴黄金制作的月桂树叶形花冠，简直就是一幅罗马皇帝的装扮。

政治效应带来了服饰审美的骤变，但薄衣式样却与巴黎寒冷的气候不相适应，引发了流行性感冒、肺结核等社会问题。不过女性为了追求时尚，不惜忍受寒凉，这种风格竟然持续流行了近四十年。

政治推动服饰变革的同时，服装也成了一种表达政治立场的工具。法国大革命时期，一些新女性通过穿着象征新生国家的色彩或者来自更民主国家的服装款式来展现自己对革命的支持。这一时期，女性革命者中走出了一批“亚马逊女战士”，她们身着男性化服饰，执意挑战传统意义上谦逊、端庄、低调的女子形象。尽管不允许女性参政议政的强权法案公布之后，这些激进又干练的女性形象被束缚在当下的政治背景中，但这场短暂的情感宣泄与狂欢撩动了社会的脆弱神经，成为历史上的一瞥惊鸿。巨大的情感和象征意义的影响使得服装在沦为政治统治工具的同时也不忘挣扎着突破枷锁的束缚。

（二）中国近代服饰以政治为风向

中国服饰与政治结缘的端倪应追溯到黄帝时代。黄帝把乾尊坤卑之义引入服装，由此服饰被打上“垂衣裳以辨贵贱”这一社会政治意识的初始烙印。古往今来，服饰承担了太多的政治伦理功能，“三纲五常”思想统治下的中国传统服饰始终贯穿着“分等级，定尊卑”“非其人不得服其服”的原则。延续数千年的封建社会“衣冠之治”自然而然地将服饰纳入政治文化的范畴，成为封建统治者治理国家的政治工具。鸦片战争以来，衣冠之治虽然已被民主革命推翻，但政治对服饰所产生的影响从未消失。

近代中国服饰经历的大变革，无一不是由于政治的作用。辛亥革命和五四运动为服装的革命性变化带来了机遇。“中山装”既满足了“去旧染之污习”的需要，又“博采西制，加以改良”，不完全遵从西方，体现了符合国情的中国民族资产阶级的民主革命思想。新民主主义革命时期，中山装和军便服成为富有革命性和人民性的服装代表，进而得到推广。中华人民共和国成立后，服饰的发展朝向革命化和朴素化方向演进，中山装与列宁装象征革命和进步，成为这一时期的主流服饰。

中华人民共和国成立以后，物资的匮乏使得人们衣着单一、简朴，基本是“老三样”和“老三色”，即款式上为中山装、军便装、人民装，色彩上被限定为

“蓝、绿、灰”。新奇的时装被视为资产阶级意识的产物并遭到批判。罗伯特·吉兰这样描述他对中国的印象：“不管走到哪里，人们都穿着蓝布衣服。姑娘们也穿着长裤，除了下垂的头发或农民式辫子，她们穿得跟男人一模一样。一群群人，一个个都像是刚从蓝墨水中洗澡出来，一身去不掉的蓝色。”[33]20世纪60年代，代表无产阶级革命立场的绿军装在服饰舞台上“一统天下”，不分男女、不分职业的“解放装”“干部装”备受推崇，成了“时尚”，服饰沦为纯粹的政治符号。以绿、蓝为主色调的“65式”军便服，甚至创造了“全民皆兵”的景象。样板戏《杜鹃山》中的女主角何湘的一身装扮便是当时政治时尚的风向标。特定的历史时期，服装求同心理占了上风，服饰十分单调，千人一面，万人一式。一直到20世纪70年代末，服饰并无太大的变化，正所谓“远看一大堆，近看蓝绿灰”。

改革开放的新政治变化带来了思想的革新，服装变化迅捷而深刻（图3-6）。人们爱美的愿望迅速萌动，“时装”很快出现在服装摊档里，从广东贩来的香港地区、台湾地区的时髦服装，比如裤裙、牛仔服、蝙蝠衫、蛤蟆镜，给国人集体学习时尚装扮上了第一堂课。

图3-6　改革开放前后的服饰对比

（左：20世纪70年代初北京街头着统一蓝便服的下班人群；右：改革开放后广州街头穿T恤衫和牛仔裤的年轻人）

（三）政治家的时尚态度

政治与时尚，长期处于最遥远的对立两端。在传统的政治体系中，大多数政治家遵循世袭继承的原则，他们的着装制度恒定，思维固化，游离于时尚之外。在现代政治体系中，政治家一般都是通过竞选或选举的方式产生的，在任职期限内，为了尽本分，政治家的服装一般不太出格，各国政客的着装几乎设定了同一个集体风格：端庄、简洁、大方、朴素。这些服装在色彩上饱和度不高，整体偏灰，在款式的选择上也多是基本款，拒绝所谓的流行元素和一切多余的装饰，从而试图创造出低调朴素、作风端正的国家领导形象。这种"无趣"的套装造型虽然塑造了严谨细致、兢兢业业的政客形象，却无法集中民众的注意力，因造型太过普通而显得稀松平常，不咸不淡。

或许是西方那一股股来势凶猛的青年思潮发挥了作用，从20世纪50年代开始，政治与时尚之间似乎没有禁忌了。事实证明，正确的时尚选择，能够为政客赢得极大的政治资本。英国首相撒切尔夫人在20世纪80年代所穿的符合权威穿着的大翻领、厚垫肩西装外套，奠定了其"铁娘子"的形象。1985年，戈尔巴乔夫成为克里姆林宫主人的前三个月，伦敦的新闻媒体就已预测到戈氏将当选，这个颇有预见性的推测竟来自一套漂亮的时装。戈尔巴乔夫出访伦敦期间，当他的妻子赖莎身着耀眼的白缎时装和镶着银边的高跟鞋出现时，一向矜持的英国人被这位夫人高雅得体的服装迷住了。大小报刊用大量篇幅对其进行了报道，一时间形成了一个新闻高潮。戈尔巴乔夫的伦敦之行遂演变成一次为未来的国家首脑出访的彩排。

看来，政治家一举手一投足必将备受关注，所以穿着是绝对不能疏忽的环节。美国大选之际，美国的政治类博客网站《赫芬顿邮报》网曾对网友做过调查，主题是政治人物是否能有效引领时尚。其中38%的网友认为他们"更倾向于把票投给穿着讲究的候选人"。这是不可否认的事实，今日国际政坛上活跃的政客们，似乎越来越注重"时尚"这一有力的视觉包装，着装是一种有效的政治工具，相比于穿着沉闷的政要，人们更愿意相信和拥戴穿着得体、能引领时尚的政治家。如今的政客的服饰设计上虽然仍很写实，但不论整体效果或是细节把握，细细品来，必会发现包含着丰富的内涵，其细腻的设计心思在结构、颜色、质感和搭配上处处彰显，同时还将设计手法暗含于"轻描淡写"之中。这种服饰包装下的政客形象，显然具备了自己的时尚风格，体现出了政客的创造力，视觉效果强烈，风格醒目，如同他们的政见一样，被全球所关注。

三、经济的发展

经济是满足人类物质文化生活需要的活动，它涉及服装的材料和制作，以及服装的生产和需求供给问题。

（一）以服饰凸显经济财富和权力

原始社会经济生产力低下，衣料多为就地取材或自给自足。寒冷地区的衣料多为兽皮，暑热地带则有树皮、植物叶子等。像我国的黎族、布朗族、台湾地区的高山族，都有树皮布的文化，云南西双版纳的傣族过去也以箭毒树皮为原料，经过水浸、发酵、捶击等过程制成垫子、被子和衣服（图3–7）。

图3–7　树皮布

随着生产力的提高，商贸得到发展，在复杂的经济行为中，衣料成为彰显财富和身份的标志。比如，中世纪晚期意大利贵族将大笔开销用于购置华贵的衣饰和奢华的毛皮，用昂贵的服装面料、金银珠宝和玉石等大量缝缀在华丽精美的服装上，充分显示出服装价值不菲，彰显出穿着者家世显赫、富裕奢侈的经济实力。贵族的着装纯粹依靠服装的奢侈和昂贵来体现，服装物质性的价值被当成一种炫耀的资本，人们很容易从着装上辨认出皇室家族成员及他们的等级。妇女的曳地长裙通过其颜色及使用的材料表示出特殊的意义。富有阶层在服饰上还发明了许多能充分显示其财富的花样。比如衣服边缘饰以毛皮；在天气温暖的时候，人们用丝、缎、绒代替亚麻布或羊毛，衣服上必不可少要有珍珠刺绣的装饰，或镶以金银边，有些人则干脆身着金色衣服。

在一切华贵的服饰中，国王的服饰最引人注目。9世纪加洛林王朝的法兰克国王“秃头查理”身披缀有价值20万金币的宝石袍服，11世纪英国的盎格鲁—撒克逊王朝君主“忏悔者爱德华”穿着光灿灿的金丝长袍，这些不仅是财富的象征，更是财富决定权力的体现（图3–8、图3–9）。

图3-8 英国的盎格鲁—撒克逊王朝君主和法兰克国王“秃头查理”

图3-9 伊丽莎白一世的奢侈服饰

（二）经济体现服装发展的差异性

从服装发展状态上看，经济状况与服装整体生态保持着同步。经济发达地区、发展中地区以及仍处于自然经济为主的原生态民族，其经济状况与各自的服装相适应，会表现出明显的差异。以塔吉克族为例，他们生活在帕米尔高原深处，因居住的环境冰冻干旱，自然条件恶劣，所以千百年来鲜有人到访，他们生活封闭，故而服饰变化不大，原生态服饰保持较为稳定。这里的男子身穿袷袢，头戴吐马克皮帽，骑着牦牛和骏马，英气勃勃地驰骋于高山草原，像古代武士一般；女子头戴棉帽库勒塔，缀着后帘，身穿多层连衣裙，再加上长筒皮靴，骑着骏马，颇具古代巾帼的风貌。中华人民共和国成立前后，大多数塔吉克族家庭依然使用古老的毡褐，妇女的裙子和背心也只用土布制作，有些牧民结婚时需要穿绸缎服装，也是向富户借来使用而已。

20世纪50年代，喀什到塔县之间终于有了公路，塔吉克人那时才看到了“不吃草的牛羊”（汽车），开始与外面有了交流。但囿于生产力发展程度较低，物资贫乏，其服饰仍以传统服装为主。但在农村公社化期间，塔吉克妇女早出晚归，参加集体劳动，没有时间做刺绣和衣服，更没有条件制作精美的民族装，塔吉克的习俗与节日也全部停滞，所以这段时间民族服饰在人们的生活中曾一度消失。

20年代80年代以后，塔吉克人的民族习俗得以恢复，民族服饰却因时而变，土布逐渐被淘汰，换之以各色花布、绸缎、尼绒，与周围其他民族接触频繁以后，塔吉克人的服饰受到的影响也复杂起来。进入20世纪以后，越来越多的西方探险家踏足塔什库尔干塔吉克自治县，进一步扩大了高原塔吉克人在世界上的影响。今天的塔吉克人，除了头上戴的塔吉克帽成为最重要的民族标志，其他服饰几乎都已经被现代服装所取代。可见，服装与当地所处的经济状况相适应，同一地区因经济发展水平的转变，会表现出服饰上保守、开放和融合的差异（图3–10）。

图3–10 经济发展程度的差异体现为服饰发展的差异

（三）衣料文化显示文明的特异性

衣料资源的分布与经济基础息息相关，四大文明古国可以从衣料文化上显示出自己特异的存在，比如古埃及的亚麻布、古代美索不达米亚地区的羊毛、中国的丝绸、印度的棉布，都形成了各具特点的服饰文化（图3-11）。

图3-11　古埃及的麻、古西亚的羊毛、古中国的丝绸、古印度的棉

人类最早利用的天然纤维是麻类。亚麻、苎麻、大麻、黄麻都是制作服装的衣料纤维。最古老的有记载的天然纤维是瑞士湖底发现的一万年前的亚麻布，还有美国俄勒冈州的一个洞窟里发现的山艾蒿皮织成布做的凉鞋，有9,000年历史。麻布也是我国新石器时代的重要衣料，浙江、河南、陕西都出土过7,000年前的大麻和苎麻织物。但亚麻织布应用最广的例子是在尼罗河流域被智慧的古埃及人所利用，距今5,000年的古埃及新王朝时代，亚麻布已经织得像蝉翼纱一样薄而透明；高级的亚麻织物像府绸一样柔软，形成悬垂波浪，有的经过起皱加工，呈现出优美的褶裥效果，外观各异的亚麻织成的腰裙和筒裙，成为古埃及使用了数千年的服装样式。

羊毛织物主要应用于古代西亚和中亚的游牧地区。南土耳其发现了距今8,000年的毛织物，新疆罗布卓尔出土的3，800年前的棕色羊毛布和黄色羊毛毯，与今天的粗纺毛料织物密度相同，说明当时毛纺技术已很发达。有人认为，古代西亚的文明是良驹和羊毛带来的，毛织物构成了游牧民族的主要衣生活，比如波斯产的羔皮"拉姆"、阿斯特拉罕的羔皮，在今天也是贵重的衣料。

丝绸起源于我国，传说黄帝时代嫘祖就开始教人民养蚕，浙江发现了6,900年前的丝织物，将丝绸的历史追溯到殷商时期。马王堆汉墓出土的西汉时期的黄纱地印花敷彩丝棉袍，是迄今所见最早的印花与敷彩相结合的丝织物。后来经过技艺发展，丝织逐步形成了工艺独特的三大锦——通经断纬的云锦、雍容华贵的蜀锦、古朴典雅的宋锦。

古代中原很早就将丝绸作为主要货品运输到西域、南亚、中亚、北非等地进行贸易，丝绸成为东西方经济文化交流的载体。当丝绸传入西亚后，生产技术与织造方式都发生了很大的变化，形成了与中原不同风貌的丝绸文化，比如叙利亚的大马士革花缎，美索不达米亚地区的薄呢、薄纱织物，都是丝绸之路的产物。

最古老的棉花产地是印度，但在发现新大陆之前，南美安第斯地区古印第安人也已开始种植棉花。工业革命之前，棉纺织品生产成为印度经济的重要支柱，印度的不少地区都以生产棉织品而著名。印度人熟练地纺织棉布，其产品从精良的平纹细布到色泽多样的印花棉布，并有各种图案。印度传统服饰如女子的纱丽和男子的圆领裹裙，都坚持以棉为原材料的悠久传统和审美习惯，可以说是保存完善的古老服饰文化。

由此可见，四大文明古地采用地域性的纤维原料作为衣料，是反映衣生活差异的关键。经济的转变是服饰文化传播的物质基础与决定性因素。

第二节　立足文化视角

一、法规的产生

从古至今，统治者利用法规将服饰与社会秩序的关系突出并强化，形成了诸多依照法规来着装的制度，即服饰制度，它属于人为设定的服装制度。随着时代的进步和发展，这种统制方式逐渐消失，服饰的政治意味也在削弱，人们将法规设定的服装功能集中在区别阶层和职能上。这些法规的确立，都会引起服装的传播及变化。

（一）西方古代的服饰禁令

法规产生的服装用于凸显社会差异的思想并非偶然。在西方，服饰等级差有着深远的历史传统。从古罗马开始从未停止过对服装标识功能的利用，如紫色是皇权的象征，除君主之外他人不得使用；市民穿上白色托加，就可自由出入罗马城，等等，这些都可以说是使用服饰划分等级、区别身份的开端。至政教合一的中世纪，服装等同于制服，皇帝的服装仪式感更加明显，这一点与我国古代宫廷的情况完全相同，服饰成了“别等威，显贵贱”的工具。波尔希默斯和普罗克特也认为，在等级制度森严的文化中，“阶级差别非常有效地通过衣着体现出来”。

在文艺复兴这个大背景下，随着社会财富的整体增长，经济起到了区别阶级地位的决定性作用，服装的等级差也发生了变化，过去对血统和权力的标识，换之以财富为价值标识。凡勃伦和罗伯茨提出的“衣着传达了着装者社会和经济地位的信息”，是建立在对服装等级差分析的基础上的。他们认为，新兴资产阶级利用“显著的消费、显著的浪费”这一手段，通过服饰炫耀攀比。新兴阶层“突出服装的繁丽复杂与绚烂装饰”，其费工费时的缝制工艺，恰好炫示了财富积累，意在将奢靡作为身份标签，与贵族权威平起平坐。而贵族阶层一直颁布禁令，试图对华美衣着进行遏止，“对个人消费的限制实际上也是对他们日益飙升的社会地位的变相的抑制”。心理学家弗留格尔也评价说：“装饰的衣服有一个目的是在加重阶级和财富的区识——此种区识在15、16、17世纪，一般贵族努力用某种特别‘奢侈律’维持着。”[28]98例如直到1661年，缎带在服装中的使用量依然受到限制，这种服饰制度到法国大革命时期才被废止。

（二）中国古代的法规服制

与西方相比，中国在法规服饰方面的等级观念更加强烈。两千多年的封建岁月，服饰的选择从不具有个人的随意性，而是严格按照社会地位的排序来进行。此观念突出地表现在“奴隶社会和封建社会森严的服饰制度上”。“改元易服，天经地义”，服饰制度乃我国各朝代的立政工具，规定自然非常严格，并因此而产生了等级性和伦理性两大功能，为后来的传统服饰文化规定了发展方向。其中，等级性是伦理性的依托，本节重点探讨“等级差”这一反映政治秩序的服饰观念是如何被打破的。

服饰制度的源头可以追溯至西周，《周礼》记载有“六冕及十二章”的事迹，服饰的等级差开始被纳入礼法规范中。春秋战国时，荀子云：“冠弁衣裳，黼黻文章，雕琢刻镂皆有等差。”所谓“等差”即服饰在宗法制度中的序列性。《礼记·玉藻》中记载孔子所言：“国家未道，则不充其服焉。”在一定程度上可以说，服制作为政治体系的一部分，其设计目的是制约人的行为、规范社会、安定天下。孔子还因为春秋时期人们在服饰上的“僭礼”行为，批判其为礼坏乐崩的时代。汉、唐、明、清是衣冠服制的盛行期，历代儒者奉“反本修古”的礼文化为金科玉律，不断补充和完善各朝代记载衣冠制度的《舆服志》和《礼仪志》。如《礼记》称：“礼不盛，服不充”，肯定了服饰与等级要合称的思想。至清代，服饰的条文规章之多达至顶峰，对各种官阶的色彩纹饰、当胸补子、朝珠材质、翎子眼数都做了明确区分。

配合成熟的正统思想和统治者维系国邦的主张，古代女装从一开始就依附于礼，更表现为等级意识形态的投射。《礼记·玉藻》载：“唯世妇命于奠茧，其他则皆从男子。”意思是说，女子服制是从夫型的，女服选择什么样的装饰，使用什么样的色彩和材质，女子不能自主决定，而必须遵从丈夫的官阶来确定服装的等级。可见女装与等级制度同样有着密切关系。历代贵族女子都穿着与其夫品官对应的宽大服装，绣着代表等级差别的纹样，以显示她们的地位与权限（图3-12）。

图3-12　19世纪末女袍服绣着等级差别的纹样，用以显示地位

历朝历代也同样颁布过对于平民服饰的限制禁令，比如明太祖朱元璋对庶民冠服进行了限定，男女衣服“不得僭用金绣、锦绮、纻丝、绫罗，止许、绢、素纱，其靴不得裁制花样、金线装饰。首饰、钗、镯不许用金玉、珠翠，只用银”。清代入关后，服制规章学习明式，也曾在顺治和康熙年间下达过服饰禁令。顺治九年四月规定：小拨什库、外廊书吏、通事、耆老、兵民、商人，蟒缎、妆缎、金花缎、倭缎、闪色缎、各色花缎、彩绣、貂皮、猞猁狲、狐腋、豹皮俱不许穿，亦不许制被褥帐幔，只许穿青素缎、蓝素缎、绫、绢、纺丝、素纱、棉布、夏布，不许镶领袖，不许穿缎靴，不许靴上镶绿斜皮及云头金线，不许镶靴袜，不许戴得勒素凉帽。

从周初制礼开始，到清代浩繁服制为止，历代服饰禁令都出现过较大的变化，但是等级性始终牢牢固定在服装中，贯穿整个封建史。对于法规产生服制的评说，不仅可以从积极的意义上看其与儒家尊礼相匹配的包容性以及社会上层的集体审美理想；从消极的意义上看，服饰也负载着复杂而沉重的等级观念，成了封建时代重要的政治话语。

二、宗教的作用

20世纪后期以来，文化学者开始看到宗教在传统服饰形成中的特殊性。郭沫若曾说，“衣裳是思想的形象”，在服饰传播史上，由于有了宗教做黏合剂，着装观念与上古神话、外来文化、形而上的宇宙秩序等意识形态始终联系得很紧密。无论是原始宗教，还是现在的世界性宗教，它们各自的教义和信仰对服装的功能、用途及形式的规定十分明确，是宗教成员需要遵守的规则。

回顾历史可以发现，基督教文化和伊斯兰教文化分别对西方服饰与中亚服饰的发展演变产生过重大影响，服饰的色彩和装饰纹样处处可见宗教象征的符号。在中国历史上，印度传入的佛教以及一些民族土生宗教也对服饰产生过很大影响，甚至在特定时期左右了人们对服饰的审美取向，且这些影响延续至今。今天的时尚流行也不时地与宗教产生关联，宗教文化有时候成为时装设计的灵感来源，这样的例子比比皆是。

（一）中世纪基督教对欧洲服饰的影响

中世纪的欧洲服饰与同时期的其他文化一样，都带有“图说”基督教的性质。基督教在东西罗马帝国流传，一神教的教宗对人们的着装观念产生了巨大影响。为了将人爱神放在首位，人与人的爱需要克制，所以中世纪推行禁欲主义道德观，服装的宗教性非常强烈，以包藏和遮掩身体为原则，服装样式全部具有“否定肉体、掩盖体形”的特征，这一点在拜占庭帝国的流行服装“达尔马提卡”“帕鲁达门托姆”和“佩努拉”上体现得尤为突出（图3–13）。

图3–13　中世纪基督教对欧洲服饰的影响

达尔马提卡是不显示性别的日常服，男子的长至膝盖，女子的长至脚踝，这种宽松肥大的贯头衣不系腰带，带有东方文化的属性，服装前身有两条红紫色装饰带，名为“克拉比”，是基督教的产物，代表基督的血。帕鲁达门托姆穿在“达尔马提卡”的外面，是一种方形大斗篷，胸前缝缀一块叫“塔布里昂”（tablion）的四边形金色刺绣布片，很像我国明代品服上的补子图形。在意大利拉维纳的圣维塔列教堂内壁的马赛克壁画上，查士丁尼大帝和狄奥多拉皇后以及他们的侍从全体都穿着帕鲁达门托姆。不过，皇帝和皇后的帕鲁达门托姆是紫色的，象征皇权，服饰“别等威、显贵贱”的工具效用其实很突出。佩努拉也是一种象征性极强的仪礼服斗篷，教会官员和贵族会穿着特大型的“佩努拉”，教徒们则把佩努拉视为对神表示谢意的象征物，宗教意味很浓。

比服饰更有宗教色彩的是图案，拜占庭服饰上的图案几乎都具有强烈的基督教象征意义。比如圆形象征无穷，羊象征基督教，鸽子象征神圣，十字形象征信仰。色彩的象征意义也持续了整个中世纪，比如白色象征纯洁，新娘要穿白色礼服；红色象征基督的血和神之爱，胭脂虫染的毛织物呈深红色，许多圣母像上圣母身穿的圣袍就是这种深红色；绿色象征青春和男女恋爱，名画《阿诺非尼夫妇的婚礼》中的妻子身穿的绿色斗篷暗示结婚和生育；黑色代表悲哀和痛苦的感情，中世纪末期黑色服装的流行表现了当时人们的忧愁感；金黄色象征善行，亮黄色象征丰饶，但淡黄色却比喻背叛和叛徒，所以耶稣门徒犹大穿的衣服就被画成了淡黄色。

除了以上分析的色彩和图案，基督教的象征性还体现在服饰配件上。比较典型的是中世纪的头纱。其实西方很早就有外出包裹头部的风俗，古希腊、古罗马时代，女子外出要用希玛纯或帕拉把头包起来。到了基督教时代，女子开始单独用面纱（veil）包头，新娘头纱即源于此。12世纪罗马时代女子的头发被藏在白色头纱的下面，呈现出不显露肌肤、头裹面纱的遮蔽外形。哥特时代的女帽汉宁（图3-14）、男帽夏普伦、尖头鞋波兰那，也都与哥特式基督教建筑的外形——尖塔造型相呼应。汉宁是一种圆锥形的帽子，可说是哥特式尖塔的直接反映。夏普伦风帽帽尖呈细长的管状，可以绕在头上，也在强调教堂的那种垂直线和锐角的特征。波兰那鞋头细长，鞋尖部分用鲸须和其他填充物支撑，反映了基督教盛行时代的观念。

图3-14 哥特时代的汉宁

（二）佛教东传对中原服饰的影响

佛教诞生于印度东部，逐渐向整个国家扩展开来，到阿育王时代成为国教。笈多时代是印度佛教艺术的鼎盛时期，笈多马图拉式的湿衣佛像，佛身上披着半透明的单薄纱衣，有种“湿衣”的效果——薄薄的纱衣紧贴身体，衣纹自上而下垂成V字形或U字形纹路，半透明的质感极富层次和韵律，湿衣效果构造了一种含蓄神秘的圣哲气质。

这种样式传播到中国，也成为中国佛教造像的范式。“其体稠叠”“衣服紧窄”的佛像特点，与印度笈多马图拉式薄衣贴体的“湿衣佛像”有很大关系。我国盛唐时期，大袖袒领的纱罗衫是极为流行的服饰，这是一种非常性感与大胆的服装样式，无论是短襦还是长衫，裙腰都会高至胸部，其半透明的材质就是受了“湿衣佛像”的影响。仕女画家周昉在他的《簪花仕女图》中展现了盛唐裸露肌肤的着衣状态，“戏犬”“漫步”“看花”“采花”四个情节中的仕女梳蓬松大髻，画蛾翅眉，戴步摇钗和折枝花朵，高腰抹胸式内衣裙上作大团花的织锦图案，外衣是薄纱大袖衫，显出肌肤的质感和服饰的轻薄，这种宽大透明的衣着样式，成熟于开元天宝年间，受“湿衣佛像”的服饰造型影响十分明显（图3-15）。

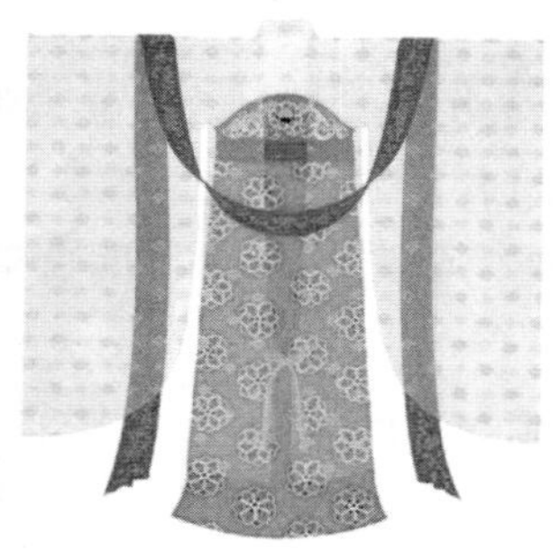

图3–15 佛教东传对唐代服饰的影响

此外，披帛是唐代所有阶层的妇女必不可少的装饰物，也是佛教壁画上飞天形象的主要服饰品，但披帛并非中原产物，而是跟随佛教东传过来的。披帛或披搭在肩背之上，或缠绕于双臂之间，形成“以虚带实，以动育静”的气氛和效果，象征着佛教圣人灵动淡泊的精神。唐代的宝相花、莲花、卷草纹等纹样，也明显受到佛教艺术的影响。著名的唐代壁画都督夫人太原王氏供养像中，两位盛装的贵妇人穿着当时流行的“钿钗礼衣”，小簇折枝花的锦绣衣和重台履，蓬松义髻及面头金翠花钿，这是朝参、辞见、宴会等重大场合的穿戴。身后一众身份次之的女子穿的花钗礼衣，也是平民嫁女的服装。这些礼服上使用的图案纹样，明显受到佛教艺术的影响。

（三）伊斯兰教对服饰的规定

伊斯兰教中穆斯林的服饰更受到宗教的教义限定。穆斯林们遵循伊斯兰教教义“遮盖羞体”的规定，男子从脐下至膝上为羞体，妇女除手脚外，周身都是羞体，不能暴露。所以我们看到，穆斯林妇女无论是在家里做家务，还是外出劳作、办事、访友，一律长衫长裤，头上还要戴上一条黑色或白色的面纱。她们严格遵从着《古兰经》的戒律，把自己的容貌掩盖在头纱之中，不让他人明视，否则就是犯戒律之举，会受到别人的嘲讽与斥责。当然，这样的戒律，目前在一些较为开放或文化发达的地区已有了一定的变动，面纱也逐渐不再是穆斯林妇女必戴的饰物，她们认为拥有一副娇美的容貌，同样是主的恩赐，展示自己的容貌，也是在展示真主的恩情。

一般来说，穆斯林少女在十三四岁前服饰比较自由，生活上也没有明显的禁忌。但过了14岁，她们就得开始穿上面纱和长袍，并且随同其父母到清真寺去做礼拜。随着岁月的洗礼和习俗的熏陶，她们渐渐从肃穆的宗教氛围中感受到了作为一个穆斯林应守的规矩，并注意把自己严密地遮掩起来。今天，在一些伊斯兰国家的航空公司，为遵守伊斯兰教义，空服人员依照教义需要佩戴面纱，比如文莱皇家航空、海湾航空、阿联酋航空、伊朗航空、埃及航空与沙特阿拉伯航空等。

尽管宗教对着装有或严格或宽松的制约，但人们还是能够在可变的范围内设计出既符合教规，又能体现美感的服饰。比如阿联酋航空人员的制服就极具识别性，空服人员身穿米黄色套装（象征着沙漠和迪拜），该制服最大的特点是标志性的红呢帽，帽边垂下一条绕过脖子、搭在左肩上的白色纱巾，那块随风飘扬的象征性白纱极富阿拉伯传统风情，它不光代表了宗教民族元素，伊斯兰教还认为白色是纯洁、喜悦之色，与红色的帽子形成鲜明对比，使整身制服充满跳跃感，能凸显着装者良好的精神面貌（图3-16）。

（四）宗教主题与时尚传播

时装，似乎与宗教并无关联，但我们观察人类的文明发展历程可以发现，宗教始终是人类文化的奠基石，它当然也可以与时装对话，形成独特的艺术视觉。

图3-16 阿联酋航空的宗教特色制服

早在1930年，服装设计师Elsa Schiaparelli就用超现实的表现力将象征梵蒂冈国旗和教会权力的“Saint Peter钥匙”标志大胆绣制在晚装上。1980年，麦当娜的MV专辑封面运用了大量的宗教元素，以表现打破宗教禁忌的信念及对自由的追求。2009年*W Magazine*杂志中的超模化身圣母玛利亚，其头上戴的金色环形头饰的宗教寓意在中世纪的绘画作品中也大量可见。

今天仍有不少设计师选择从宗教艺术中汲取灵感进行设计研发，给时尚带来了一种新形式（图3-17）。比如Chanel“高级手工坊”2011年早秋系列以拜占庭为主题，启用金线、天鹅绒、四方胸针、编结和马赛克宝石等元素，再现了宗教帝国繁盛时代的狄奥多拉皇后的形象；2012年，Chanel早秋系列又来到孟买，将受印度宗教影响的印度传统服饰元素如纱丽和裹裙，以融合的方式，以形转形地注入设计之中。

图3-17 Chanel的拜占庭系列和印度系列

意大利品牌Dolce & Gabbana多年来以宗教题材和巴洛克艺术作为主导性的设计主题，在宗教题材和巴洛克艺术的主题下，其突出的设计特点是启用奢华明艳的色彩，装饰体积很大；采用立体的宗教元素，像十字架在服装和配饰中会反复出现；同时该品牌还有浮雕情怀，多利用凹凸起伏的表现形式作为装饰手法；再有就是独特的珍珠风格，在设计中常大量使用优雅高贵的珍珠；最后一点就是繁复的工艺，意在呈现缤纷华丽的风格，由此，该品牌服饰也形成了欧洲装饰浓厚的奢华主义风格。

Elie Saab 高级定制系列也曾以古老的拜占庭女式礼服为灵感，将金色和精细刺绣结合，并装饰水晶、金线，宛如东罗马皇后的服饰。Alexander McQueen绝唱2010秋冬系列，如华丽史诗般散发出中古时期拜占庭的悠扬气质。印染的教堂、天使与魔鬼的精致提花，被运用到各式披肩外套和华丽的礼服上。2017年中国设计师郭培在其春夏高定发布会上也以基督教元素为灵感推出了系列服装。由此可见，神秘元素和宗教色彩已不再是束缚，反而成为服装设计师创作的重要源泉之一（图3-18）。

图3-18 Alexander McQueen拜占庭系列和Elie Saab拜占庭系列

还有一位伊斯兰国家的王室人员，更把宗教和时尚进行了高度契合，她就是手握丰富石油和天然气资源的卡塔尔王妃谢哈莫扎，她被高级定制界赞为“全球最时髦的人”，她的奢侈消费主要投资在高级时装上，每有出国访问时，她都要求Dior、Chanel、Valentino等奢侈大牌为她定做服装。为了顺应穆斯林的宗教传统，大师们的每一款高定都需要做出极大的改动，在不过分暴露的前提下，要确保王妃从头巾到高跟鞋清一色符合宗教要求。

总体来看，每一种宗教中那些极具特色的宗教艺术形式，像绘画、装饰等都给服装带来了深远影响。时尚圈无人不知的Met Gala 时装展览，2018年的主题即“来自天堂的身体：时尚与天主教的想象力”，可见宗教从来不是时尚绝缘体，今天，它在时尚方面正在发挥着威力。

三、思潮的兴起

服装传播直接反映着每个时代兴起的文化思潮和当时社会上流行的处世哲学。在从文艺复兴思潮向巴洛克文化再向洛可可文化的转变发展过程中，社会思潮对服饰传播影响显著。

（一）文艺复兴思潮与服饰

文艺复兴时期的服装样式完全是文艺复兴思潮的产物。文艺复兴的本意是对古希腊、古罗马文化的再生与复活，实际上，它除了包含古代地中海文明的人文精神，还新增了更为丰富的内容，那就是以人为本的人文主义。这种新文化始于意大利，特别是佛罗伦萨，那里最开始让一切艺术形态包括服饰在内从中世纪神的世界进入人的现实生活。在这种思潮影响下，窄衣文化进一步发展，服装上极端强调一种人形的壳状样式（图3-19）。

图3-19 Alexander McQueen拜占庭系列和Elie Saab拜占庭系列

电影《磨坊与十字架》中再现了尼德兰画家博鲁盖尔名作《受难之路》中的群体像，人物所着的16世纪西欧服饰的最大特征就是对人体结构的写实性表现。文艺复兴带来的人文意识在服装构成上得到强化：男装塑造了上下装分离的、上重下轻的“二部式”结构，即普尔波万和肖斯的组合，普尔波万外面还穿大翻领葛翁（外袍）。女装则通过苛尔·佩凯（紧身胸衣）和法勤盖尔（裙撑）塑造出人工化的外形，再罩上衬裙和罗布。

文艺复兴服装可以分为意大利风、德意志风和西班牙风三个流行阶段，三个阶段不同程度地表现了当时人文思潮影响下人们对人工化服装的赞美。比如意大利风时期开始追求构筑性外观，女装以高腰身、露胸口、一字型、糖葫芦袖为特点，衣服按照人体结构被分成若干裁片制作，是一种硬直形的表现；德意志风的男装是其代表，衣形宽大的服装内开始塞入填充物，达布里特短上衣和布里奇兹短裤的外形被填充得膨大、浑圆；西班牙风是服装人工化登峰造极的阶段，也被称为填充式时代，这时期无论男女服装都大量使用填充物，男装的肩部垫平，胸部和腹部填充鼓起，袖子和半截裤都被塞成羊腿形，加上又厚又硬的拉夫领，整个造型都在强调文艺复兴独有的人工壳的特征。

（二）巴洛克思潮与服饰

经历了文艺复兴的人工、构筑、硬直的风格后，17世纪产生了一种新的艺术模式，为紧随其后的洛可可样式奠定了基础，同时也显示出人工美的第二个阶段的特征：力求通过装饰过剩的形式表达对整体感的诉求。因此说起巴洛克艺术，首先会想到的形容词是气势雄伟、动感强烈、光影丰富、讲求装饰、色彩厚实，这种风格也是巴洛克思潮在服饰上的反映（图3–20）。

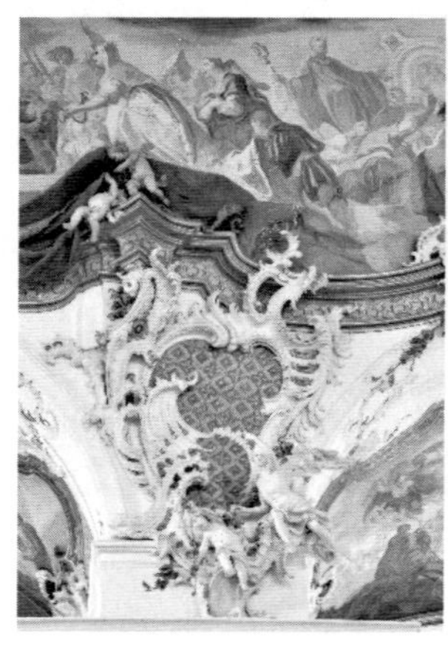

图3–20 巴洛克艺术形态与巴洛克时期的女服、男服

巴洛克思潮的产生与罗马天主教会的反宗教改革运动有直接关系。出于对社会思想控制的政治需要，当时的专制王权力图用一种宫廷美学作为古典主义的文化土壤，从而达到加强统治的目的。巴洛克服饰作为这股思潮的一种特定审美形式，在宫廷风气的带动下形成了注重表面装饰的奇异装束。最特别的是巴洛克男装，由花边、缎带、蕾丝、卷发构成，非常女性化的华美装饰全部被滥用在男装上，出现了一种豪华感和戏剧性的三件套组合，即鸠斯特科尔、贝斯特和克尤罗特的三件式。

鸠斯特科尔的外形呈X形，很女性化，呈紧身合体、从背缝和两侧缝收腰、下摆展开的大衣样式，用料有天鹅绒和织锦缎，前门襟一排金缠子丝绸纽，着重强调其豪华程度。里面的贝斯特更是一件满地刺绣的长背心，穿着者还要系蝴蝶结领饰克拉巴特，下身穿半截裤克尤罗特以及长筒袜、长筒靴。这种以富丽堂皇和精雕细刻为特征的服饰风格更是被路易十四发挥到了极致，他常常一身奢华的缎面三件式，脚踏红跟高跟鞋，如此带有浓厚宫廷宗教色彩的服饰风格引领着当时思想文化的时尚，并对整个社会产生了极大的影响。

（三）洛可可思潮与服饰

洛可可风格的出现与之前的思潮不同，它从巴洛克的思潮背景中发展出来，又一改巴洛克风格的宏伟庄重之气，加之法国沙龙概念的不断延展和欧洲皇宫对及时行乐、舒适奢靡的生活哲学的追求，出现了以矫饰、纤巧、烦琐、华美而著称的艺术样式。

服装集中表现了洛可可的这一艺术趣味。色调上高明度、低纯度，十分淡雅，纹样装饰打破了左右对称，创造出自由奔放、蜿蜒反复的形式。女装着意于对紧身胸衣勒紧的纤腰和裙撑增大下半身体积的营造。洛可可前期，即奥尔良公爵摄政时代，流行的是像家庭便服样式的罗布，领口开很大，背部有纵长的箱形褶裥，多以拖裙形式出现，裙撑呈吊钟型。洛可可中期，即路易十五时期，洛可可罗布发展到极端，裙撑帕尼埃呈前后扁平、左右横宽的椭圆形，宽度的最高纪录达四米。紧身胸衣"苛尔·巴莱耐"越勒越紧，胸前装饰的倒三角形胸饰"斯塔玛卡"的锐角造型，使腰显得更细。罗布上到处是千变万化的褶皱飞边、蕾丝、漩涡状的缎带蝴蝶结和植物花卉，服装如同一个"行走的花园"。洛可可后期，即路易十六时代，裙子缩短，裙撑帕尼埃消失，但裙子仍具有膨大化的外形，因在后侧像窗帘般向上提起，臀部出现三个柔和的膨起的布团，外表呈卷起来的形状。无论哪一个阶段，洛可可服装都在艳丽色彩与优雅装饰的风气中追求弯曲繁复的曲线效果，同时将窄衣文化的人工美推向顶峰（图3-21）。

图3-21　洛可可艺术形态与奥尔良公爵摄政时期、路易十五时期、路易十六时期的女服

（四）中国古代社会思潮与服饰

春秋战国时期战乱频仍，百家争鸣，儒家、道家、墨家、法家等各家思想活跃，其思想主张对服饰的要求差异也十分显著。其中儒家提倡"质胜文则野，文胜质则史。文质彬彬，然后君子"，道家主张"被褐怀玉"，墨家主张"节

用”。虽然各家思想不同，但都以穿着的主张体现了当时派别的审美观念，逐渐形成了中国服装史上两种不同的路向：尊崇古礼的服制和因需而变的时服。

比如尊崇古礼的深衣服制，以上衣下裳的分裁法来追慕古式，然后腰处再缝合，形如连身袍，表示对祖宗法度的尊重。续衽钩边、交领右衽、下摆通直、裳分六幅的构成有其法度和寓意，分别对应“规、矩、绳、权、衡”。 因需而变的时服则是春秋战国时期引进的胡服。游牧民族的胡服，以短衣、长裤、高筒靴为特征，方便活动，利于作战，所以赵武灵王决定吸收胡服样式，在军队中普及。尊崇古礼的服制和因需而变的时服与相关的着装观念，就像两个界标，从此明确了中国服饰发展的基本历程。

魏晋时期玄学盛行，玄学思想起源于道家哲学，标榜自然、放荡不羁，加上这时期佛教也传播入华，受到佛教思想以及玄学家们的影响，文人开始冲破传统礼教，反对束缚，更加注重人的内在精神，倡导追求真我。因此，魏晋时期的服饰与此前的汉服大不同，以竹林七贤为代表的文人袒胸露臂，外衣宽大，不拘礼节；女子服饰上简下丰，裙子多为褶裥裙，华袿飞髾，体现出了飘逸和潇洒不羁的气质。

第三节　立足技术视角

一、战乱的选择

战乱与和平对服装传播的影响最迅猛、最直接。战争带来伤亡破坏、经济萧条、社会动荡的同时，也强制性地打破了征服者与被征服之间的地域隔阂，造成了双方最直接的接触和交流，推动了人类历史的发展和异域文化的碰撞。参战双方通过服装进行交流的现象已成为常态，如亚历山大的远征、成吉思汗的开疆扩土、拿破仑的进击，都给服装的传播和发展带来了极大影响。

现代服装中的镂空装饰，初次流行于16世纪文艺复兴时期，士兵作战时服装上被刀划出裂口，这被贵族们认为是英勇无畏的标志，他们开始用同样的方式装饰服装。中国古代也存在类似的现象。战国时期中原流行的一种龙形“带钩”装饰，其原型是北方游牧民族的束袍物，这种装饰品随战伐进入中原，在民间被改制成各种材质和样式的装饰性带钩，表面雕刻上寓意性图案。此后历朝历代，带钩都广受追捧。

近代战争中，影响服装改革最彻底、传播最广泛的是“一战”，男女装都在此时迅速实现了现代化。“一战”在欧洲爆发后，男子广泛参军，奔赴前线。女性作为社会主要劳动力，大多需要在后方生产补给的工厂里工作，甚至前往战场补充劳动力，这为女装的变革提供了时机，女性的服装需求因此发生了颠覆性变化。

紧身胸衣被废除，战前流行的蹒跚裙消失，取而代之的是男式化女服。上衣设有口袋、束腰，裙子宽松且长度缩短到小腿处，女装在制式化的同时也快速实现了现代化。男装则产生了一系列风靡至今的设计，如经典双排扣军大衣，有肩盖、功能性贴袋等典型样式的男装外套等，其中以“战壕衣”最为知名。战争期间，为了更好地提升作战效率，多用途、高性能的面料被发明出来，如战时常用的防水面料、迷彩面料等。战后，这些面料都被运用到现代服装设计上，比如Burberry经典斜纹面料风衣在“一战”中曾被指定为英国军队的高级军服，战后，这类风衣仍然以其挺括优雅的版型获得了时尚圈的青睐，更是一度成为英国气质的代名词（图3-22）。

图3-22 立足于技术的战时军服，成为现代时装品牌的经典产品

战后，女装革命的热潮并未消退，而是伴随着女权运动的爆发进行了新一轮的变革。以美国为首的许多西方国家都掀起了女权运动，女性在政治上要求参权，经济上要求独立，大量职业化女性涌现，女装出现了否定女性特征的独特样式。

此时流行的是宽腰身的直筒型女装：样式简洁，面料轻柔，胸部平坦，腰线放松并下移到臀线附近，臀部束紧，裙子越来越短，整体造型变成名副其实的长管子状。这种女装的款式形如过去未成年的少年体型，因此被称为“男学生式”，这也是第一次以女性自己的立场而非男性审美上来设计女装，因此舒适度成为设计的核心，这种变化是革命性的，代表着女性地位的提升。

20世纪20年代后期，裙长已缩短到膝盖附近，使女性能够大胆地裸露大腿。与此同时，进一步现代化的还有海滩服和泳装。由于受到战争期间流行起来的海水浴的影响，连衣短裤泳装出现了，并成为真正意义上的泳装。随着体育运动热潮的来临，为了行动方便，女性也穿上了裤装，长裤、裙裤和短裤等各色裤装逐渐流行。

同时期的设计师都为女装解放做出了贡献，不过最著名的还是香奈儿。她开创了年轻化与个性化的衣着形式，既赋予女性行动的自由，又不失温柔优雅，高雅简洁的设计风格独树一帜。随着男装化风格的盛行，大众审美也出现了转变。这个时代女性的理想形象被认为是胸部扁平，瘦骨嶙峋。为了达到这一美感，用弹性胶布做的直线形紧身内衣出现了，女性普遍热衷于通过体育运动或节食减肥，以期达到时装杂志上细瘦苗条的效果。这种审美标准直至今日仍然影响着时装模特的选拔标准。

英剧《唐顿庄园》是“一战”前后西方社会的缩影，也是围绕战争与和平带来的服饰传播最生动的例证（图2-23）。战前人们的着装还带有明显的维多利亚时代遗风，特别是老伯爵的遗孀几乎是新艺术运动时所推崇的S型服装样式的拥趸，该剧将乔治五世时代的英伦贵族服饰体现得真实又具体。战争爆发后，过去优雅烦冗的服饰被战时环境下的简朴着装所取代，战后女性们在各种频繁的舞会与社交场合中，身穿流畅的裙子，戴着飘逸的薄纱，搭配着珠宝装饰，展现了一个纸醉金迷的疯狂年代。《唐顿庄园》以服装的变迁，从一个侧面反映了战争与和平给服装带来的变化，战争改变了人们的价值观和审美观，着装意识转变，服装必然随之改变。

图3-23 《唐顿庄园》是以“一战”前后英国社会巨变为背景的历史剧

“二战”对服装的影响也不可小觑，如果说“一战”推动了服装实现现代化，那么“二战”则向全世界普及了现代服装。为了适应战争环境，女装设计开始注重功能性，款式与军服相似，宽平的垫肩和窄细的腰带是其特点。“二战”后，人们为了沉醉于和平、重寻欢乐，开始反感战时服装的硬朗线条，一种重建女装华丽优美的趋向取代了曾经单纯实用的军装式女服的设计思想。20世纪最伟大的女装设计师之一克里斯汀·迪奥抓住了人们的这种心理，于1947年推出了以“花冠”为主题的“New Look”时装，强调女性柔美的柔软肩线、束腰和大圆裙以及每一个女性美细节的时尚造型，成功地征服了战后的西方女性。

毋庸置疑，战争推动了服装变革，也促使服装设计不断创新，和平的环境则造就了服装的繁荣和发展。可以看出，和平隆昌时代和战乱穷乏时期，服装会形成极端的对比。同样，受周围社会事件的影响，社会文化的不正常和沉沦也会对服装产生显著的影响。比如20世纪60年代，“年轻风暴”席卷美国，年轻人反传统反主流，蓄起长发，热爱皮夹克和牛仔裤，这样放荡不羁的穿戴，成为反体制服装的代表。与年轻人的着装相比，那些穿着一丝不苟、完美匀称的高级时装的主流阶层，则和他们形成了巨大的反差。

对此，中西方社会的表现并不相同。西方服装的发展是传播性的，变化往往具有颠覆性，而中国服装的发展是继承性的，当受到外界文化侵扰时，变革并不彻底，或多或少会保有原来的服装形态。唐代对外贸易盛行，地域沟通交流频繁，但由于强大的民族自信心和凝聚力的作用，唐代服饰并没有因为文化冲击而出现颠覆性的改变，而是充分吸收了外来异质文化服饰如西亚和中亚地区以及鲜卑族的服饰，并加以利用和改进，使它们成为大唐服饰的补充和滋养。新疆吐裕沟出土的女子残绢画，回鹘髻（双桃式）、团花锦翻领窄袖胡服、浑脱帽的衣着打扮属于胡风，是大唐服饰充满多元风情的生动写照。

二、科技的引领

技术进步的一小步，都会带来服装发展的一大步。衣料织造技术的每一次革新、纺织材料的每一次面世，都会给人类的衣生活带来一次新的改变。例如，河南洛阳出土的战国时期马山楚墓的车马田猎纹纳绣，是专用于衣领领边的华贵装饰织物，提花机的发明和织造工艺使其达到了前所未有的细密度，假设制作一条领带都需要大半年时间，价贵比黄金，说明技术的进步直接带来了纺织的变革。欧洲近代的产业革命，促使人造纤维的衣料出现，大批量生产给成衣业提供了发展契机。这些技术都为服饰传播提供了新的可能。

（一）太空风貌与未来主义风格

20世纪初，以科技为主题的设计风格就已出现。未来主义这一概念最早由意大利作家马利奈蒂（Marinetti）于1909年提出，一开始作为现代主义思潮的延伸，是探索和预测社会未来发展的一种新思潮。未来主义赞美技术的进步，机械、年轻、速度、力量和技术在未来主义者眼中充满魅力。

围绕科技至上的理念，20世纪50年代，美苏争霸开启了太空时代。随着空间技术的发展，从载人飞船宇宙遨游到“阿波罗”登月这10年里，对宇宙的幻想成为60年代西方社会的重要话题，前卫性、革新性成为那个年代的设计关键词，由推崇太空风貌应运而生的未来主义设计风格成为60年代的时尚标签。安德莱·克莱究（André Courrèges）、皮尔·卡丹（Pierre Cardin）、帕苛·拉邦奴（Paco Rabanne）是该时期时装界最有代表性的三位未来主义设计师（图3–24）。

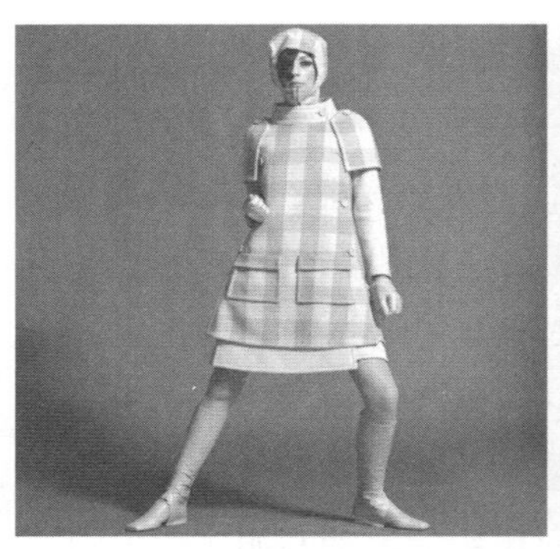

图3–24 安德莱·克莱究、皮尔·卡丹、帕苛·拉邦奴20世纪60年代设计的科技作品

安德莱·克莱究别号“太空痴”，他的未来主义时装造型概括、明确，突出比例感的迷你裙和A字裙赋予了他“迷你裙之父”的称号。其作品“月亮女孩风貌”受到宇航员装束的启发，设计成有棱角的超短裙、配着护目镜与头盔的女衫裤套装，颜色取自太空服的冷白，堪称经典的未来主义样式。时尚杂志*Vogue*的意大利版主编卡拉·索萨妮（Carla Sozzani）曾经描述过克莱究的设计，她说：“如果时尚界存在‘现代’和‘未来’这种词语，那么一定是因为克莱究的出现。他的设计改变了服装设计的观念，使时尚进入一个新纪元。如今，50多年

过去了,克莱究的店仍然是我在巴黎必去的一个地方。”

相比克莱究的直线条设计风格,皮尔·卡丹运用曲线、圆形的线条制作的超摩登设计作品更加戏剧和怪诞。他在色彩上着重冷色和铝箔色泽,如金、银等及透明色;造型上利用拼接图形、现代感的几何造型,或硬朗的设计线条塑造出未来主义的流行文化。

帕苛·拉邦奴曾说:“时装设计唯一新鲜前卫的可能性在于发现新材料。”他以塑料女装、金属女装、纸质女装打开了设计的想象,也用唱片、羽毛、铝箔、皮革、光纤、巧克力、瓶子、短袜和门把手作为实验性的服装材料,成为设计师在新素材上有突破性进展的起点。

三位设计师以现代科技为背景,以各种新的合成纤维、高弹力织物或者异类材料为素材,对后代设计师产生了巨大的影响,启发他们开始了对新材料、新技术的探索。

(二)新材料的开发利用

科技的进步使得现代设计以“否定传统”为基本特征。从服装材料上看,反对传统衣料,歌颂实验性的物质素材,表现了设计师对未来的渴望与向往。下面让我们以木材装和褶皱装为例来看设计师对新材料的创新利用。

生态学是未来主义产生的科学背景和依据,时装设计师以自然生态的有机体——木材为视点,运用切割、拼接、软化等技术来探索木作衣的形式,是对社会可持续发展高度关注的结果(图3-25)。山本耀司1991年推出了用几十条不同形状的木板拼接而成的“木板装”,由三角形木条组成的紧身“胸衣”和A形裙,显示出硬性材料特有的形态。英国设计师麦昆对木元素进行了柔性设计的处理,1999年他的“No.13 collection”以“艺术、工艺运动和新科技”为主题,把中国檀木扇的扇骨结构和扇面镂刻花纹放大成一条轻盈的木裙,同时为残疾模特艾美·穆林斯(Aimee Mullins)制作了一双木雕假腿,雕刻纹理极具巴洛克风格。英国先锋设计师侯赛因·卡拉扬2000年将木材作为“可穿戴艺术”设计了一组作品,其中最惊艳的是模特如穿裙子般把桃木咖啡桌轻松提起,穿到了身上,堪比行为艺术。艾里斯·范·荷本(Iris Van Herpen)将其对木的艺术造型运用到3D打印技术中,2012年,她打印了一组盘根错节的树根形状的概念裙,木的形式与高科技的原料为时装带来了新视觉的特质。

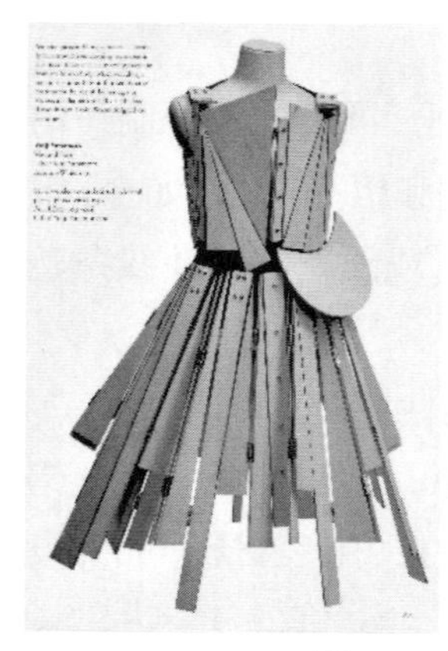

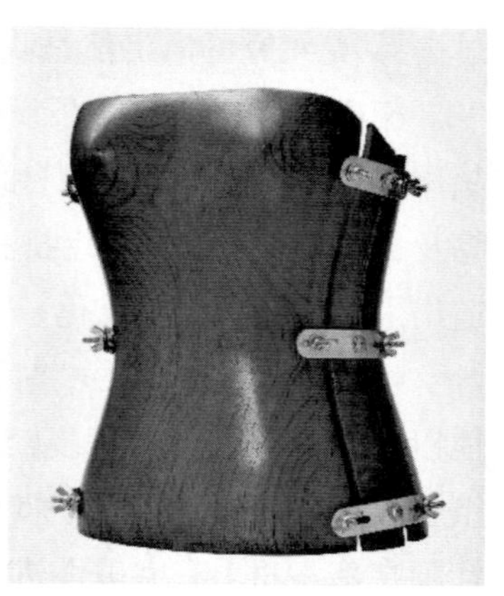

图3-25 山本耀司、麦昆、卡拉扬的木材时装设计作品

提起褶皱（pleats），人们自然会想到三宅一生，他最卓越的成就就是对化纤褶皱面料的创举。其实古人很早就开始用褶皱制作服装了，丝绸、亚麻和羊毛的褶皱同样细微精致，女红们为了给面料做出细密的褶皱，将整块面料浸湿，趁着湿度将面料细细地叠好，然后像拧毛巾一样将面料拧到稍干，再自然风干。这种做法费时费力，且难以持久定型。

三宅一生在化纤褶皱设计上发挥了自己的优势，化纤面料质量比真丝更轻，更容易定型，褶皱的形式也更多样，而且更容易表现解构主义的设计。三宅一生致力于研究折纸、数学和几何的关系，从早期经典的“APOC”和“一块布的艺术”，到后来的“PLEATS PLEASE”系列、“我要我褶”系列，再到后来的“1325”系列，他始终以化纤褶皱材料进行着解构设计，在二维衣料和三维人体之间展开思考。

技术在发展，材料也在升级。如果说天然纤维面料的褶皱是第一代褶皱，三宅一生的化纤褶皱和解构设计是第二代褶皱，那么克里斯托弗·凯恩（Christopher Kane）的科技式褶皱则是第三代褶皱。凯恩把更能定型的潜水面料做成褶皱，让褶皱的表现力更多面、视觉更复杂，这都是新素材拥有无限开发的可能的结果（图3-26）。目前我们生活中实用的新素材也不断涌现，像彩色生态棉、生态羊毛、再生玻璃、碳纤织物都早已作为成衣用料被广泛使用了。

图3-26 手工真丝褶皱、三宅一生式褶皱、凯恩科技式褶皱的科技进化

（三）蕾丝的技术进化

除了新素材的开发，技术的进步也让原有的衣料变得更为独特。比如20世纪以前的蕾丝只能手工制作，要么像织毛衣一样钩针织花，要么附在纸上绣花，水洗后把纸溶解掉，留下刺绣图案即蕾丝。因为花费人工较高，蕾丝一直是王室贵族显示身份的专属用料。直到“二战”后纺织技术的飞跃和化纤材料的使用，蕾丝终于可以批量生产，成本大幅下降。科技进步大大增加了蕾丝的可选性，高端品牌继续在手工蕾丝上深掘技艺，大众品牌则用氨纶或者其他聚酯材料的蕾丝设计成衣。而且，蕾丝的技术并没有止步，运用3D打印技术生产的蕾丝突破了传统制衣中对面料重量和缝片走针的考虑，能快速花样设计和制作，而这是传统蕾丝最费力的两个环节。3D打印更便于实现设计师天马行空的创意，2013年维多利亚的秘密内衣秀最大的亮点就是3D打印而成的“雪国女王”紧身胸衣，该作品用3D打印机围绕模特全身扫描后精确打印出了翅膀、头冠和身上的雪花图案，提供了传统制衣所不具备的新颖体验（图3-27）。

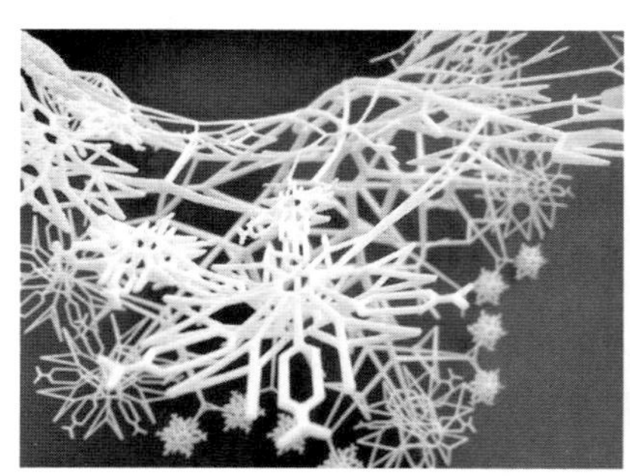

图3-27 运用3D打印技术制作的维多利亚的秘密蕾丝内衣

与蕾丝相似的技术性装饰——刺绣，也不可避免地走向了高科技。过去刺绣要一针一线手工绣出花样，服装上的纹饰主要靠刺绣来表现。机器生产把刺绣也拉下神坛，通过计算机设计、配色、放版和机器刺绣，人们对成衣上的刺绣已习以为常，不只每个人的衬衫胸袋和polo衫上可以有机器绣花，全部成衣的商标也几乎都是刺绣的。当然刺绣技术也并没有止步，手工与机器的技术协作延伸到Chanel 2014年的婚纱设计上。这件大型婚礼服采用潜水针织布料，精致的珠绣花纹，先由手艺勾勒，再由电脑赋予它像素化的图案，然后以手绘和机器转印结合的方式，再以珍珠和宝石镶嵌，表达了对科技和手艺双重元素的丰富想象。

三、信息化需求

信息化时代以深度神经网络为基础，结合云计算、大数据及移动互联网技术而成的人工智能的迅速崛起，给服装产业带来了变革。

（一）智能量体与个性化定制

数字化时代，人工智能提供了精准细分的人体数据，这些数据能够辅助技术人员完成服装的“套码”，这种制衣方式被称作轻定制。但这种方式的局限在于其针对身材标准人群的误差较小，而针对特殊体型的人群误差较大。因为人工智能量体即使采集了数十个尺寸，也不能准确获得人体的体型信息，人体数据有相似，但体型各不相同。可以看出，对体型的精确掌握成为当今服装智能制作的瓶颈。体型不仅成为量体的难关，相关数据准确与否还与版型的成败关系密切，只有完善的统计数据才能传递出全面准确的人体体型信息，这是量体要达到的效果，同时也是理想状态下制版的起点。

人工智能大数据与三维人体构建实现了智能化的人体三维测量。这种“量体”能够自动识别和提取人体的各部位特征，一次性地测量数百个人体数据；甚至连头部、手脚的细节特征和参数都能细微抓取。同时，利用3D成像系统扫描人体，快速生成高精度的人体三维模型，然后根据3D人体建模和人工智能计算，获得智能化的量体数据，由此生成的服装是为客户度身定制的，这种方式也为信息时代的个性化定制创造了可能。

技术创新为我们提供了无穷的想象力。目前，基于3D建模+人工智能图像的量体技术更进一步，移动终端手机代替了3D人体扫描仪，只需用手机拍摄自己的正面、侧面照片，系统就可以通过图像识别并定位照片中的人，并预测人体的轮廓，包括胸围、肩宽、身长、脸型等，即可获得自己的3D构型。国内服装定制程序“衣呼”就有类似的体验服务。可以看出，与传统成衣定制相比，智能化量体的灵活性和优势显示出巨大的发展潜力。

（二）3D打印对时装的改变

与普通打印不同的是，3D打印是立体打印，打印机内装有液体或粉末等“打印材料”，与电脑连接后，通过人为操控，把这些打印材料一层层叠加起来，最终把计算机上的设计图变成立体的实物。所以说，利用3D打印，服装能快速成型，并实现传统制作达不到的崭新效果。3D打印的服装不受传统缝纫在结构和技术上的限制，无论是错综复杂的纹路和肌理，还是像微生物细胞似的衣服造型，都能轻松实现。比较成熟的3D打印材料如金属、塑料、塑胶、石蜡、石膏、陶瓷等，为概念服装带来了更加独特的视觉效果。

荷兰设计师艾里斯·范·荷本（Iris van Herpen）是3D打印服装的鼻祖（图3–28）。3D服饰在色彩上着重展现海洋生物般的光晕色调，比如激光色及透明色；材质上喜爱轻盈与骨力共存的质感，用来强调梦幻感，表达科技之美；造型上，利用珊瑚礁般的结构、密密麻麻的鳞片装饰、水花飞溅的复杂形态、盘根错节的海葵形状塑造出科幻和海底生物的想象空间。纽约大都会博物馆展出过艾丽斯·范·荷本的3D“无缝鸟羽天衣”，该衣使用奶油色的硅胶原料营造出轻柔茸毛感的纤美“羽衣”，技术在视觉和触觉上得到了黏合。相比1969年

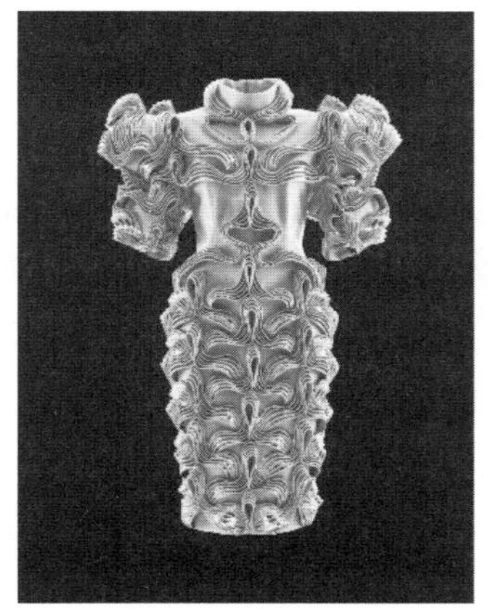
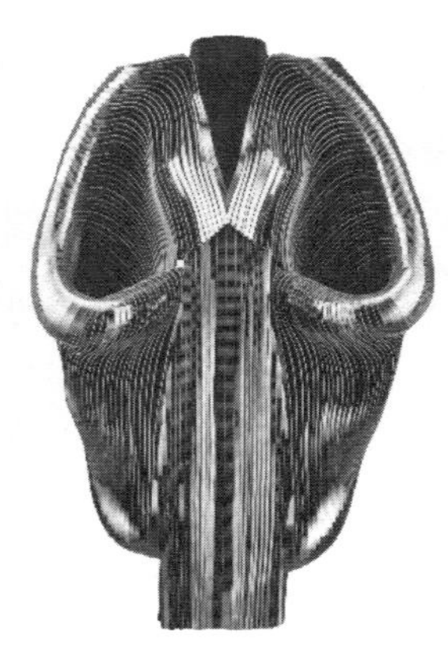

图3–28 艾里斯·范·荷本的3D打印时装

圣罗兰的纯手工高定羽衣，3D技术制作的羽衣式样更繁杂，速度却更快。3D打印时装颠覆了人们对“服装”的定义，也颠覆了观众对于“服装”的固有印象，它在夸张、硬朗、异想天开的轮廓和极致繁复的工艺方面，有着手工制衣无法比拟的优势。

除了实验性时装，3D打印服装也已出现在批量化的成衣业中。2011年第一件3D打印的比基尼出现，2015年英国公司Tamicare利用高科技的生产系统Cosyflex，开始大规模生产3D打印的无须裁剪与缝制的面料和服装，其产品遍布今天的众多知名运动品牌。像过去需要数百道工序才能完成制作的运动鞋，Cosyflex仅需要三步就能完成。如此看来，服饰对功能性和科技感的需求日益突出，而3D服饰最大的特点便是对于高科技材质和性能的体现。

（三）智能“魔镜”虚拟试衣

服装消费的三步，分别是量体、制造与购物体验。最后这个环节——购物体验，对消费者而言即试衣的体验，而这也是最难攻克的问题。如今不少科技公司把目光投向了虚拟试衣。

虚拟试衣又称“免试衣”，人们不需要真实地试穿衣服，只要智能量体后将服装虚拟出制作完的效果，再套到3D人体模型上，就可以看到穿衣后的效果。虚拟试衣也是在买卖双方之间充当辅助购物的一道“虚拟”衔接，以这个概念为主题的三维虚拟试衣间、虚拟试衣镜等已经被提出多年。亚马逊通过将每件衣服生成三维模型，设计出了一款智能穿衣镜，用户无须实际试穿，利用虚拟现实技术就可获得试穿效果。这种虚拟镜“结合了显示屏、相机和投影仪，可以生成混合现实图像。理论上这面镜子可以通过扫描周围环境生成虚拟模型，辨识用户的脸部和眼部，然后决定哪些部分被镜子反射。这个过程完成后，虚拟服装和景象就会被镜子透射，与反射部分结合，形成混合现实图像”。京东也基于人工智能和仿真技术推出了虚拟购物产品“京东试试”，利用AR（虚拟现实）试衣、AR试戴等“虚拟试衣”技术提升用户的购物体验。畅销服装连锁品牌优衣库、GAP等也通过使用虚拟试衣在各服装品牌的应用来吸引消费者，虚拟试衣在各服装品牌的应用可谓层出不穷。

当以上技术真正迎来普及化之时，未来的时装界会运用更多高科技，走向数字化，满足互联网时代用户的个性化、时尚化需求。

第四节　立足历史视角

一、国际交流

袷袢是中亚先民创造的一种日常服饰，它源于西域游牧文化，以宽松、实用为主，与亚洲中部内陆地区的气候、环境和地貌相适宜。伴随上古部落的迁徙，袷袢传入新疆地区，之后成为一种传统服饰制度，数千年来一直是当地多民族的主要服装，维吾尔族、哈萨克族、柯尔克孜族、乌孜别克族、塔吉克族都穿这种外衣，不同民族的袷袢也各具特色。

袷袢是对塔吉克族传统外衣的统称，既包括“对襟、直领、窄袖、无扣、过膝、无口袋”的典型式样，也包括为不同时代生活方式的变化而考虑的顺时而变的新式样。袷袢男女基本同型，具有相同的结构，只不过男子的袷袢常是在腰部以下束腰，女性则穿较长的款式，至脚踝。

从青铜时代开始，袷袢历经汉晋，东传入中原。与胡人的裤装相比，西域“无领直襟外衣”的传播要低调得多，以致迄今为止很少有学者去关注其存在。实际上，南北朝广为流行的“裤褶”之交领、对襟、齐膝、粗厚毛布制作的“褶衣”，正是方便骑马、适宜劳作的袷袢之式。中原服制中从南北朝的裤褶到宋代的背子和明清的大氅，都是袷袢形制的延续。

（一）寻找“袷袢”的名称与来源

历史上关于“袷袢”的发源地有三种说法：一是“土耳其说”或“波兰说”。在土耳其语中chapghan和cepken与“袷袢”发音相似，都是长袖直襟外衣的专有名词。土耳其人认为，这种外衣最早出现在伊斯坦布尔，是寒冷冬季里男人穿的外套，往往装饰有彩绣花边。后来在中世纪由欧洲商人把这种服装样式带回了意大利，15世纪开始在佛罗伦萨流行开来，所以意大利语giuppa意为“长外袍”。16—18世纪，这一形制在中欧和东欧地区也都广泛存在（图3-29至图3-32）。

图3-29　（中亚）布哈拉·埃米尔（穆罕默德后裔的尊称）袷袢

图3-30　19世纪乌兹别克斯坦衬有华丽衬里的女袷袢（以色列博物馆，耶路撒冷）

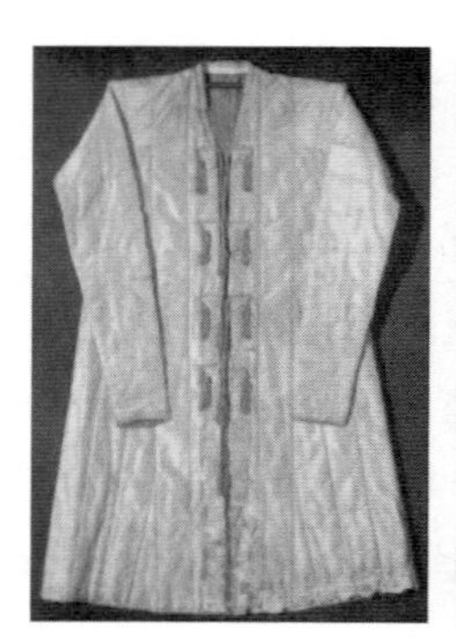

图3-31　16世纪波兰袷袢

图3-32　20世纪初土耳其和巴勒斯坦袷袢

波兰语żupan一词最早出现于14世纪，在逐渐成为民族性男装的过程中，袷袢先由贵族穿用，到16世纪成了所有阶层的男子必不可缺的外衣，直到今天，在波兰民族服装里还能看到它。żupan在其他地区还有不同的拼写，捷克语żupan、斯洛伐克语Zupan、匈牙利语polgármeste、白俄罗斯和乌克兰语жупан、克里米亚鞑靼语czupkan皆是从żupan中发展而来的，专指男服里的条状织物长外衣。

第二种说法是“伊朗说”。伊朗高原的古波斯人是西亚游牧民族的代表，受高原寒冷气候影响，形成了穿紧身合体衣裤的习惯。公元前6世纪建成的波利斯宫殿遗址浮雕上，三十属国君主身穿斜领长袖外衣，其简洁的无扣短衣设计，被视为与袷袢同源。

第三种说法是“中亚起源说”。袷袢至今仍活跃在中亚各族的日常生活里，是被世界广泛认可的中亚传统服饰，它不仅是中亚六国的典型服装样式，也是地处中亚核心位置的新疆部分民族的传统服式。

最后这种说法更符合其起源的动机。首先，从闭合方式上推导，袷袢源自中亚，因为袷袢从右向左的封闭款式，是典型的中亚式样，它与古波斯和土耳其的开合方向有所不同，至今，袷袢仍然以这种开合形式为主。其次，波斯外衣和土耳其外衣的袖筒末端为狗耳式，都有上翘翻出来的衬里部分，翻折部分用扣子别在袖身上，至法国路易十四时期变得十分流行，这种袖口在袷袢服制上并不存在，这一实证可以反过来作为否定波斯起源说和土耳其起源说的依据。

不过中亚地区的主要外衣会根据结构和材质再细分为chapan（袷袢）和khalat（拉提）两种。袷袢为宽松的、有内衬的、加填充棉的外套，袖子更长；拉提则用比较轻质的棉、丝或混纺布料制作，以宽袖和镶边为风尚。而新疆一带合并了这两个名称，统一称“袷袢”，使其成为在生产、生活、宗教诸方面都合乎民生民俗的外穿之服。

对于“袷袢”这种服制，有人曾臆断为伊斯兰教的着装，属于宗教对服饰要求的体现；还有人把它看成是袍服的一种，认为其结构、功能应与北亚蒙古族的袍服制度归在同类，这两种认识都不可信，若不加以比较，极易引起歧义。

首先，袷袢的确只存在于信仰伊斯兰教的新疆诸民族中，它之所以备受重视，并非因为它诞生于宗教规约的制度，而是因为被深深地打上了宗教的烙印。伊斯兰信仰的影响已逾千年，尽管塔吉克族等新疆多民族都信仰伊斯兰教，但事实上，它们并没有在服饰上彻底跟从伊斯兰教的服饰要求。因此，各地的穆斯林民众都将本国的民族服装与宗教着装通用。袷袢是中亚游牧生活的产物，它既有作为风俗的古老服饰的一面，也有作为教义活动的一面，还有作为礼仪特定价值的一面。只不过在民族风俗与教义教规之间有时较难区分罢了。

其次，袷袢与狭义上的袍服分属不同的制式，在设计衣襟这一关键性的构件上，蒙古族袍服是高领、大襟、右衽，领口紧而束身，封闭严密；袷袢的衣襟却以前身中心线为参照，形成直领对襟式或略向右倾的斜襟式，但斜襟角度不大，仍在前中心的范围内，门襟可敞开、可闭合。袍服衣襟以扣袢系合，袷袢衣襟则无扣系带。这些设计构造完全体现了地理、环境、气候的差异因素，草原地貌以风寒为主，内陆地貌干燥缺水，这些差异使得同为游牧文化圈的各民族保留并发展了自己的传统服装，形成了不同的制式。

新疆地域辽阔，在交通不便的情况下，许多民族所处的地缘条件直接导致袷袢呈现出“形制相同，风俗相异”的多样性特征。

炎热干燥的哈密、吐鲁番等地，维吾尔族男服以对襟或斜襟、无扣的袷袢为主要外衣，乌孜别克族男子的“托尼”与其最为相似；生活在草原、牧场及山林的哈萨克族男子，大多穿不挂布面的翻领皮袷袢，也有用驼毛絮里的毛布袷袢“库普”；柯尔克孜族长期在高原牧场上生活，身着毛织黑布袷袢“托克切克满”及毛皮袷袢“衣切克”便于其冬季骑马和放牧。

塔吉克族居住在比柯尔克孜族还要高的地域，在极冷的气候下，他们冬季会穿宽大结实的毛皮袷袢，也曾有过两件套穿的用法。羊皮、狐皮、狼皮都是抵抗严寒的制衣材料，衣襟和衣缘边上镶有窄条狼皮毛边，能防住冷空气的灌入。外出打猎或放牧时，他们会再穿上更宽大的风雪外衣。夏季气温回暖，黑、蓝色棉布或毛布制作的布面或条绒袷袢被广泛用在塔吉克人的日常生活中。这些“因地制宜”的袷袢都突出了地理因素的制约作用。

（二）“袷袢”的历史踪迹

新疆地区考古材料中有着丰富的“无领直襟外衣”的考证：“哈密五堡古墓群，男性多穿毛布对襟衫，下穿长裤，女性多穿褶裙和长裤，有的外罩羊皮大衣和披风，头戴毡帽或毛线编织的尖顶帽，足蹬长筒皮靴，靴子前后左右还缀有大小不一的铜纽饰。”[34]其中，“曾出土一件通长1.35米，无领，窄袖，袖口和底边镶饰毛带的毛布袍，脚穿皮靴，　腰际佩有铜质小刀”[34]3。

这种式样又见于鄯善县苏贝希墓葬，此地也出土了相同构造的羊皮外衣：“（苏贝希墓）发现的皮衣有三种：一种是单皮衣，里外不再穿任何东西；再有就是毛朝内或毛朝外。这些皮衣的袖口通常很窄，很难伸入手臂，大多只是披在身上，袖子做修饰之用。”[35]通过其复原图可以清晰地看到墓主人“身穿彩色条纹长裙，外面披了一件毛皮大衣，脚蹬皮靴；毛布上衣，平纹毛布缝制，立领，对襟，长窄袖。”[35]18在离苏贝希墓地不远的洋海一号墓地中，同款的皮外衣再次出现：“皮袍以羊皮制成，毛面朝里，做成前开襟式，具两袖，无袖口，在腕部开10厘米左右的椭圆形口，并缝制毛皮护腕，将袖与手套巧妙地合为一体。毛皮大衣整体宽大，便于穿脱。”[36]22

从“无领直襟外衣”等服饰遗存来分析，哈密五堡墓地与吐鲁番盆地的苏贝希墓地、洋海墓地都有着强烈的共性，如前开襟式，窄袖，袖子比手臂长，衣长过膝，皮衣毛面朝里，衣身宽大，其款式造型与今天的“袷袢”如出一辙。这些文化遗存主要为青铜时代，说明距今3，000—3，200年前“袷袢”服制在吐鲁番盆地已得到广泛普及，这为“袷袢”中亚起源说提供了更充分的证据（图3-33）。

图3-33 “袷袢”的历史踪迹

（上左一：哈密五堡古墓群出土的袷袢；上左二、左三：鄯善县苏贝希墓葬出土的女性高尖帽复原图；下左：东汉中晚期的袷袢；下右：1995年新疆库尔勒尉犁营盘遗址墓地出土的袷袢）

汉晋时期的西域服饰显示出其受到了来自中原与希腊的文化影响，但在服装形制和结构方面，“无领直襟外衣”仍是其重要特质。尉犁营盘遗址出土的东汉中晚期的无领直襟外衣：“男子外袍为双层两面纹毛织物，袍长110厘米，双袖展开长185厘米，袖口宽15厘米，下摆宽100厘米。交领，右衽，下摆两侧开衩至胯。”[37]从以上案例中可以清楚地看到，该服装的衣长和袖长比例关系、衣领和袖口形状以及服装裁剪方法，与20世纪早期的“袷袢”尺寸数据近乎一致。

在克孜尔窟第17窟壁画中有几幅清晰的龟兹人物形象，他们身穿圆领、翻领的对襟外衣，下着长裤，头戴卷沿羊皮帽（图3-34）。克孜尔壁画始创于南北朝时期，这引导我们开始沿着彼时的服饰资源去寻找袷袢的踪迹。《旧唐书·回纥传》记载了太和公主远嫁回纥可汗时所着的西域盛装，“披可敦服，通裾大襦，皆茜色”。“披服”意味是外衣；“通裾大襦”指胸前衣领与门襟直通，整体为宽身大衣；“襦”非“袍”，暗示有外穿的下装；“茜色”为深红色的一种。据考证，昂贵的波斯织物karmazyni在那时传入中亚，这种绯红色布料多穿在贵族身上，所以中亚权贵又被称为“深红色的人”。

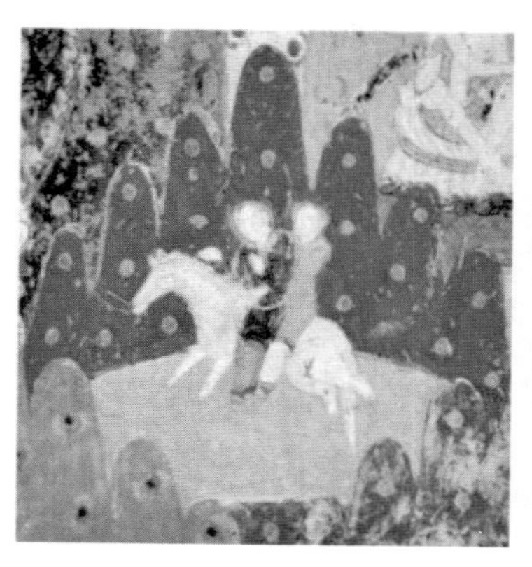

图3-34 阿克苏地区克孜尔第17窟壁画

10世纪，中亚喀喇汗朝将伊斯兰教传入新疆，基于袷袢之服本就来自中亚，与中亚伊斯兰教的礼俗并不冲突，所以当地居民直接把它变成日常礼拜服饰，配合白布缠头（“赛兰”），让它承载着特别的伊斯兰宗教意义。11世纪维吾尔族语言学家麻赫穆德·喀什噶里在《突厥语大辞典》中有关服饰的记录里提到：富有人家用金线刺绣丝绸服和高档裘皮，奴隶只有粗褐衣服，[36]说明当时主要通过衣料和手工来区分身份、地位，这与20世纪初所见“富裕家庭多穿用绸、缎、布料做面的袷袢，贫穷人家多用白羊毛捻毛线织成褐子缝制的袷袢，宗教职业者多用长的袷袢”并无二致。

图3-35 1910年莫理循考察喀什噶尔

通过莫理循1910年考察喀什噶尔实录①，我们可以用最直观的方式了解到，袷袢是居住在这里的各族老少皆宜的“外衣”（图3-35）。这个阶段的袷袢

① 1910年，莫理循开始了为时半年的中国西部考察，他从陕西咸阳出发，途经甘肃平凉、兰州、凉州、甘州、肃州，出嘉峪关进入新疆，经哈密、乌鲁木齐、石河子，一路西行到达伊犁，尔后向南翻越木扎尔特冰川，经阿克苏到达喀什噶尔，后向西过乌恰，最后到达俄国的奥什（今属吉尔吉斯共和国）。

更像宽松的罩袍一样，无领无扣，前面打开，长长的袖子常被挽起来，衣身肥阔，靠布带子系在腰间。20世纪上半叶这个设计基本没有太多改变，只在衣襟衣长尺寸、裁剪以及织物种类上有所不同。

以上对文物和史料中反映的袷袢迹象做出的粗略梳理，证明袷袢的源头可追溯至上古，是世界上最古老的服制之一。袷袢的应用贯穿整个西域史，只不过因各地山川风物相异，袷袢异宜。

二、跨境民族传播

我国边境辽阔，一个民族跨居在接壤两国甚至多国的跨境民族很多，塔吉克族就在其中。塔吉克族分布于亚洲七个国家。除了我国，塔吉克斯坦、阿富汗、乌兹别克斯坦、巴基斯坦、印度、伊朗等国都有塔吉克人。其中，“高原塔吉克”主要分布在我国新疆最西端的塔什库尔干地区，以及阿富汗的瓦罕走廊、巴基斯坦的吉尔吉特和塔吉克斯坦的戈尔诺巴达赫尚自治州。在研究跨境民族服饰传播时，需在“跨境民族文化圈”语境中去解析其生活审美的连续性，以及那些自觉定型并被频繁使用的衣饰传统。以塔吉克族服饰图案为例，通过考证其几何抽象图式的起源，可以获得古代多地交流往来的历史信息。

考察塔吉克图纹形象的符号指向，不能忽视它的“美学精神”问题。“美学精神”有雅俗之分，那些模拟自然、超写实和追求高仿真的刺绣技巧，即使技艺高到令人惊叹，也是世俗的。相反，曾具有神秘图腾性质的塔吉克美术纹样，那些刺目而粗犷的线条，缺乏柔媚形姿，不具任何炫技性，尽管具体含义已不可知，但从其形象本身，人们仍能直观地感受到饱满壮阔的艺术风貌和孩童般天真自在的审美意识。

李泽厚站在美学立场对“几何纹样模拟树叶、水波”的肤浅勾连提出过批评，他清晰地表明了出几何抽象审美的本质[①]，这启发我们在探讨塔吉克族审美趣味时应该从形式中关注什么的问题。凡涉及东传而来的几何纹样和抽象线条时，“翼纹”和“盘纹”符号也可当作中亚游牧部落里广泛存在的一种艺术形式来理解。关于“翼纹”和“盘纹”的起源众说纷纭，包括埃及、黑海沿岸、

① 在后世看来似乎只是“美观”“装饰”而并无具体含义和内容的抽象几何纹样，其实在当年却是有着非常重要的内容和含义，即具有严重的原始巫术礼仪的图腾含义的。似乎是“纯”形式的几何纹样，带给人们的感受却远不止均衡对称的形式快感，而具有复杂的观念、想象的意义在内。

西伯利亚、美索不达米亚以及波斯地区。然而近年的考古发现表明，“翼纹”和“盘纹”装饰可能存在多个不同的起源。

其实，远古纹饰天地里占据主要位置的并非动植物纹，而是抽象的几何纹。塔吉克纹饰的演化是一个含混多义的溯源问题，尽管我们对它们的特定观念和形式元素尚需进一步深入了解，但这些抽象的几何纹饰不是单纯的视觉感官形式，而具有哲学和精神上的含义，已有充分的支撑依据。

凡涉及东传而来的几何纹样和抽象线条时，“翼纹”和“盘纹”符号也可当作中亚游牧部落里广泛存在的一种艺术形式来理解。关于“翼纹”和“盘纹”的起源众说纷纭，包括埃及、黑海沿岸、西伯利亚、美索不达米亚以及波斯地区起源说。然而近年的考古发现表明，“翼纹”和“盘纹”装饰可能存在多个不同的起源。

有很多线索说明塔吉克艺术上最著名的几何纹样——像雪花冰针的“翼纹”和像太阳花的“盘纹”是由拜火教的法拉瓦哈（Faravahar）——有着人类上半身的“有翼圆盘”符号演变来的。史料中已知最早的“翼纹”和“盘纹”记载始于古埃及。展翅的鹰和太阳盘作为共同体出现在图坦卡门法老的图样中，它是以神圣王权或神对君主赐福的标志而存在的。美索不达米亚地区的“有翼圆盘”形可能是由埃及的图案演化而来的。在亚述艺术的雕刻和印石上，“有翼圆盘”不单是装饰艺术，也是神性及其对国王和万民神圣庇佑的一种表现。那个时代的亚述与波斯、希腊都发生着接触，写实的形象逐步发展到符号化。一个明显的规律即鹰的腿部形状越发简单，“抽象为了圆盘两侧波浪形的绶带，其尾端是爪子或者卷轴”[38]，最后只保留翼纹和盘纹，整体趋向图案化。

自埃及到叙利亚然后又到亚述，“有翼圆盘”图样经过了一千多年的发展，到波斯的阿契美尼德王朝时期即已开始程式化。伊朗比斯顿阿契美尼德诸王陵墓所出皆为表现法拉瓦哈“有翼圆盘”的雕刻石披露了这一史迹，且与亚述的形式一致。伊朗所出表现法拉瓦哈的图样并非仅此而已，在阿契美尼德王朝的中心波斯波利斯，法拉瓦哈图式走向登峰造极，其国王形象、圆盘、绶带和羽翼这一完整形式与拜火教的象征符号完全相同。换句话说，拜火教直接采用了波斯波利斯的“有翼圆盘”图样作为其信仰的标记。

拜火教的传播主要可分成两个方向：向西传至黑海沿岸，当地早期的“基里姆”织纹有许多关于爪、翼、角和圆的形式，当是“有翼圆盘”类型的几何纹的继续发展。据古代文献记载，13世纪的塞尔柱人在生活中早已掌握了这类纹样的造型能力和工艺方式，并称其是“古代游牧民族用来庇佑家人和财产、躲避灾祸与疾病的护身符号”[38]。可见这些抽象纹样同欧亚草原西端的游牧部落是有联系的。

而中亚大草原上生活的粟特人，在一路东行经商的过程中，为我国西部地区的帕米尔高原带来了拜火教及其信仰中的标记符号。塔吉克人头戴的圆形平顶帽上装饰有翼纹和盘纹，也反映了拜火教的一些独有特征。这些艺术图形虽然与最初拜火教的形制略有不同，仍被史学家视为因袭相承的脉络关系。在伊斯兰文化入主中亚和帕米尔之后，有翼的形式感从游牧艺术中消失了，但翼纹和盘纹并未真正淡出历史舞台，而是以越来越简单的形状藏匿在抽象化、符号化的图式之下，戏剧性地成了新一轮宗教的符号。今天翼纹和盘纹这一对图饰母题在塔吉克族内部仍旧延续着，且变化越发复杂。随着岁月的流逝，纹样之间不同方向的压叠和变形，使得原有的社会象征杳无踪影，逐渐趋于纯粹而一般化。

帕西族阿维斯陀语学者塔拉波瓦拉在1928年提出“‘法拉瓦哈的有翼圆盘’并非拜火教的真神形象，而是光轮或皇家之荣耀”的新观点，强调“翼纹”和“盘纹”的审美性质不是来自宗教，而是琐罗亚斯德教帝国的象征。他的观点给塔吉克几何纹饰的发源提供了理论依据（图3-36）。

图3-36　左至右：拜火教的法拉瓦哈是“有翼圆盘”符号；塔吉克族“库勒塔”太阳与翼纹图式；20世纪80年代的塔吉克女装，上绣圆盘与翼纹；库勒塔“有翼圆盘”符号

我们对塔吉克纹样的美学意识为什么要提出观念性与视觉美两不偏废的建议？因为只有把那些看似单纯的几何形式建立在过去神圣和想象的含义基础之上，才会让人领略到来自塔吉克人生活真相中的奔放与自由，才可以从强烈不乏刚毅的色彩与跃动不失严谨的线条中感受到塔吉克人的生命旋律和独立性格。在笼统的观念和抽象的形式之间，“内容融于形式论”无疑有助于解释塔吉克人的审美感情来源。

我国在最近一百年里每个时代都在经历着显著的文化变迁，包括地理的迁徙、体制的改变、与其他民族的接触、全球化入侵、现代消费观普及等。在游牧行为消失于现代文明的过程中，塔吉克人的古老审美观念事实上也不存在了。例如不久前我们在采访塔吉克族90后刺绣姑娘达娜时，她认为："早期绣花的几何纹样源于高原放牧的场景。我们的奶奶辈一边放牧，一边绣花。她们抬头看到太阳和老鹰，就绣成圆形和锯齿形的翅膀；看到远处的羊群，就绣出涡旋纹；低头看到草原的花草，就绣点花瓣形和叶子形。这就是我们塔吉克族的图案大世界。"这种看法自有其民间智慧，但也将整个几何图式体系简单化了。

几何纹样不仅仅是衣饰日用的图案，还是民族所珍爱的生活理想。塔吉克文化部门对外宣传介绍塔吉克人的生活时，重点阐述的就是这种艺术化的、由纹饰积淀的原始社会情感。但是在今天，这种社会情感连塔吉克人自己都感到很陌生了。

和全世界各小众民族一样，抽象几何纹样的审美趣味曾经有各自特异的一面，如今却被各类主流观点表述得很扁平、很雷同、很世俗。因此，在传承塔吉克民族艺术的同时，重新解读其装饰背后支撑着的审美理想有更深远的意义。

三、丝绸上的变迁

弗雷德里克·巴斯（Fredrik Barth）在讨论文化差异下的族群与边界社会组织时曾说："游牧人群在族群认同上有分歧性、多样性，在其族称、语言与认同上也有变异性。"丝绸之路文化交流显然是异常复杂的现象，西域服饰的美学思想也在因时变易，它在这个复杂的传播过程中和不同文化、不同宗教交互影响、融汇，已被整合成有机而和谐的整体，生发出新的式样特征，产生新的审美功能。

"在航海时代到来之前，游牧民族担当了比别人更多的人类文化传播者的使命。"单就服饰显示特定时代和社会特征的效用来说，它是传播和信仰的内容，而不是单纯审美的对象。下面粗分为早期游牧圈、印度—希腊化佛教风、多元宗教融合、近现代迁徙四个时期和类型来谈。

（一）早期游牧圈的审美理想

因年代久远，无论称其为塞人、粟特人还是朅盘陀人，西域民族的源流始终处于我们的想象之中。它最远曾被划入东欧草原的印欧系游牧圈，公元前 8 世纪前后，这个庞大的族群活跃在欧亚草原上，汉代以前，黄河流域的北方与西方，几乎都是源于欧洲的印欧语系游牧民族的生活与迁徙空间。[39]公元元年前后，印欧语系的游牧部族与蒙古高原上兴起的匈奴部族展开欧亚游牧势力的反复角逐，这场旷日持久的较量改变了整个中亚游牧民族的布局。印欧语系的游牧者塞人落败，被驱逐出蒙古高原与天山南北，进入中亚地区；其中一支塞人退到帕米尔高原塔什库尔干河谷时，驱走了这里的游牧行国“蒲犁”的氐羌系民族，隐藏在这高原深处长驻下来，不再迁徙。[39]28由于受到群山庇护，高原牧民保留了比较纯正的古代塞人的文化风尚，衣饰趣味始终没有太多越出早期游牧文化的审美范围。在服饰上，他们仍然没有离开直线裁剪与体型形结构合理靠拢的基本线索，装饰表达的也仍然是现实世界的写实意绪。

游牧者的艺术观念和审美理想是一种“形式与审美都高度发达，两者会合后取得高度调和”的状态，这一点与重功能、轻装饰的现代主义审美和重装饰、轻功能的古典主义审美都不一样。这个既异常注重功能又强烈表达形式的过程，对游牧圈审美意识的形成是一个非常关键的问题，下面是一些考古学家对早期游牧装饰文化的事实描述：

法国学者格鲁塞在《草原帝国》中论述说，这是一种表现高度张力与戏剧性的艺术画面，生动夸张的动物图案纹饰，主要被应用于固定在斯基泰人剑鞘、弓囊以及马具与服装的金箔与黄金饰牌之上。[40]（《斯基泰人：草原之路的开辟者》）

（20世纪）80年代山普拉塞人墓地出土了大量动物和植物纹毛织品残片，如驼纹、鹿纹、植物变形纹和山形纹图案的毛织物，它们表现了浓郁的北方草原文化气息。山普拉墓地所出青地鹿纹毛织物既见于外蒙古诺颜乌拉匈奴墓，又见于新疆且末扎洪鲁克古墓。这三个地方出土的动物纹织物显然有共同的文化渊源，即北方草原古老的斯基泰艺术。[41]（林梅村：《从考古发现看火祆教在中国的初传》）

以上可知，古代塞人极力追求惊人的繁复形式并以此表达其狂热的情感和信念。与这种写实兽纹的装饰主题相反，功能性强、裁剪技术高的服装造型在帕米尔地区也早已出现。早期游牧圈可谓是创制“窄衣文化”的始作俑者，那合体的前开式长袖上衣与长裤的组合，与今天人们的冬季装束都有许多共通之处。从大英博物馆提供的斯基泰服装样式看，裁剪上明显具有依据人体结构形成裁片并对应缝合的制作技术，有较高的形体意识，通过束腰、翻领和翻袖、窄细的袖筒和裤管加强了对身体的包裹力，并塑造了不同于定居国家宽衣文化的形体美。这样看来，窄衣形制在中亚和帕米尔广泛传播流行，并成为驻扎在此的西域先民的独特衣着样式，是在逐鹿草原的频繁移动时代。

（二）印度—希腊化的犍陀罗艺术思想

我们从犍陀罗造像上来探索印度—希腊风衣饰传播至帕米尔的可能性，是有意的尝试。公元前4世纪，马其顿王亚历山大把目光转向了东方，他东征至帕米尔高原西部时，大军跨越了兴都库什山，亚历山大被富庶的印度河流域吸引，甚至已经进入了印度河上游地区，最终人马厌战，止步于此。[39]29他远征到印度，不仅将当时的希腊文化、生活方式和风俗传输到这里，也促成希腊古典艺术和发端于本地的佛教出现视觉文化上的互动，这种艺术风格的演变在犍陀罗地区确立而成熟，形成了一种“印度—希腊风”的美的典型。

亚历山大没有跨越帕米尔高原，但曾有一个穿越丝绸之路到达洛阳的马其顿商人带回一些关于东方的信息，这些宝贵的消息被古罗马地理学家托勒密写入其巨著《地理学》，其中记载了从石塔到赛里斯（东汉时期的中国）的都城Sera（洛阳）的路程，这个“石塔”，就是帕米尔高原上、塔什库尔干河谷中最古老的城址“石头城”。[39]29因此，照理推断，犍陀罗艺术应当在那段时间渗进了西域，获得了与当地文化直接交流和融合的机会。事实证明，印度元素和希腊风格合流的犍陀罗艺术在今天新疆地区的遗留颇多，如“做礼拜时手拿的念珠，墓室雕刻着花草、动物、人物形象的浮雕，其印度传统图像特征十分明显”，“帕米尔地区出土文物的图案多以线条为主，与希腊神庙以线条为美的审美观念似有联系”。

进一步来看，西域服饰所表现的外形生硬却异常跃动的独特样式，与希腊爱琴文明和荷马古风时代的服饰特征有某种天然的联系，若论其关系，恐怕应当视其为具有希腊化的特征。我们今天从新疆各民族那复杂多样的衣饰轮廓中，仍能依稀可辨带有强悍民族性格和特有合理性的希腊早期服饰气度：克里特的流苏围裙、数层较宽的边饰、圆形宽檐帽式的王冠、利比亚风格的长裙、迈锡尼的丘尼克。它们清楚地渲染和烘托出“直线和分割产生出巧妙的均衡和合理性”的艺术思想，并以此构成了西域服饰的基本美学特征。

（三）伊斯兰与多元宗教的艺术融合

新疆民族信仰伊斯兰教始于10世纪，喀喇汗王朝宣布它为国教，由于文化融合，许多非突厥语的民族改用突厥语，改从突厥语族的习俗，哈萨克、维吾尔、吉尔吉斯等就是在这个突厥化过程中诞生的近代民族，[39]31宗教的统治地位不再动摇。跟长期征战和宣扬宗教的中亚“突厥化”时期相映对的，是帕米尔高原文化的稳定和未“突厥化”的信仰方式。他们虽然信奉伊斯兰教，却因为生活在群山之中，并没有被“突厥化”，仍然是印欧语族。这说明，他们在喀喇汗王朝之前就受到了更早的中亚伊斯兰教的影响。不仅如此，塔吉克人还保留了另外一个古老如化石一般的宗教——拜火教的一些习俗，比如崇尚光明与火。[39]31与此相适应，这一时期的服饰基本上属于与突厥化民族“星罗密布”相对应的“清新舒朗”风格，反映了西域先人由接受早期伊斯兰教而改造消化它，最终使其与古老宗教相伴共生的特征。

在审美领域内，从10世纪开始，西域艺术的装饰题材和风格都开始发生明显的变化，具有伊斯兰工艺特点的样式和风格被当地人所珍爱，回文装饰、外十样花装饰风格和团窠内花树的装饰很普遍，纹饰作为虔诚的宗教范本，更是这个时代的审美思想的集中表现。突厥化民族的几何艺术是从属于、服务于伊斯兰宗教的，然而未突厥化的帕米尔游牧部族并非如此。尽管同样向真主祈祷，同样对几何痴迷与描摹，但游牧后裔对几何艺术的憧憬却是当时原始思维、拜火感情、佛教精神和伊斯兰教教义的共同崇拜和理想凝聚。在欧亚大陆游牧民族的迁徙、征服过程中，不同文明中的几何图式逐渐融合、转化，成为西域地区最为独特的审美品格。

可以说，更人情味的世俗主义、更有亲切感的民间传统战胜了伊斯兰的虚幻颂歌，这是一个重要而深刻的思想意识的行程。所以，尽管同样是平整单纯的直线样式，同样是五彩缤纷的图形装饰，它们的纹样内容却并不相同，而且形式、风格也相异。如以织绣图纹为主要例证，可以明显看出，人们希求宗教信仰与人间的环境产生更进一步的联系，希望通过各种巧妙的同构、并置、透叠的方法、技巧，尽可能与自然合为一体，形成一个更为整体、开阔的生活意境。连放牧的羊群和空中的飞鹰似乎也被收进这抽象的纹饰母题中，更不用说其中常见的雪岭、冰峰、云树、江波和植物了。

西域服饰的文化面貌和审美风格，同时闪耀着希腊、罗马、波斯、印度、阿拉伯的多重色彩，我们可以从中看到多种宗教影响的印记，便不足为奇了。

（四）近现代迁徙过程中的审美补给

迁徙形成文化交流的一项重要内容，就是服饰的传播交融。明清时期政府开设蒲梨厅，目的是为加强对周边各地区的控制，实际上却起到了促进内地民族与边外民族之间联系的作用，双方贸易往来和经济文化交流更加频繁。而在靠近瓦罕走廊的狭窄河道地区，边外人群或通过互市交换日用品的经商方式，或通过直接移民的方式，一部分人移入河谷，其生活方式、风俗和服饰由此传到这里，同时有效地丰富了当地民族服饰的样式和工艺。

以塔吉克族为例，除了阿富汗的瓦罕移民传来的形、色、线、装饰、图案等衣装风俗对其服饰做了陪衬和补充，塔吉克斯坦的平原塔吉克族服饰的图形和配饰与高原塔吉克族也极吻合。现有文献对塔吉克斯坦民族和高原塔吉克族服饰关系的记载只是管中窥豹，要考察它们详细的内部分化非常困难，但保存最早的塔吉克毛线织绣大量使用红绿白线条和程式图形，与塔吉克斯坦传统图纹关系密切，具有惊人的一致性。其中一件大约三十年前制作的大型绣品中，从做工精美的小羊毛绣花，羊角、花朵、草地与马匹、环绕鹰翅图案中，都能看出鲜明的塔吉克斯坦绣花纹样的影响。

从以上四个时期和类型便可见丝路文化宗教的传播对西域服饰艺术的重要性，它不是诸因素的简单会合，而是在先后相继的文化差异中不断互动、和洽成了一种具有连贯性和一致性的独创之美。

第四章　服饰的规律性传播

日本学者小川安朗从服装演变的诱因、动态、形式、固定、归结上将服装的演变综合成二十条规律，这一理论给我们提供了较大的思考空间。本章以自我传播、组织传播、人际传播、跨文化传播、大众传播为视窗，以服饰的传播法则为研究对象，通过理论归纳，阐释服饰发展和演变的过程。

第一节　以自我传播为视窗

在孟子看来，“心之官则思”，而笛卡尔也特别强调“我思故我在”在自我认识过程中至关重要的作用，他们的理论提供了一种传播学的解释，即自我传播本质上就是关于人的自我认识。

自我传播，简单地理解即认识自己、与自己交流，从而形成自我的概念。自我的概念包括自己的思想、自己的情绪、自己的感知、自己的态度、自己的信念以及自己对行为的知觉等，这都属于自我传播所体现的知觉和感觉。个人着装习惯的形成，甚至着装风格的发展，和自我传播有着不可分割的关系，都投射出人内心的愿望、目的和动机。可以说，人内传播是服饰产生与变化的前提和基础。

传播学家将自我传播分为三个类型：自己的行为给别人造成的印象的知觉（“别人注意到我的行为”），别人对自己行为评价的知觉（“别人是这么认为我的”），直接获悉他人对自己的评价。[42]可见，虽然自我传播的主体和客体都是“我”，但换个角度看，自我传播其实是关于互动的内在化。

一、内在驱动

辩证法认为，事物发展的动力和源泉是矛盾，“外因是变化的条件，内因是变化的根据，外因通过内因而起作用”[43]，内因和外因的合作促使事物得到发展。在服装的发展和变化过程中也有外因和内因相互作用的影响。

服装主要随着社会的变化、环境的改变而表现出相应的适从，在历史上不断变迁，但引起其更迭的另一个主观因素更不可忽视，即人们内心对着装产生的诉求，这种诉求根生于人们对自我的欲求，以及性格和情感的源动力，可称之为内在驱动的规律。

尽管自然环境、社会环境、制度政策等作为外因在一定程度上可以支配服装发展的动向，但基于人类个人心理欲求的内在驱动，对于外部因素的抵抗一直存在，并且随着时间推移，这种反抗力会慢慢发展，克服外因，最终优越于外因。

首先，着装时人的内在因素，包括动机、习惯、兴趣、爱好、意愿和期望程度等，比外部信息更加敏感。所以，一些历史上的服饰常表现为放弃舒适感和实用性，更倾向于特定审美取向的实现。在内心认定的“美”的诉求面前，人们无视外在的制约要素，从而出现了某些匪夷所思的服装样式。

比如欧洲女性的内衣发展史。古希腊前期的爱琴文明阶段，出现了最早的“塑身内衣”，可见远古女性就有了对身体曲线的追求。到了中世纪，在禁欲主义的影响下，女性的身体被覆盖在宽大的长袍之内。直到文艺复兴，在人文主义的影响下，人们的思想得到解放，服装也开始冲破原有的封闭模式，激发了当时的人们对于曲线和身体美的向往，这个时期的女性开始充分展示自己身体的美，大胆暴露，并以紧身胸衣来辅助凸显身材。在此推动下，紧身胸衣被发明出来，用来勒细女性腰身，凸显性感。我们在不少艺术作品中不难发现，16世纪后半叶的欧洲女性为追求更为纤细的腰肢常身着各式各样的紧身衣，用紧身胸衣把腰越勒越细，后来甚至出现了铁制的紧身胸衣。

其时的女性还不遗余力地填充自己的袖子，使其成为灯笼形、羊腿形、葫芦形等形状，以达到夸张的变异感。这种改变自然体态、极不舒适且较不实用的服装却在文艺复兴时期风靡整个欧洲，这和文艺复兴时期人们的审美取向有不可分割的关系。人文主义刻意向中世纪的神学挑战，贴合人性的内在驱动欲求，即发扬人的感性与美的天性。这种主张被注入当时的服装中，于是文艺复兴时期服装出现了大量怪异另类的人工造型，大肆运用珍奇面料和奢华纹饰，追求宣泄式的审美格调。

洛可可紧身胸衣和裙撑更是内在驱动对服装传播的写照（图4-1）。这一时期紧身胸衣的使用到了极端地步，由于身体长期处于挤压性的束缚下，女性躯干极度变形，对内脏器官造成了不可逆转的伤害，甚至影响到了女性的寿命。同样地，裙撑在路易十五时代变得越来越大，甚至影响了女性正常生活和行走。紧身胸衣对女性身体的摧残与裙撑覆盖下的行为困难，却成了当时社会环境欣赏的“病态美”，这在同时期的文学作品中有所体现。贵族女子被刻画成一种娇滴滴、弱不禁风的形象，对柔美姿态和纤细形象的追求被倾注到蕾丝花簇堆砌的裙子上。

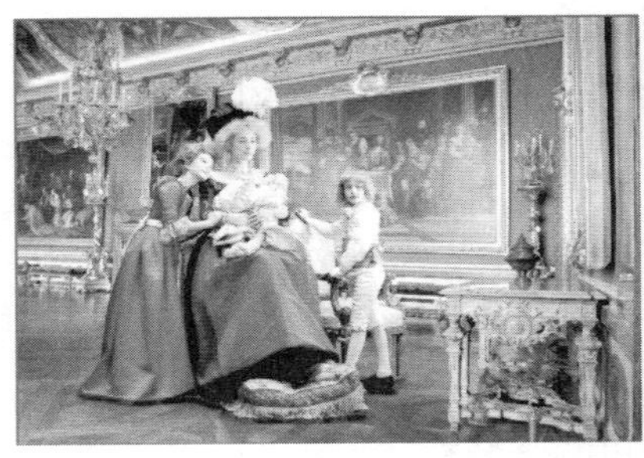

图4-1 洛可可紧身胸衣和裙撑是内在驱动的传播写照

其次，中外历史上的服饰禁令、服饰制度不能长久奏效，都是内在驱动的传播规律也就是内因占据上风的结果。

公元前215年的古罗马曾经发布过一部法令。为了节省战时开销，规定妇女不能拥有半盎司以上的黄金，并且衣着必须朴素，不能有太多色彩。不过这项禁令并没有存在太久，原因是女性集体极力反抗，要求取消这项法令。中世纪晚期的意大利也曾发布过一道道的禁奢法令。由于意大利从12世纪开始经历了多次商业革命，积累了大量财富，商业繁荣，这也为意大利带来了大量奢侈品，本国人民个人财富也有了很大增长，并且乐意使用和消费奢侈品。这种消费现象引起了立法者的注意，便发布了禁奢令来限制奢侈品消费，强调节制。这项禁令包含范围比较广泛，服饰、葬礼、婚礼、洗礼和节日庆典等都在限制范围之内。14世纪以后，立法者将禁令重点放在了昂贵复杂的着装上，尤其是女性服装时尚的限制法令数目增多，具体到了服装的材料、长度、色彩和装饰物。比如规定深红色和紫色是奢侈的颜色，仅限于行政官在庄严的场合穿着；还有关于服装的剪裁，如关于禁止妇女穿低领服装就多次发布法律，以及禁止妇女穿着领口低于锁骨的衣服，要求衣服盖住胸部和肩膀等。

但是，禁奢法令反而使被限制的时尚更流行了，人们内心追求时尚自由的服饰风格，在对禁令了解之后，妇女们通过创造新的时尚来回应法令的限制。禁令里要求服装禁止使用昂贵的毛皮制品、金银布料，但是人们并没有完全放弃对这些材料的使用，而是隐晦地将这些奢侈的原料使用在衣服的内衬里面，这样一来，服装反而多了一整面的可以精心设计的范围，甚至可以反过来穿着。像这样的例子还有很多，例如立法者指定昂贵服饰只能由贵族穿着，这反而激发了人们的虚荣心，大家都争相想要得到这种服饰。就这样，时尚禁令出乎意料地加速了服装的变化和发展。

在中国，宋代胡服的官府禁令和民间效仿的两极存在，恰是服饰遵从内在驱动规律的重要体现。宋朝时，胡人装束在中原地区甚为流行。北宋沈括曾写道："中国衣冠，自北齐以来，乃全用胡服。窄袖、绯绿短衣、长勒靴，有蹀躞带，皆胡服也。"说明北宋时期胡服在民间掀起了模仿热潮，靴鞋、战袍、小袖圆领衫、毡笠子、钓墩和番式腰带等逐渐成为宋人穿戴的日常衣物。

但君主专制的服装文化具有强烈的等级性，汉民族讲究服饰体系将君王、臣子、各类庶人百姓皆区分开来，因此衣服并不是只有保暖御寒功能，还是社会尊卑礼仪的一部分，胡服不具备这样的特征。此外，汉民族因较为悠久的华夏文明在其他民族面前难免有一种优越心理，加上宋长期以来受到北方游牧民族的军事威胁，这样的穿着对汉人的规则和权威也构成了无形的压力。

因此，宋代的统治者多次发布禁令，禁止百姓穿胡服。庆历八年宋仁宗下旨禁止汉人仿效胡人的衣着，宋徽宗于大观四年、宣和元年间又连续下令禁穿胡服，甚至警告对违反者行"以违御笔论"，可见宋朝廷对于禁止胡服的力度之大。但朝廷的禁令却并未取得太大成效，南宋时胡服仍在汉人中盛行，胡服依然因其强大的内在驱动力而突破外因的限制，在宋朝风靡。

再比如，明朝各级官员的常服按照规定"上可兼下，下不得僭上"，明《大学衍义补遗》卷九十八也有记载："我朝定制，品官各有花样。公、侯、驸马、伯，服绣麒麟白泽；文武一品至九品，皆有应服花样，文官用飞鸟，像其文采也，武官用走兽，像其猛鸷也。"但是除一般文官能遵循制度服用之外，武官在内因作用下并没有完全严格执行规定，往往"违反制度穿公侯伯及一品之服，自熊罴至海马（即五品至九品）的服装，不但穿的人极少，而制造的人也几乎断绝了”，弱化了禁令的限制程度。

除了上述事例，现代生活中，随着人们审美心理的快速变化，服装文化的快节奏更迭也越发明显，服装也不仅仅是适合于外部环境这么简单，同时更是穿着者精神状态和思想观念的观照，这些无不显示着服装发展中内在驱动的优越性。

二、强者主导

高处总要向低处行进，是自然的规律，比如瀑布、河流。服饰传播也存在着这样的规律，处于强者格局势力范围的服饰文化总是向处于劣势局面的势力范围传播。

这里的“强者”，往往指生命力强劲的势力范围，而非文化上的强者。它们在文化上相对薄弱，但却因整体势力的强盛而居主导地位，往往会推翻文明发达却内部颓废腐败的势力范围。也就是说，对服装的变革而言，内部文化势力的优劣和外部文化实力的因素有着相依相克的关系，往往，内部的文化势力的强弱比外显的文化高低更有支配服饰变化的能力。

功能性的优势可以促进服装的改革和传播。春秋战国时期，地处西北的赵国频频受到来自北方东胡、楼烦两地游牧民族的袭扰，胡人善骑射，“来如飞鸟，去如绝弦”，而当时汉人服饰上衣下裳，长袍宽袖的形制极其繁复，穿着费时，也不利于骑马射矢。公元302年，赵武灵王决定进行军事改革，其中关键的一项措施就是学习胡人戎装服制以发展骑兵，废弃上衣下裳和合裆裤的使用、车战向骑战的转变使得赵国军力大增，陆续攻破中山、林胡、楼烦等国。对于服装史而言，即使后代的主流审美依然是传统的宽袍广袖，上衣下裳的样式，但赵武灵王锐意变革的行为，成了中国服装史上的一段佳话。

由此可见，即使成熟保守的礼法看似处于优势地位，但正如赵武灵王对于保守派的反驳：“先王不同俗，何古之法？帝王不相袭，何礼之循？”外显的文化虽看似成熟，但在特定情境中其内部已经处于无用退化期了。

在特定的历史、社会环境中，符合实际需要的观念的服饰才是最具有生命力的，在乱世之中，富有功能性优势的游牧民族的轻便戎装明显更符合实际的地理和社会环境，这种具有机能性优势的服饰以及统治者对于这种优势的清醒认知和学习能力促使了那一时期服饰的传播和变革。

优势的武力可以支配处于劣势地位的武力，由优势武力所带来的服饰也随着强势一方的武力征途进入处于劣势地位的民族、国家的服装体系中，即使很多时候这种服饰的传播伴随着血雨腥风，但往往不同民族人群在日后长期的生活与交流之中会产生融合和嫁接，最终实现某些服饰形制的长期发展或者确立。这样的情况在许多地区也都发生过。

4世纪末期，西罗马因内部的奴隶起义和外患日耳曼人的入侵而灭亡。来自北欧严寒地区的日耳曼人的服饰为上下二部式结构，是一种迥异于南方极少裁剪、缠裹披挂型着装的窄小紧身，四体分别包裹，需要剪裁的样式。受日耳曼服饰的影响，在哥特时期出现了普尔波万和肖斯组合的二部式男装样式，日耳曼服饰区别于古代宽衣文化的窄衣文化影响了西方此后直到21世纪的漫长岁月，男女服装造型在此出现了性别区分，男装进入了富有机能性的二步式结构，这也是西方男装发展至今的基本样式，而女装依然保持着一体式的样式。以这两种基本的样式为基础，西方男女服饰在此后的时代更迭中展现了丰富多彩的变化和发展，出现了纷繁复杂、精彩纷呈的样式。

在我国历史上，元代和清代都是依靠武力征服了积贫积弱的汉政权，建立了蒙、满王朝。这种武力的优越性也在服饰上产生了鲜明的体现。在政权的绝对优势下，两个王朝都在汉人中极力推行自己的民族风俗和着装习惯。

在元代服饰中极有特色的辫线袄子、笠子帽、质孙服都在明代得以传承（图4–2）。元朝作为马背上打下的王朝，服饰具有明显的北方游牧民族特色，辫线袄子是当时蒙古人的戎装，它的形制上下一体，腰间辫捻做无数细绳，下摆有细密的衣褶，这种样式的最大优势就是适宜马背生活。

图4–2　元代质孙服；元代辫线袍；明代“曳撒”

（左：元代质孙服的实物照；中：邮票上绘制的元代辨线袍；右：穿“曳撒”的明代锦衣卫形象）

质孙服是元政府大力推行的一种一色服制，为皇上所赐，也是元代达官贵人身份的象征。质孙服有两种用法，一类是君王、大臣等上层人物所穿的没有细褶的腰线袍和直身放摆结构的直身袍；一类是皇帝宴请宗亲、大臣的质孙宴上为宴会服务的侍卫、仪卫、乐工所穿的辫线袍。到了明朝，这种样式得到了延续和发展。上衣与下裳相连的束腰袍裙样式是明朝的基本服制之一，上衣为交领窄袖，腰间收敛作无数襞积，下身打竖褶做裙状，称为“曳撒”，也叫“一撒”，是君臣外出骑马时常用的服饰，也是明代武官的服制。

笠子帽是元代蒙古族最常用的帽式之一，到了明代依然在使用，从身居高位的官员所戴的直檐大帽到地位卑微的侍从所戴的钹笠帽，都由这种帽式发展而来。而明朝时兴的帽顶类似于瓦楞的瓦楞帽、尖圆有顶的毡笠和用皮缝成瓜皮帽形的鞑帽，都是来自游牧民族的传统帽式。可见，强势武力使蒙古族建立了中国历史上第一个少数民族王朝，在与汉人近百年的互通中，处于优势地位的政权促使服饰发生了急剧的变革，其服饰取代了汉文化根深蒂固的上衣下裳，且一直影响到后世。

强势的文化和社会风貌也推进着服饰的传播。唐代盛世，文化登峰造极，风气开放自由，是中外交流的高峰。日本先后派人来华学习，服饰方面最具代表性的就是唐服对和服的影响。奈良时期的日本女服款式就与唐女服很相似：窄袖襦衫、长裙、半臂、披帛，这从“日本光明皇后”画像中得以体现。平安时代，和服的颜色丰富，衣袖逐渐宽大，有晚唐女装之风。质地精美的纺织物也传入日本，极大地开创了和服用料的染织工艺，如纱、绸、锦的纺织技术和夹缬、绞缬、色织等工艺处理，这些技艺在日本传承至今。

优势的文化和社会风貌会作为一个民族、国家强大的内部文化优势，必然会吸引无数外来人群学习和仿效。以个体而言，当一个人沉浸于某种文化氛围和生活环境之中，他的衣食住行、言谈举止必然会主动或被动地受到那个文化氛围的影响。而在近代中国，随着中国的先进知识分子不断地学习、吸取西方先进的器物、制度、思想，西式服饰也作为一种潮流，由诸多有过西方生活、学习经历的人引进和推广，在漫长的一段时间内，中国人的服装风尚进入了多元化的复杂时期。有人西装革履，有人长袍马褂，也有人中西服混穿；新式的短裙、连衣裙、翻领大衣等大大丰富了女装的样式，旗袍也吸取了西洋服装的裁剪方法，在传统式样和工艺的基础上演变出更加合体、更能彰显女子身段和气质的新式样。这些服饰的变化和发展也对现代中国人的服装有着深远的影响。

可见，服饰的传播总是趋于向强势事物的方向发展的能力，事物的内部优势总是比外显的文化高低更有影响力和驱动力。优势的文化、武力、宗教，符合实际环境和功能的优势的观念、思潮总是支配劣势的文化、武力、宗教以及落后的观念和思想，这种支配关系和规律也清晰而深刻地体现在了服装的传播与发展过程之中。

三、性别建构

为何关注性别？性别是人类的基本区分，在服饰发展过程中，我们注意到性别建构是服饰传播的基本规律。它包含三种情况：

第一，男女服装体现出两相对立的性别建构，特别是和平富裕年代或者古典社会上层贵族的着装，服装显示出明显的性别对立，如维多利亚时期的男装"夫罗克·科特"（Frock Coat）与女装"新洛可可样式"。

第二，男女服装没有体现出性别差异，二者看上去很相似，是无性别意识的建构，如拜占庭男女通用的达尔玛提卡（Dalmatae）。战乱贫穷时代或下层劳动阶层的着装，性别特征也不明显。

第三，服装上不时出现性别转化的现象，如1880年模仿男子服装的女服泰拉多套装（Tailerd Suit）消融了服饰作为两性性别区识的原有模式。否定性别差成为女装开始现代化的一种表现。

男女服装有一种外在的象征做支撑，这个象征就是来自社会文化的另一层面——性别意识。哲学家西蒙·波伏娃曾说："男人和女人是站在人类同等的地位上，他们之间应有完整的相互性。人类用服装作为性别符号标志自己的性别，正是反映了人类心灵世界中两性心理需要互补的天性。"[44]可见，性别与服饰原本相连。

性别差在西方服装史上扮演着重要角色。衣着上的性别差异可以展开为两条线索：一是通过外形区分，二是通过装饰区分。

19世纪之前主要通过外形区别男女装。在克里特岛发掘出的一尊持蛇女神塑像，穿着紧身上衣和钟形长裙强调细腰丰臀，裸露的丰满双乳强调了女性性征，该塑像说明远在公元前1600年，克里特人的服装性差已非常显著。虽然此后的古希腊、古罗马直至中世纪前期，服装的性别界限势头减弱，男女装外形基本相似，但两性的服饰品种与名称逐渐分离，甚至被对立。例如服装史上记载的："罗马的托加是男性的外衣，而女性的外衣只有帕拉。"[11]114中世纪末期开始，北方日耳曼人那种合体的窄衣在整个欧洲得到发展，服装外形日渐体现出性别色彩。哥特式时代以来，尤其是到文艺复兴时期，"更是十分'露骨'地'强化'男女两性在体形上的性别特征"，与男子擅长表现第一性征的紧身袜和短裤相反，女装用足够长的拖曳裙裾藏着双腿，依靠绷直的紧身胸衣和横向扩张的裙撑（或臀垫）补助女性的身形，以强调第二性征。一些著名的人物，如16世纪英国的伊丽莎白女王、法国的亨利二世的王妃卡特琳娜等，她们的着装中包含了相当多的性别差隐喻。这种以性别特征为表现主题的服装外形，高频率地出现在此后300多年的女性身上。

不过，仍有学者表明19世纪之前"男性和女性的着装非常相似"，原因是在装饰方面，"男人与女人没什么两样，他们都穿着显示其高贵身份的华丽衣裳，这些衣服色彩华丽，织工精美，他们都使用化妆品、假发和香水……时髦的衣服变得如此惊人与荒谬，以至于人们从远处根本无法分辨对方是男是女"[30]195。

到了19世纪，男女装的性别差异得到了最大化的体现（图4–3）。以工业革命时期变革明显的男装为例："那时男性服装的装饰骤然减少，服装心理学家弗留格尔将此称之为'男性的大否定'。"[31]136一个重要的原因是，凡勃伦和罗伯茨认为的"衣着传达了着装者社会和经济地位的信息"。换句话说，社会的转变对男子着装的影响远大于女性，这是"历史上两性社会地位的差异造成社会参与意识的差异而产生的后果"。工业革命时期男子外出工作，妇女守护家庭；一个在公开的场合，一个在私密的环境；男子着装必然与社会关系密切，男装抛弃一切奢侈华丽，以无装饰的样式快速走向现代化，女子衣着则不受外

图4–3　18世纪性别差在西方服饰文化中扮演着重要角色

界影响，继续以缓慢的变化和稳定的装饰形态象征女性的从属角色。以至于最受尊敬的贵族女子往往在服饰上的性别差最为明显（装饰最繁丽）。

可见，服装中的性别差异，不仅由两性不同的心理造成，还与社会和经济地位有关。在工业化气氛的刺激下，女装进入公共空间后，从现代男装获得启发，服饰转换成以实用为主题。安妮•霍兰德说："在1920年到1930年间，普通妇女的服装向要求和男人取得性别平等的方向彻底变革。一般说来，这并不意味着性别方面相似或完全相同；但是妇女流行服装中确实产生了一个特点——男子式的外表。"[44]102她们的着装既有男装那朴素的材质，暗淡的色彩，无装饰的风格，更重要的是，还体现为现代化浪潮下性别差的排除。

中国传统中对性意识的表达十分含蓄。当代几位学者如孙嘉禅、王璐认为，"人们常常以'比象'的方式将自然物用作人的性别的象征，如鱼、蛙、花为女性象征，鸟、蛇、龙为男性象征。色彩上，王安石诗云'红裙争看绿衣郎'，红色为女性色彩，绿色为男性色彩。"[31]96这是长时间的两性观念积淀下来的性别符号。

首先，传统服装源出于儒学和社会规约的思想。据载，《礼记》中有"男女不通衣服"之说，自此男女性别差的建构得到推广。后汉时确立封建社会的两性服装：上下连属的袍服属于一截穿衣，代表男性；衣衫与裙子属于两截穿衣，象征女性。它所确立的"男袍女裙"合乎儒家塑造人格的传统，为避免"男女无辨则乱升"，仅用"袍""裙"便可区分性别，目的是保证儒家思想与行为相统一。它的出发点是两性的人格偏差。

其次，中国传统文化强调服装须是"衣者隐也，裳者障也"[45]，主张"藏而不露"，它的审美与它的藏形论调是结合在一起的。例如民国时期上海的改良旗袍受西方影响，在效仿西化的躯体表现之时，仍不忘对身体进行相对的掩饰和含蓄表达，两侧开衩提升，双腿走动时随衣摆若隐若现，手臂袒露一截也似隐似显，这种"犹抱琵琶半遮面"的形式，才是更具魅力的中国式性感美学。正是因为这种独特的性感魅力，旗袍被西方人称为最性感的服装。

中外历史上也有过男女服装相互转换的现象。裙子最早是男性的服装，比如古埃及的百褶围裙loin cloth、今天苏格兰男子的羊毛裙习俗，都说明男性先于女性穿着半截裙。现在女性的长筒袜也曾是男性专用品，早在中世纪欧洲男子开始二部式着装时就一直穿紧身长筒袜，直到19世纪工业革命以后男装才结束了长筒袜的历史；相比之下，女性长筒袜的使用时间很短，是从“一战”后才开始的（图4-4）。

图4-4 裙子和长筒袜最早都是男性服饰

幞头袍衫本是唐朝男子的主要装束，至天宝年间，社会风气开放，贵妇穿男袍成风尚。唐开元年间《新唐书·舆服志》称：“中宗后宫人胡帽，海内效之，衣丈夫衣而靴。”先是宫中的宫女这样穿，后来传入民间，普通妇女也都喜爱穿男装，女着男装是当时的一种时尚，也是唐代社会开放的表现。民国以来上海都市时尚女郎敢于以男服打扮，恰逢此时正面临女子争取平权的运动，着装上仿效男子的方式，则在不自觉中介入到了中国都市女性的女权运动之中，演出了一场性别革命。女装上的性别功能指向社会功能的整体，出于20世纪初期社会大变革的需要，在废除旧有的一切落伍观念同时，自然要主动地去打破旧有的性别倾斜。

中性化服装的流行开始于20世纪60年代，年轻一代在着装上向传统服饰禁忌挑战，70年代随着机车皮夹克的流行，粗野的风格被注入时装中。以铆钉、链条、紧身橡胶、撕裂等元素打造的反体制时装，不分性别，更是属于单性化的着装。成名于该年代的法国设计师让·保罗·高提耶（Jean Paul Gaultier）的设计标签即无性别时装，他的高级女装常常以中性的睡衣袍和休闲服为基础作廓型，是反传统和反体制的代表（图4-5）。

当服饰的实用性和效率性优先时，两性的服装会比较接近或完全一致，服装的形态与样式也趋于一致。例如我国中小学生的校服其实是一种便于运动的无性别化的服装。还有注重效率的运动服和机能性极强的宇宙服、潜水服，同样属于无性别差的服装。

图4–5 朋克反体制时装；中国歌手李宇春着Gaultier时装

第二节 以组织传播为视窗

组织传播是现代社会传播的代名词，因为现代社会是一个组织化的社会，我们身处若干组织中，没有人能够以无组织的方式在现实社会中存在。组织传播的概念较早出现在美国传播学者埃弗里特·罗杰斯的理论中，他说："没有传播就不会有组织。"[1]252组织的本质即通过传播是建立起组织之间的关系并对其持续地维护。

组织传播是从社会系统角度提出的传播词汇，作为微观的社会系统，组织内部必然存在大量的信息需要传播。组织有着高度的目标具体化和结构形式化，是一个典型的群体思维，由此，组织的运行仰仗一个合作的体系，而合作的关键就是在组织内进行有序的信息传播。

组织传播依照信息流向及特性可分为以下三类传播途径：下行传播是来自组织领导层的信息向基层流动的传播。上行传播是来自下层或基层的信息向上层流动的传播。平行传播是组织内同一层次职能部门之间的信息传播。[42]85其中，下行传播具有很强的单向性和权威性，而平行传播具有较强的开放性和反馈性。

服饰的历史变迁是组织传播的外在表现，这种传播不是一蹴而就的，它需要经过长期的浸润，潜移默化地发生改变。当它内化到人们日常的衣生活中时，服饰变得更具适应性和时代性，最后得到社会的整体认可，形成时代风格。

一、渐式进化

关于服饰的发展，有两种截然相反的模式，一种是渐变式进化，一种是突变式进化。突变式进化也需要一定程度的量的积累，才能实现服饰的飞跃性变革。而渐变式进化的服饰与人们的心理变化规律相符合，因为人们的身体（生理）与审美观念（心理）也需要“循序渐进”地习惯这些变化中的服饰。因此，服装史上有这样一种传播现象：短时间里的服饰看似静止、稳定地发展，但它始终是以一种逐渐的、不显著的变化在发展，经过较长时间的累积，这种变化就表现出为服饰的演变。

比如，两截穿的上衣下裳是中国最古老的服装形制，在历史发展中表现得很稳定，但每个朝代都会融入自己的时代特征。明、清时期传下来的大襟右衽宽肥袄裙女装，一直延续到民国，所呈现的状态有显著的差异。民国元年（1912年）7月，参议院颁布的女礼服是上衣下裳的袄裙样式，“上衣长与膝齐，有领、对襟式，左右及后下端开衩，周身加锦绣。下着裙子，前后中幅（即裙门，也称马面）平；左右打裥，上缘两端用带”。这种穿戴和明代妇女的右衽对襟立领褙子就大不相同。此现象可称为服饰传播中的“渐式进化”的规律。

之前论述过的旗袍，从一开始作为民族长袍的形式，逐渐到今日的时装旗袍，能够看出这一服饰发生的巨大变化。清初旗袍合体，在发展过程中逐渐剪裁宽松，刺绣增多，但每一次的改变都不大。到民国初期形成简洁的袍服，即香港的“长衫”。从风格演变上来说，人们逐渐变化的一种从简的心理，造就了宽松的缩短袖子的民国旗袍。旗袍发展到鼎盛期，出现了前凸后翘、彰显曲线的旗袍，而这又是在长期的思想渐变中形成的。这都是步步累加，从渐变、量变到质变的传播过程。

在西方，以文艺复兴为界，分为中世纪及其以前的“渐式进化”传播和文艺复兴以来的“渐式进化”传播。前一个阶段中，古希腊服饰在600年时间里保持着缠裹一大块布的着装状态，虽然服装有许多名称，但都是不加缝制、披挂在身上形成悬垂衣褶效果的形式。罗马人的服装在一千多年内也没有显著的变化，以非常单纯的丘尼卡和斯托拉为主。拜占庭服饰把东方特征的绚丽豪华的表面装饰沿用了上千年，以遮掩与包藏身体为宗旨的长袍和斗篷是其基本样式，还有中世纪里的罗马式文化和哥特文化，追求外形的僵硬和包裹的严密，宽衣——斗篷的宽衣基形和丘尼克——长裤的窄衣基形竞相持续了500年。从一个侧面体现了欧洲古代服饰“渐式进化”的面貌。

后一个阶段，是西方从近世纪到近代再到现代，服装加快变化频率的阶段。近世纪每100年便会发生一次服装的剧烈变化。以男装为例，文艺复兴时期兴起的普尔波万和短裤布里齐兹中大肆使用填充物，上衣向横宽发展，许多构件呈圆鼓鼓的造型，连表现性别特征的科多佩斯也很膨大，男装呈现出一种花团锦簇的离体形状态。之后流行的巴洛克样式则不见了普尔波万和布里齐兹，换之以女性味道很强的贵族三件套：鸠斯特科尔、贝斯特和克尤罗特的组合，服装变得紧身合体，尤其是强化了女性倾向的收腰造型和缎带装饰，男装的变化在这个世纪超过了女装。洛可可时期，男装以柔和、省略、朴素为趋向，特别是产业革命迎来了为之一变的男装，实用的缝制技术为现代男装打下基础。以上说明，近世纪西方服饰的变化是以100年为一个周期的“渐式进化”（图4–6）。

图4–6　男装的渐式进化

（左至右：文艺复兴时期、巴洛克时期、洛可可时期、近代新古典主义时期）

但到了近代，20年间女装就会发生相当大的变化（图4–7）。频率的加快使人们来不及酝酿一种全新的样式，所以每次变化都是通过再现历史上出现过的样式进行的，“渐式进化”的时间维度进一步缩短。

首先是新古典主义样式的登场，这时服装向古罗马、古希腊的自然样式靠拢，流行爱奥尼亚式希顿和希玛纯一样的造型。穿这种女裙，要体现薄式、简练和朴素的外形，所以不再使用紧身胸衣和裙撑，改用白色细棉布制作，连衣裙的腰际线提高到胸下，领口开得很大，细长的裙形，袖型为白兰瓜似的帕夫袖。简言之，仿效古典服饰就是新古典主义样式的重要特征。

图4-7 近代女装每20年一变
（左至右：新古典主义时期、浪漫主义时期、新洛可可时期、巴斯尔时期）

这种样式到浪漫主义时期立刻被取消，浪漫主义样式是对文艺复兴时期女装样式的延续，强调自然位置的细腰和夸张的裙摆，因此必须使用紧身胸衣，极端的袖子也再次出现，向横宽方向扩张，变成了灯笼形，袖根部被极度夸张，甚至在袖内嵌入由上向下呈放射状的鲸须来控制袖形。

而到了新洛可可时期，女装放弃了对袖子的关注，转而把裙子的膨大化发展到极端，洛可可对裙撑的重用出现在新洛可可样式上。只不过新的裙撑克里诺林从洛可可时期的圆顶屋形变成金字塔形，前面较平坦，后面向外扩张得较大。袖子和裙子采用的一段段的荷叶边式层叠也是这个时代独有的。

再到巴斯尔时期，服装样式又一次出现了大变化，裙撑一下子不见了，17世纪和18世纪出现过两次的臀撑又一次流行，强调裙子的后部造型，紧身的女裙采用铁丝或鲸须做成的撑架，拖裾形式的女裙不加臀撑。

而随着新艺术运动兴起，服装的外形在19世纪发生了第五次转变。女装侧面呈S形，臀部不再是表现的重点，只用一件加长的紧身胸衣，从胸部到腹部整体塑形，胸托起，腹部压平，腰部勒细，从侧面看，挺胸，收腹，翘臀，宛如英文字母S。

进入20世纪，由于现代交通、通信、信息的发达，流行时装快速出现又快速消失，10年一变。比如50年代的“新风貌”，圆润的肩线，高挺的丰胸，束细的纤腰，撑起的宽大裙摆，搭配细跟高跟鞋，整个外形十分优雅，是一种华美雍容的女性形象。60年代这种主流审美却遭到了冲击，玛丽·昆特推出了革命性的迷你装，高级女装也跟着出现了又短又轻便的样式（图4-8）。

图4-8　20世纪50年代与60年代的女装对比

从中国的上衣下裳和连属袍服，到西方服装史上的每个阶段，我们看到了一个个微小的变化最终积累成量变的过程。如今我们所穿的衣服款式、风格多种多样，也离不开渐变传播的影响。归根结底，服饰的“渐式进化”传播体现的是人类的惯性心理，是一种跟随习惯慢慢变化的过程，这是造成服装样式千差万别、富有个性的根基。

二、幼态逆转

从字面上理解，幼态，是生物学上个体的发源期，引申为事物的原型；逆转，是两个对象在同一环境中进行相对、相反的运动。在服饰传播中，幼态逆转指两种对立的服装发源——满足生理机能的服饰和满足社会机能的服饰——二者向对方的方向发展，即向与自身发源相反的方向发展。满足生理机能的服饰必定是实用、简朴的服装，往往会向复杂化、有形式感的服饰演变；满足社会机能的服饰则更注重装饰性、标识性、仪礼性，越来越简洁和实用。下面针对这两类服饰举例说明。

（一）从简朴到复杂

满足生理机能的服饰，是在人类生活过程中为了生存或方便生活，以实用为目的出现的服饰。比如靴子，最早是人们为了抗寒并且保证自己在骑马或狩猎中不受伤而发明的，材质也就地索取，用动植物皮剪成一小块包裹着脚踝。《周礼·天官·掌皮》记载：“共其毛为毡，以待邦事。”这时的靴是用毛毡做的筒靴。到了唐代，民族开放交流增多，北方民族创制的胡地翘头靴传入内地。

金元时期这种皮靴更为多样，云头靴、花靴、鹅头靴都是那时的流行样式。单从样式上看，靴子从出现以来一直在往复杂化的方向发展。

可以看出，人们对靴子进行了各种各样的添加和赋意后，权贵富人可以得到奢华精致的靴子，而一般人则只能穿简单朴素的靴子，有些人甚至因为身份过于低贱而不能穿靴子。逐渐地，靴子也开始代表人的身份地位。明代服制对鞋式规定很严格：儒士生等准许穿靴；校尉力士在上值时准许穿靴，外出不许穿用；其他人如庶民、商贾等都不许穿靴。[46]到了清朝，皇帝所穿着的方头朝靴则装饰着黑色边纹，上面还绣着龙形花纹，不仅纹样繁复，更是身份的象征（图4-9）。满足生理机能的服饰传播由靴子可见一斑。所以这类服饰出现时候简单，但会越来越复杂，这是服饰自身发展的一种规律。

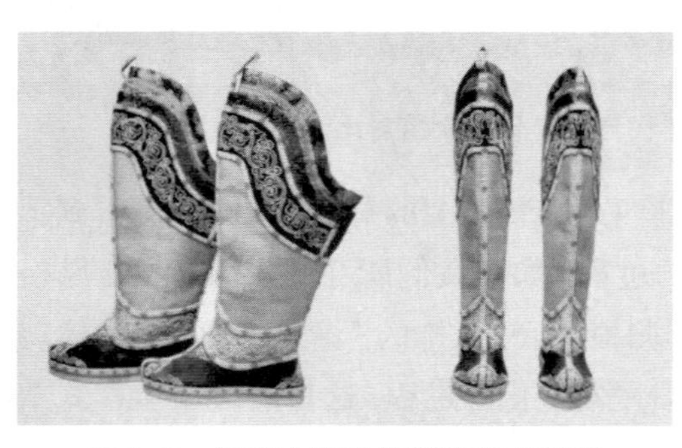

图4-9 清代康熙绣钩藤缉米珠朝靴

（二）从复杂到简洁

而另一种满足社会机能的服饰，产生之初本意是为了便于区别与标识，比如表示身份、地位、权威或显示职务，因此大多比较复杂。后来在实际使用过程中，往往会考虑到使用者自身的舒适度而进行简化改良，从而删繁就简。比如说，制服就是从一开始的复杂规定到简洁实用这样的逆转式传播。各种团体服、工作服及附属于衣服的肩章、臂章、徽章、饰带等标识物，作为制服的范畴，最初都是程式复杂的，发展至当代社会后变得越来越简洁实用。

18世纪，上流社会开始频繁出入体育比赛活动，当时流行的比赛服是一种骑士风格的华丽装扮：真丝上衣、红色短裤和长袜，银边帽檐上缀有白色羽毛和帽徽，对于现代人来说这更像是秀场上而不是运动场的装束。[47]一直到19世纪，运动都被限定为贵族的活动，包含了娱乐、旅行、度假甚至社交等动机。

后来运动渐趋进入人们的日常生活，人们在追求新潮的运动生活时，对运动服装也产生了相应的需求：富机能性的现代运动装逐渐成形。“一战”以后，好像全世界都掀起了一股比较随意和舒服的穿衣热潮——无论男女都纷纷穿上了运动装。马球运动员首次把套头式圆领针织衫外穿；紧接着，板球运动员又穿上了V字领针织运动衫。香奈儿开始在杜维尔(Deauvile)的店铺出售针织运动装，针织衣物具有更大的延伸性，穿起来更合身、简单，符合运动的要求，因而迅速流行。日本体育学家岸野雄三认为，运动服装并非为少数竞技运动选手专有，它更是为了满足人们活动时的多种爱好与趣味，这一观念在体育史上具有很重要的意义。

代表机能化趋向的是网球服的改革(图4-10)。1926年，翻领的套头针织衫首次出现在网球赛场上。法国网球冠军勒内·拉科斯特(Rene Lacoste)凭借自己的运动经验，构思了一种“网眼针织套头衫”，它的特征是翻领、短袖和颈部开口，这种运动衫以吸汗透气、强韧的伸缩性和便于剧烈运动的优势，取代了之前网球运动员那长袖衬衣并打领带的拘束外形。拉科斯特在球场上的卓越成绩，使崇拜者们痴迷地追捧和仿效他的有领套头衫。1933年，拉科斯特退出体坛之后创办成衣公司，至今仍引领运动时尚潮流的“Lacoste(鳄鱼)”品牌诞生了，有领套头衫也成为该品牌的标志。后来，美国设计师拉夫·劳伦(Ralph Lauren)采用颗粒饱满、不易变形的珠地组织制作这款套头衫，并发展成24个颜色，注册为“Polo Ralph Lauren”品牌。这款套头衫从此以Polo衫为名，普及到马球、高尔夫球、帆船等其他运动界，逐渐成为流行的休闲装，今天仍是大众休闲运动服的经典款式。

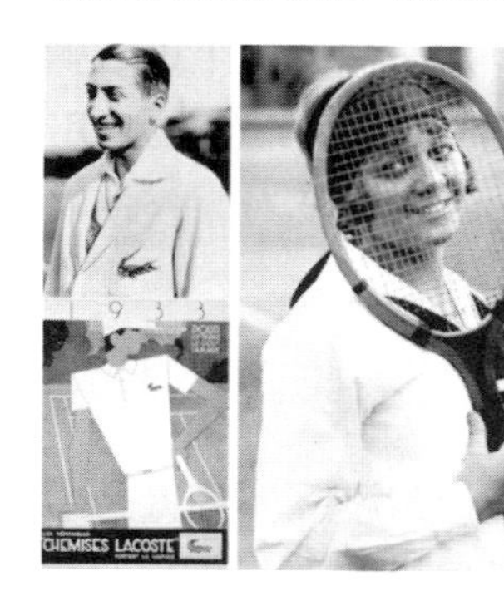

图4-10 勒内·拉科斯特发明的网眼针织套头衫很快被用于女服

女网运动装也从及地连衣裙发展到短袖短裙。20世纪的网球手苏珊·朗格朗喜欢穿超短裙。连当时的各国记者都写文章将她的胜利与大胆、自然的衣着联系在一起，更有人认为这种简洁轻巧的服饰比起当时对手钱伯斯穿的高领、及地的长裙，更便于流畅地挥拍和快速跑动，为苏珊赢得了冠军头衔。后来人们选择运动服时更加注重的是舒适度和效率感，花哨的设计在运动服上越来越少见。由此可见，复杂烦琐的衣服会被更加实用、机能化的款式所代替。

中西方服装在现代化进程中都经历了从繁到简的过程。在西方，朴素的女装只作为劳动妇女的形象零星点缀在贵族化的服饰史中，而它们作为服装的实用性的优点却被遮蔽，西方的古典女装是装饰繁复的重装。近代工业革命的兴起，使人们逐步改变了对服装的看法，服装的简化与这个大的背景密不可分。在现代性理论和女性主义浪潮下，身体获得了自己应有的地位，服装的地位相对退后，要表现身体，衣服就必须简化，来反衬身体的美。这一点在“一战”以后变得更加明显。20世纪初的保罗·波烈等人打着“解放身体”的旗号，以香奈儿为代表的现代女装设计师也有意回避古典式的烦琐题材，大胆反映现代女装的简化主题。服装的线条和装饰都极简单，贴身衣服也几乎不见了，内衣由过去的坚挺而庄重变为轻且薄，多层衬裙已消失，裙身也由原来的庞大变为小巧，连袜子都近乎无形。现代女装的简化特征逐一被呈现，这一做法相当具有革命性。

中国女装的简化与妇女运动有关，妇女运动又与多舛的国运紧密相关。应对五四“提倡国货”的口号，服装上强调返璞归真，节俭救国。以《妇女杂志》为代表的女界主张“在着装上以简朴、卫生、美观为上”，提倡素净的知识女性形象。新女性最反感“粉黛矫饰”，失去天然素质。隋灵璧说：“洋布洋袜虽较细致美观，女同学是爱美的，但为了爱国，同学们都自动脱去身上的洋布衣服和洋袜，换上了土布衣袜。”[48]这些关涉服装如何俭朴的观点与西方“简易实用的服装形态”是相吻合的。因此20世纪之初，中国和西方一样都反对繁复琐碎和骄矜气，都在服装上主张由繁转简，以有“人的真实本色”。

（三）波浪式演进

幼态逆转虽然是服饰机能朝相反方向的传播，但很多情况下，不见得是单一地从简单到繁复，或者从繁复到简单，而是结合时代发展背景，“呈连续的上下波浪形的发展态势，也就是经过了从简单到繁复，还会从繁复再到简单的波浪式发展”[2]196，这也是服装常见的发展规律。

以蒙古族服饰为例，千百年来，蒙古族过着“逐水草而迁徙”的游牧生活，被誉为“草原骄子”。北方草原在影响了蒙古人民粗犷、豪爽性格的同时，也造就了蒙古族实用、大方的服饰，长袍、腰带和靴子是蒙古族服饰的主要部分。在各部族文化相融的过程中，以宽松、肥大的长袍为特点的服饰被人们所接受，这种服饰具有“昼为常服、夜则为寝衣”的特点。紧系的腰带，既可以在骑马时有效保护腰和内脏不受伤害，又可使袍服前襟形成衣兜，盛装随身物品。[49]可见蒙古服饰最初是因生活习惯而产生的民族特色服饰。

随着民族部落的崛起，蒙古族服饰逐渐复杂，各部落之间服饰区别极大，主要表现在妇女的华丽头饰上（图4-11），出现了科尔沁部落的簪钗组合式、巴尔虎部落的盘羊角式、和硕特部落的双珠发套式等复杂华丽的头饰，而鄂尔多斯部落的妇女头饰最为华丽，两侧的大发棒和穿有玛瑙、翡翠等宝石的链坠，使鄂尔多斯头饰成为蒙古各部中的佼佼者。

图4-11　蒙古族服饰的幼态逆转

随着全球化的浪潮涌入草原大地，蒙古族青年一代的审美观念也发生了改变，象征工业时代审美观的简约线条、紧身立体的造型以及挺拔的棱角感，悄悄转变为他们服饰审美的全新趣尚[50]，蒙古族又开始将繁重的服饰简单化。可见，服饰发展离不开大的时代背景的影响，经历着从简单到复杂，从复杂又到简单这种波浪式的变化。

三、物极必反

早在先秦时期，《吕氏春秋·博志》便有“全则必缺，极则必反”之说，《鹖冠子·环流》中也有“物极则反，命曰环流”的规律描述。到了北宋，程颐进一步提出“物极必反，事极必变”的哲学思辨性论述，即事物运动达到极致，便会向反面发展，所以万物都会呈现盛极必衰、动极必静的规律。这个规律在服饰传播领域中同样存在。

物极则反是指在服饰流行过程中出现的极端现象，因为服饰总会在一些特色上发挥到极致，比如裙撑出现后，一路向膨大化的特色发展，当到达极致时裙撑最宽达到了4米，出门都要横着走，出现了不经济、不环保、不便捷的现象，甚至束缚人的生活，导致低效率、不健康、不卫生、不自由。服饰的这种特色一旦形成弊端，超大裙撑会发生回转，朝着最初无裙撑的衬裙样式去复归。

如果长是特色，服饰就会越来越长；同样的道理，当紧身胸衣的紧成为特色，服饰就会越来越勒，甚至朝着完全想象不到的一种状态发展，即扭曲了骨骼和内脏，造成身体的不健康，直到威胁生命，这种极端的紧身衣终于消失，进而产生了反转现象。

在服饰传播史上，这种案例数不胜数，以洛可可时期的极端结发现象为例（图4-12）。波旁王朝时期“时尚教母”玛丽·安托瓦内特皇后使发饰和假发的流行达到了历史新高，她用珍珠、蕾丝、缎带、宝石、玫瑰做成的假发造型风靡了法国甚至整个欧洲，人们互相比较谁的发型更加高耸、更加华美、更有创意。于是，在高耸的头发上出现了花园、海滩和森林、农场，不只是珍珠宝石、蕾丝缎带，就连鲜花、羽毛、水果和及各种帆船或建筑的小模型都可以成为装饰，有的庭院造型简直就是一个微型景观，有花草、流水和人物，像一幅完整的故事画面。就这样，头发被装点得越来越高，最高时达到60厘米，以至于有人戏谑：“这种发饰肯定会引起建筑领域的革命，因为卧室的门和戏剧院包厢的天花板都要抬高。”确实，为了不弄坏贵妇们精心设计的发型，舞厅的天顶和教堂大门入口都随之加高了。当然，这种奢靡也引起了贫困阶层的不满，给玛丽皇后带来了悲惨的结局。

图4-12　西方结发史的极端现象

服饰特色到达极端，一般会出现三种发展方式：复原、消失与转型。

复原是指服饰在走向极致、不能继续向前发展时，采用与极端样式相反的形态进行新一轮的发展，即恢复到原初的样式。当然，无论如何复原，都无法原汁原味地返回原点，因为时代、环境以及人们的心理状况都与之前不一样了。因此，复原更多指的是某一特征或某一风格的还原。

比如，20世纪80年代初喇叭裤从港台地区流行入内地，青年人从电影中受到影响，模仿香港五虎极富时代感的大喇叭裤造型。大喇叭的裤脚覆盖鞋面，有的竟宽30厘米以上，像穿了把扫帚在扫地。当喇叭裤的大裤口到了极致，开始朝着相反的方向发展，80年代后期开始风靡健美裤，这时的健美裤是化纤弹力布制作的，也叫“一脚蹬”，有很大弹性，类似舞蹈裤，上宽下窄，裤脚下连着一条带子或直接设计成环状，以便踩在脚下，穿上后产生一种拉伸感，衬托出腿部的修长，裤口一下子反转成最小化。近年，这种紧身弹力裤持续流行，但是，这一次的复归，不是80年代末“一脚蹬”的原路返回，而是从健美裤复兴出了一种更时髦的贴腿裤。贴腿裤又名打底裤（legging），顾名思义，就是能紧贴着腿部穿出修长曲线的裤子。不同时代的宽肩女西装的对比，也是同样道理，80年代以阿玛尼、拉尔夫·劳伦为代表的宽肩女装，今天再度流行时，尽管还是强化肩部平宽的造型，但款式已经完全不同了（图4-13）。

图4-13　服饰特色的复原性

（左至右：一脚蹬；打底裤；宽肩女西服；翘肩西装）

消失是指服饰特点达到极限，已不能再适应新时期的生活需要，逐渐消失，退出历史舞台。这是一种优胜劣汰的历史选择。

清朝旗女的氅衣袍服，在咸丰时期繁复样式达到极致，宫廷对装饰的重视促使刺绣、镶滚等缝纫技术的发展到顶峰，与欧洲洛可可纤细、华丽、繁缛的风格等量齐观。当时为了更大面积地装饰服装，袍褂边缘的花边越来越宽，镶滚层数也越来越多，从最早的“三镶三滚”发展至“十八镶滚”。与洛可可时期相似，服饰的华丽繁复与朝代的腐败没落有着内在联系。[51]这种装饰风格发展到极限后逐渐消失。末代皇妃婉容的衬衣袍服比慈禧的氅衣简化了不少。当然，消失了镶滚的旗袍也并没有回到原来清初的那种游牧样式。清末民初，女装从“宽衣”发展到“窄衣”，脱离传统的宽衣形态，装饰也从繁复到简朴，这些都是服饰退化的表现。周锡保绘制的旗袍变迁和袄裙变迁图，就显示了服装不断退化的过程。

转型是物极则反的第三种方式。转型指已经达到极限的服饰，接下来发生了根本性的转变，即旧的结构形态、着装方式和审美观念都被新样式取代。

比如说，文艺复兴时期的人工化男装发展到极致，进入17世纪荷兰风时代，男装突然改变方向，以全新的现代感的市民服饰取代已达到极限的宫廷服饰。1640年，荷兰地区出现了长及腿肚的筒形长裤，这是欧洲服装史上首次出现的长裤。男装急速向实用化方向发展：上衣变长，盖住臀部，肩线倾斜度大，大溜肩，拉夫变成了大翻的披肩领拉巴，褶饰被蕾丝取代，袖口漏斗状的克夫也是白蕾丝，紧身袜被细腿的半截裤取代。荷兰的民族服，直到现在仍然保持着这种特色（图4–14）。

图4–14　荷兰风时代男子的市民装

再比如，洛可可末期罗布的繁复和厚重达到极致，影响了人们的正常的生活，之后新古典主义兴起，全新的简单轻薄样式替代了这种不便于行动的厚重罗布。而新古典主义样式越来越薄，达到极致后，复杂的维多利亚宫廷样式开始流行。又如20世纪60年代流行的超短裙，在越来越短的过程中变得不实用，到了70年代裙身变长，裙摆变大，宽松式、加长式的服饰开始流行（图4-15）。经济越是发达，人们越容易在服饰流行上相互攀比、竞先，在盲目追求流行的过程中，更会出现流行特征发展到极致的现象。

图4-15 20世纪60年代的超短装与70年代的加长式服装

当今流行的服饰样式几乎都是在以前服饰原有的形态上加以改造形成的，但样式风格却每每都会呈现出新的特色，可见“物极则反”的传播规律同样也是服装设计的一种重要方法。

第三节 以人际传播为视窗

法国思想家列维纳说过，人际传播是“我和你”的“面对面”交流。[42]41对于没有大众文化传播的时代而言，人际传播形式较为频繁。发生在两人或多人之间的人际传播方式，其主要特点是以面对面的直接交流作为人格化交往的基础条件，并由此实现代际传承和家族同化。可以说，人际传播是最古老，也被赋予最多期望，给予最多赞美的传播形式，[1]238更大范围的传播都以它为基础。由此可见，要理解人际传播，就必须了解其人格化的交往特征。

当然，这里的人格化是一个宏观的概念，包括传受双方所保持的一种关系和传受双方背后的结构化要素，如文化体系、交往规则、角色互换等。在人际传播中，尽管双方以相互提供资源、进行信息传递为目的，而事实上，人际传播在引发意义方面显得比符号传递更为重要。在分析人际传播的时候，最先要关注的就是意义的创造与交换，激发意义对于人际传播来说至关重要，否则传播的符号就都失去了意义。因此，人际传播也多被用于协调意义，通过扩大共通的意义空间，最终达成共识。

一、逐级退化

逐级退化，是君主专制时期的重装文化向近现代的轻装文化转变时的一种服饰传播规律。历史上的重装大都有烦冗的着装顺序和复杂的服装形态，比如汉服的整体着装顺序大致是先穿内单，即贴身的交领衣、下袴，再来是中单，最后才是穿着绕襟汉服，腰下穿裳。随着时代的变迁和社会的发展，原来的外衣不利于时代和社会需求的变化而退化消失，原来贴身的内衣则取代外衣成为新的外衣，而这种新的外衣经过若干年时间也逃不过退化的命运，被同阶段的内衣继续取代。民国的“文明新装”就曾是汉服的内衣。

服装逐级退化的目的可归纳为三点：

首先，为了追求身心自由和解放而减衣。

男式女服深入性别领域内对女装做出改革，追求女装与男装的相似，这种变化无疑是在消除最明显的性别差。有的女性甚至直接穿男装，这还吻合了此阶段出现的女性主义浪潮打破男女性别界限的理想。在20世纪相当长的时间里，男式女服一直占据女装发展的主流。男式女服扎根于现代思想，它最大的特点就是效仿男性着装，由此，两性平等的人生观更加强烈。

从“现代”意识中派生出男式女服既严肃又新颖的审美趣味。有图可考的最早的男式女服是诺福克短外套（Norfolk jacket），来自古老的英国猎装。上衣前后有箱形褶裥，前襟双排扣，一条系扣腰带，采用男士上衣的简朴风格。英国服饰历史学家保罗·基尔斯（Paul Keers）说：“它（诺福克短外套）最大的特点是衣服本身的颜色要与周围景致的色调相称，目的是不引起猎物的注意。”[52]该服装似乎有意利用机能性创造打猎和骑跨的紧张气氛。20世纪90年代，美国插画家查尔斯·吉布森（Charles Gibson）创造了吉布森女郎形象，仿男式的白色衬衣搭配喇叭式长裙的样式，因代表了新的性别观念和生活方式而迅速风靡。

男式女服发展到“一战”后，产生了另一种新型雅致的“现代女装”——香奈儿套装。它的原型是对襟两件或三件套装。品种包括上衣、套头衫和下裙。其基本特征是典型的H型，肩部自然，腰身放松，用本料做腰带（不是皮带），袖子窄小到衣长的四分之三（又称四分之三套装），裙两侧各一排竖褶，长至小腿，衣缘绲边处理，风格简朴，却极富精气神。这套服装的各部分——无论衣料还是款式，无论着装观念还是服饰机能都不折不扣地遵循了男装风格，分享了男装的现代性特质，成为女装实现现代化的一例经典。香奈儿也凭此名扬四海，其直线套装的简约外观奠定了后来职业女装的基础，直到今天仍作为日常女装的基本样式之一，“在某种程度上可以和发明电灯的爱迪生相提并论”。

我们从这款现代套装中，看到一种与早期男式女服的效仿思想有别的积极力量，一种争取自由，改变性别概念的冲动。香奈尔套装启示西方女性：取悦男性不应是着装的目的，女性的自觉意识才是现代衣生活的准则。所以在她的作品中，传统的娇弱的女人味和多余的肤浅的装饰品几乎不存在，机能实用的、舒适自由的、落落大方的服饰成为她极具女性主义色彩的内心独白。她与同时代的现代舞先驱伊莎贝拉·邓肯认为的那样，“所要求的解放并不是放浪形骸的肉体满足，而是一种渴望获得独立与完整性的生活的诉求”[53]。香奈儿套装让女性借由穿着获得了期待已久的解放与自由。

其次，为了提高行动能力和效率而减衣。

清末的女装，无论旗女之袍还是汉女襦裙，都喜好厚重的面料（如提花、织锦）和烦琐的装饰（如刺绣和花边）。民国社会对女性的传统规训有所松动，尤其是都市里的女性，在西风浸染下，不再囿于家庭的管辖，进入戏院、教堂、百货公司、新式学校等各种公共场所。介入社会公共空间内的女性，必然因所处环境的扩张而相应地改变衣着。同时，因自然经济逐渐被工业化取代，社会上有了更多就业的机会，过去深藏不露的家庭妇女，开始跻身社会空间，参与抛头露面的社会工作。

为了适应社会的快速发展，妇女们的服饰改革势在必行。当时的西方流行服饰给中国都市女性有关现代女性着装和行为举止带来了新规范，她们开始除去累赘的装束，选择比以前简单、朴素的轻便装束。改革家张竞生也强调改易新装要“短小精悍”，意味不拖泥带水的轻便装束符合新装的改革目的，因其“不易肮脏与损坏”。

总体来看，民初的女子服饰已较前大为简化，简化不外乎两个方面：一是廓形的窄小化促成了宽镶密滚的装饰性细节的省略，盘花纽扣代替了花边。二是面料和缝制工艺逐渐西化，传统装饰显得“过时”。

再次，为了表现性感或因礼仪所需而减衣。

1926年，香奈儿发布了一款全新的晚礼服——小黑裙（the little black dress）。这款小礼服彻底地改变了以往的礼服造型，通身简单，廓形极有20年代“男童式”的影子，使女性更显清瘦纤细，绉纱材料的单纯用色又有一份教徒式的矜持。最重要的是，它把几百年来的礼服长度大大缩短，几乎与日装无异，这样就完全消除了以往强调的贵族气势，让晚装也同样朴素、单纯，带着几分帅气。当香奈儿一头短发，着小黑裙在舞会上亮相时，立即惊艳了所有人。美国的《时尚》杂志评论小黑裙是“时装中的福特汽车”，因它具有美国人崇尚的民主精神和功能主义特色。从此，小黑裙享有“百搭易穿、永不失手”的声誉，直到1961年，奥黛丽·赫本在电影《蒂凡尼的早餐》中仍然选择它来呈现经典的时髦形象。即使今天，它仍然极受名媛淑女和明星们的欢迎。

除了表现美的欲求，“伊斯兰教徒去清真寺礼拜要脱鞋；非洲土人裸体才能见国王；西方人的脱帽礼和入室脱衣的习惯”都属于仪礼所需的减衣行为（图4-16）。

图4-16 礼仪所需的减衣行为

最后，逐级退化的形式中，以上升减衣和内衣外化最为突出。

现代男装的背心，在17、18世纪是一种及膝的长衣，后来逐渐向上缩短到腰，形成今天男装背心的形态。受西方文明和近现代妇女解放运动的影响，我国旗袍的袖子从过去的长袖逐渐演变为七分袖、半袖和无袖等多种袖型。这都是上升减衣的例证（图4-17）。

图4-17　旗袍的上升减衣

（慈禧旗人之袍；民国倒大袖旗袍；现代旗袍）

内衣外化的例子也有很多（图4-18）。布劳斯女衫原是穿在紧身胸衣里面的内衣，紧身胸衣摘掉后才被外衣化。男衬衫过去是西服的内衣，现在已具备外衣的要素，可以说完全外衣化了。针织衣过去也是内衣，"一战"后成为外衣，"二战"后开始在年轻人中间普及[52]108。20世纪末，女装不断出现内衣外穿的现象，模拟第二层皮肤的弹力材质完全具备了外衣的条件，这些都是逐级退化的例证。

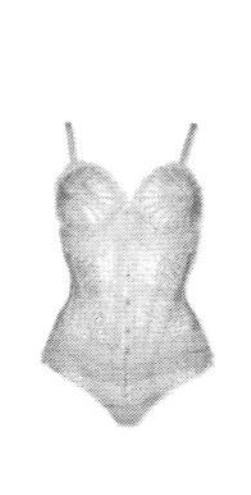

图4-18　内衣外化

（左、中：麦当娜在20世纪80年代全球巡演时的内衣外穿；右：2017年巴黎时装周上内衣外穿的模特）

二、容仪上升

"容仪上升"是服饰机能演变的规律，意为服饰在传播途中增加了容仪功能，格调发生了转变，表现出很高的礼仪性和复杂的规格，成为高级别的着装规范。更进一步说，容仪上升即服饰本身几乎没有变化，只是现在时与过去时的区别，过去是常服的性质，现在是礼服的气质，主要是因为着装场合、环境与着装心理发生了变化，服饰的“地位”得以上升，从而显示出某种威严和高贵的精神状态。

在前文中我们已介绍过19世纪的流行风格，女装中的日常样式，如浪漫主义时期的样式、新洛可可时期的样式、巴斯尔时期的样式和S形时期的样式，在今天均发生了容仪上升的变化，成为标准礼服的规格。现代的女式礼服几乎全部以19世纪出现的样式为原型。比如礼服的上半部袒胸露背，下半部遮盖严密，表现出很高的礼仪性。这种形式的礼服，是服装体系中最正式、最隆重的组成部分，具有容仪机能，其形制和元素的变化，并不像常服那样瞬时和多元，所以礼服成为所有服装中最复古、最稳定的一项。飘逸的绸缎和绉纱制成的古希腊女神式长礼裙，取的就是这一古典趣味，低纯度、高明度的配色显得优雅祥和，符合新洛可可的审美。用垂直线条和金银刺绣的构成，表现一种大方和华贵的双重气派，这是巴斯尔时期的追求。彩色雪纺绸长礼裙受到英伦古典绘画艺术的影响，这是S形时期的主题。

我们再以近代男装发展到现代男装的案例来解读“容仪上升”规律。一般来说，社会的大变革时期，都是“男人的时代”，男装肯定会发生独特的变化，19世纪的男装却没有像以前几个历史阶段那样在样式上出现大的起伏与创新，没有了繁缛华丽的服饰与装饰过剩的风格，开始追求衣服的合理性、活动性与机能性，究其原因，是受到了工业革命、法国大革命和资本主义社会发展的影响。这些重要的政治、经济与社会因素使得男性不再以在沙龙里向女性献殷勤为目的而穿衣，而是为了更加适应近代工业以及商业等社会活动去穿衣，朴素而实用的英国式黑色套装在资产阶级实业家和一般民众中尤为流行。

此时男装的基本样式是上衣、基莱和庞塔龙的组合，不同的是出现了用同色、同面料制作的三件套装的形式，并在着装规范上形成了社会共通的习惯，且一直延续至今。以下四种形式的上衣，都是从市民装升级为贵族装，从日用升级为礼仪用，从一般级别向高位级别发生了升级的变化。

（1）夫拉克·科特（Frock Coat）：从日间常服升级为正式日礼服。夫拉克是波旁王朝后期出现的日常用服装，翻驳头设计、直线门襟、长及膝部，衣身面料多用黑色礼服呢或粗纺毛织物。到了19世纪变成男装的正式礼服。这种样式因英国女王维多利亚的丈夫普林斯·艾比特访问美国期间穿用过，故被称为普林斯·艾伯特·科特。如今它成为英国贵族日礼服的代表，其他国家较少穿用。

（2）燕尾服（Tail Coat）：到了新洛可可时期，夫拉克·科特发展出一款夜间礼服的形式，就是我们所说的燕尾服。燕尾服为枪驳领，驳头部分用同色缎面，前片长及腰围线，前摆成三角形，两侧有装饰扣，后片分成两个燕尾形，衣长至膝，用料为黑色或藏青色羊绒或精纺毛织物。如今燕尾服作为西方规格最高的晚礼服，在全世界通用。

（3）晨礼服（Morning Coat）：这款上衣灵感来自骑马装，19世纪升级为西方的日间礼服。不同于夫拉克·科特的垂直门襟和燕尾服的横切断前襟，晨礼服的门襟从前面斜向后方，衣长至膝，用料一般与燕尾服相同。就其程度而言，晨礼服是新式礼服，夫罗克·科特的燕尾服则更近似旧时礼服的样式。

（4）贝斯顿（Veston）：从19世纪50年代流行的休闲便装升级为今天商务场合的正式男装，即我们所称的西服。过去它是劳动基层的日常服装，常和同料的背心、长裤组合，后来一些资本家和实业家工作时也经常穿，其地位逐渐升级，成为今天套装的雏形（图4–19）。

图4–19 劳动者日常服贝斯顿容仪上升为今天的商务正装

女着裤装也是“容仪上升”的重要现象。

20世纪之前，“男女有别”的观念很重，妇女不能“穿”裤装。所以，以裤代裙，是女性模仿男子着装的一种方式。女性穿上了专属男性的裤子——从历史的角度看，这是20世纪女装最伟大的革命和创造。女性也因此获得解放，进入现代生活。

女性穿裤装需要时机，战争使女人有了穿裤子的机会。“一战”期间，由于战争的需要，1917年英国军需工厂的数十万女工的制服采用了裤子，当然，这首先是为了生产安全。但对于被迫走出闺房参加社会劳动的女性来讲却是一种新的体验，战争在不知不觉当中帮助女性打破了传统的禁忌。当大量的男子在前线作战的时候，妇女承担了男人的工作，穿上了男人的服装，越来越多的妇女习惯了穿制服和长裤。田间的劳作妇女也喜欢穿马裤，而在工厂里工作的妇女，更喜欢穿那种连衫裤工作服。可见，这时期的裤子多局限于进行体力劳动的女性身上。

“一战”后，休闲体育运动变得非常普遍，女性也投身其中。为了变成“男人中的一员”，女性进一步涉足裤子领域。战后巴黎妇女在骑马或骑自行车时，穿裤子是很平常的事。度假胜地成为女性穿裤的渊薮，20世纪20年代末，欧洲和美国的海滨避暑胜地出现了非常优雅的女裤，被称作“海滨裤”。而且，年轻人还常举办海滨裤聚会，避暑地这种新的冒险场所允许人们打破常规，平时不能穿的裤子，在这里可以招摇过市。运动装中也流行起长裤、裙裤和短裤等裤装。这样，新的生活方式把裤子与女性连在了一起。

战后女着男裤装还成了妇女解放的重要象征。那时法国的时尚界已经出现了变化，一些艺术家和蔑视世俗的女性开始挑战传统，以男性化为风气。香奈儿的女裤装面世以后，在正式场合偶有前卫女性穿着，虽未形成大气候，但却扩充了女装的样式，这是女装向实用性现代服装进化的重要一步。法国设计师朗万也曾尝试把裤子作为一种女性时装。这种专门为女性而设计的裤装进入了争芳斗艳的时装之列。除此之外，裤子在女装中的出现，对于现代服装消除性别差来说也具有重大意义，它使女性可以如同男性一样自由展示双腿的轮廓和动态，方便了女性参与社会活动，提升了女性的自我评价，是女性主义发展的外化表现（图4–20）。

但有一个现象不容忽视，那就是女裤至今也不能真正被接受为仪礼服装，特别是在西方。尽管20世纪20年代的女性大大方方穿上了裤装，但女裤后来的发展可谓一波三折。今天，世界各地的女性都穿着裤装自如地生活，但在西式晚宴或盛大活动中，女裤还是难登大雅之堂。相比之下，20世纪20年代的女裤反而更进步，它处于女装男性化设计的高峰时期，在晚会和正式场合上出现时，甚至会被看成是前卫的时髦行为。可见，女裤是女权运动的成果，是女性解放的象征。简言之，女裤的“容仪上升”是女性主义发展重要的外化表现。

图4-20 女性着裤成为妇女解放的重要象征

（左上：20世纪30年代的香奈儿；中上：20世纪30年代巴黎南部海岸边穿时髦长裤的女性；右上：20世纪30年代穿印花沙滩裤的女星；左下：20世纪30年代着男装的凯瑟琳·赫本；右下：复古沙滩裤）

三、规格下降

与容仪上升的变化相反，服装的规格下降往往从那些在社会巨变中社会身份地位下行者的着装上体现出来，换言之，曾经属于高阶层人群穿着的复杂的、高级的服饰，极易在社会动荡之时发生规格的下降。例如，洛可可时期极为华丽奢侈的男装阿比三件套，由于其高档的用料、精致严谨的裁剪、繁复的工艺、细腻华贵的装饰，直到19世纪都是上流社会男子的社交服。如今，这一象征贵族身份的绅士套装发生了规格下降，仅仅偶尔出现在西方豪华社交场合的服务者身上。

其实早在20世纪初，高级时装就出现了规格下降的征兆。

高级时装作为最昂贵、最豪华的服装产生于19世纪中期，它的功能无疑是用来标识宫廷贵妇地位和富有身份的。“一战”后的高级时装出现了年轻的风貌，相当惹人注目。高级时装在“年轻化”的过程中，见证了华美繁饰的泯灭，19世纪的古典样式结束了。以香奈儿高级时装的简朴外形为例，有人说它是

"一股乡间的清新"，有人则认为它是一种"富贵的穷相""发明了贫乏而昂贵的简朴"（图4-21）。

图4-21 高级时装的规格下降
（"一战"前美好时代的女装与"一战"后的高级时装）

据保罗·莫朗（Paul Morand）考证，香奈儿的成功在于把握了女人们的青春梦想。正如她本人所说，"我的一生不过是一段无限延展的童年，正是在童年里我们认识到了命运。"由此可以推定，她在女装上不断地简化结构，增强机能性，使用深色，寻求舒适，与她对童年的印象有关。为了适应这样的风格，与她同时代的女性全部都瘦了下来，以"像可可一样苗条""在可可那里我们感到很年轻"为新的追求。另一位非常著名的设计师简奴·朗万（Jeanne Lanvin），也通过"简单、天真的剪裁，加上新鲜的色彩，把青春精神、活泼气氛注入高级时装中"。这些都是高级时装"用朴素取代华丽"的极好例证。

今天使用率较高的小礼服，在"一战"前从未出现，它以"小黑裙"为开端。迪迪耶·吕多（Didier Ludot）[①]在《小黑裙》一书中写道："没有小黑裙的女人就没有未来。"这种说法虽然有些偏颇，但小黑裙开创了现代礼服先河之意义的确非同一般。小黑裙最早出自香奈儿之手，诞生伊始，它因样式简单，被保罗·波烈讽为"营养不良"。但是，用今天的眼光看，小黑裙堪称女装中的

① Didier Ludot：当今巴黎时装界独树一帜的时尚元老，对怀旧情有独钟。他在巴黎皇宫边开设了一家古董设计作品店，专卖他的藏品。其中，包括Chanel、Madame Vionnet、Madame Gres、Dior、YSL、Balenciaga的真品。他也对收藏当代设计师的作品很感兴趣，例如他曾购买过Alexander McQueen和Nicolas Ghesquiere没有公布的样品。最值得一提的是，他非常喜欢"小黑裙"。1999年，他开设了一家专卖小黑裙的店，叫Little Black Dress，其中就有著名的香奈儿产于20世纪20年代的小黑裙。该店还开设在纽约的第五大道、伦敦的丹佛街和米兰的10 Corso Como等地。2001年，他出版了《小黑裙》（*The Little Black Dress*）一书。

经典，理由是：它摆脱了礼服那正统、高端的刻板形象，长度仅至膝盖，款式简洁，廓形中带着几分帅气的纤细，所需的配饰也很少。似乎“适合所有人和所有场合”，说它是现代礼服的代表应该不为过。在现代时装史的各时代里，小黑裙都被设计大师反复地进行演绎，如迪奥、巴伦夏家、纪梵希、华伦天奴、范思哲、阿玛尼等人，更新了经典小黑裙的新面貌。时至今日，小礼服凭其简单随意的着装技巧常被用于大量的社交场合，既呈现仪表又不过分隆重。女性对它的依赖和需求更是空前。

高级与简朴的并列，其实正是服饰规格下降的表现。当然，那时的高级时装虽然样式变了，但品位和魅力仍然存在，剪裁和比例更加考究，身体的视觉美和严谨的细节都表现得恰如其分。同样，简朴的样式和质地则充分展示了一种极富现代感的线条，显得年轻、自信，被称作是一种“现代的高级感”，高级与简朴并置的时装，反映出高级女装业走向了现代化。

高级时装曾是手工定制女装和上流社会时尚生活的代表，涉及以巴黎为主的法国上层社会关注的话题，随着信息化进程带来的定制多元化，定制本身继续规格下降，定制时装已经开始服务于越来越多的人群。过去，“定制服装”代表着高级的材料、独创的设计、精细的做工、高昂的价格、高层的消费者和高级的使用场所，是奢侈的代名词。但随着消费观念升级，个性化定制的服装消费观念赢得了人们的青睐，I WODE（埃沃）、定制范、衣邦人等平民化服装定制企业开始涌现，也促使了传统服装企业进行转型升级。服装定制的平民化使“奢侈”标签被摘除，取而代之的是个性、品位与专属的文化内涵，是一种生活的态度。时装平民化趋势已经势不可挡，这些都是服装规格下降的表现。

服装规格下降的一个重要原因是经济的发展促使服饰不断推翻以前的形式发生改革，而以前的形式就不断降级，甚至消失。过去生产力落后，物质产出往往很有限，最新的生产技术集中在少数人手中，所以服饰的材质、样式等也就局限在这些人的衣生活里，普通百姓难以享有。

优质的服饰面料和纺织原料因产出较少难以普及。上层社会尽享华服美饰，装饰纹样的使用有具体差别，享有当时服装的最新成果，而普通百姓则穿着土布陋衣。如清代皇子福晋与亲王福晋的吉服褂同样绣金龙于上衣，但“皇子福晋绣五爪正龙四，团前后两肩各一；亲王福晋绣五爪金龙四团，前后正龙两肩行龙”（纹样随夫品级）。行龙，即游动的龙，正龙高一级别。可见装饰纹绣的贵贱依等级差而变化。文武官一品至九品的夫人所着补服，也同夫级别，绣有飞禽和走兽。此外清代还有一些服饰禁令，如“凡五爪龙缎、立龙缎等，官民均不得服用，如有特赐者，亦应挑去一爪穿用”，与身份不符的属于僭越行为。统治者对特定纹样（如龙）的独占，显示了王权的控制力。

工业革命后，机器化生产提高了效率、节约了生产成本，生产技术提高，服饰生产水平也越来越高，新的服饰可以很快在大众生活中普及，像之前珍贵的丝绸面料和蕾丝面料也都在大众衣生活中随处可见，不再稀奇。当服装更多倾向简朴化、机能化、平常化、简易化、清装化、自由化的需要时，过去的服饰的规格下降就成为必然趋势。

第四节　以跨文化传播为视窗

当把传播的信息交流延伸到文化领域的时候，就出现了跨文化传播的概念。在《无声的语言》一书中，美国人类学家爱德华·霍尔首次使用了“跨文化传播”这一词汇。现代社会到处进行着跨文化的交流，在跨文化的情境中，传播必然成为一种显在的现象。不过，跨文化传播并不只是现代社会的行为，古代的丝绸之路、十字军远征都涉及跨文化传播的方式。

文化、传播是理解跨文化传播的两个关键词。而跨文化传播的基本元素是：社会距离、跨界生存、同质与异质的关系、开放与封闭的文化系统。[42]160也就是说，不同的文化群体分享着不同的生活方式，塑造着不同的个人信仰、价值观、世界观，因此传播在不同文化之间进行时，传播的符号、组合、规范、意义都有差异。

跨文化传播所具备的最大特色，就是文化对跨文化传播所起的决定性作用。人们在识别一个人的文化时，往往通过服饰这样的非语言媒介来进行，主要表现如下：

第一，尊重和认识他文化，通过跨文化比较来反观自己的服饰文化，以更好地了解自己。“通过比较，培养对异文化的敏感，承认差异的合理存在，不以一统的心态去感知世界。”[42]176

第二，没有完全孤立的服饰文化，也没有完全静止不变的服饰文化。文化不是与生俱来的，而是经过一代一代人的传承积淀，后天习得的。

第三，陌生文化之间也会存在千丝万缕的联系。不同的祖先、语言、宗教、民族文化、地域文化交织在一起，构成彼此陌生的文化。这些原有文化在同一社会背景下却能适应得顺理成章，转换得毫无痕迹，说明交融才是文化绵延发展的源泉，“每次跨文化传播都是一次新的沟通”[42]176。

一、同根异枝

就像人类和其他灵长类动物都起源于同一个祖先一样，在服装的发展演变中，我们也会看到有些服饰之间存在着某种类似的“血缘关系”，即从同一个服装品种内发展出来了形式、功能、用途不同的诸多服饰，这一规律在服饰传播时可以称为“同根异枝”。

形式异化是指不同服装属于同一服装品种，但样式和风格不同，比如套装。

“套装”，是从军服中派生出来的一种女装样式。它是一种富有机能性的上下分身的“二部式”结构，上衣与19世纪中期的男上衣形式相同，都是直摆门襟、翻领驳头、三开身的设计。它的发展在经历了19世纪的“男式女服”阶段后，到了“一战”“二战”时，套装进入“军服式女装”的阶段，在全球普及以后，广泛使用至今。因为战乱中的女性体验了合理的机能主义服饰的优点，衣服的单纯和便于活动等实用因素开始受到人们的重视，女装向男性化方向发展，男式女服成为代表现代新女性的标志。20世纪20年代是女装现代化进程中的一个重要时期，“二战”又一次使极富男性味道的军服式女装得到普及。套装之所以普及，主要还不是因为它适应战争的实用性，而是那些规范、简洁、抽象、整齐的现代视觉要素，塑造了理想的职业女性形象，使女性的职场穿衣基调就此确立下来。日装与晚装开始被鲜明区分。

从组合形式上看，“套装”分为两种：上下完全同色同质的套装（suit）和上下不同面料或不同款搭配设计的组合装（ensemble），其中还细分为与裤子搭配的裤套装和与裙子搭配的裙套装。20世纪20年代流行的套装主要是香奈儿套装和夫拉帕套装。香奈儿的编织衫套装（Jersey Suit）采用舒适松身的平针针织布，去掉了梭织布料的紧绷感，减轻了穿着负担，开创性地将“运动式设计”与高雅精致的套装结合在一起，以实用为先。夫拉帕套装更强调H形的直身效果，着重表现中性气质。

除了香奈儿，20世纪20年代还有许多设计师在研发女套装样式。法国设计师爱德华·亨利·莫里奴的软料套装在当时非常有名，比如用印花绸制作的普利兹褶裙女套装。他还首创在驳头上挖扣眼以插花的装饰方法。尽管这些套装的设计语言各不相同，但整体上与现代社会的秩序化相映照，因而成为女性理想的着装载体。从此，套装被固定在现代女性的衣生活中。

进入20世纪30年代，夏帕瑞丽从伦敦自卫军制服上得到灵感，设计出加宽垫肩、腰身修长的套装，把严肃和性感混合起来，成为那个年代流行的标志。同时，香奈儿受到巴伐利亚外套的启发，用各种柔软合体的布料，继续发展她的香奈儿套装。直到1954年香奈儿重新开业时，仍旧推行无领对襟的套装，只是把针织布改成了粗纺花呢，但基本型不变。休伯特·纪梵希在1957年设计了布袋式女套装，把套装发展成更宽松、无腰身的样式。1964年，伊夫·圣·洛朗推出裤子套装，女裤摆脱了居家裤和运动裤的局限，成为女性体面优雅的套装。1974年，意大利设计师乔治·阿玛尼又以其设计的中性化裤套装被誉为“现代生活方式的推销人”。

拉格菲尔德在20世纪80年代掌舵香奈儿后，将香奈儿的各种经典元素进行了系列分化的设计，玩味出极具现代感的时髦样式，比如香奈儿经典的元素千鸟格，短款西装样式，带有绅士气质的黑色长西装、小黑裙、羽毛裙、针织套装，拉格菲尔德用它们相互搭配，组合成丰富的混搭形式，着实让人耳目一新。以上这些，都是套装在发展阶段的同根异枝（图4-22）。

图4-22 套装的同根异枝

（左至右：夏帕瑞丽军服套装；玛德琳娜男式女服；香奈儿箱型套装；现代套装）

功能异化，是指同一类形式的服装，在功能上分为不同的类别，比如泳装和内衣虽构造相同，但机能和功用是不同的，两者是相互独立的服装种类。泳装主要用于外穿，所以侧重于外形设计；而内衣主要是穿在里面的，主要起保护女性胸部的作用，舒适是首要考虑因素。内衣和泳装看上去形式相同，但不能相互替代，泳衣没有内衣的透气、塑型等特性，内衣也没有泳衣的防水、防透等特性。

用途异化指一种服饰拓展出多种用途用法，或用于其他场合。如丝巾原本是对头部起保暖和装饰作用的，但逐步发展出更多的用途，系在包的把柄上、缠在手臂上、当头巾和头绳使用、当披肩使用等。再如，军服上的绶带原本是用来挂笔的，世界大战期间，军官们经常需要使用多种颜色的笔在地图上做记号，但笔太多了不方便携带，于是就有人在衣服上挂一条绳子，把笔都挂在上面，后来绶带成为荣誉的象征而被用来挂勋章。

另一种用途异化是原来不分性别的服装发展出区分性别的形式。古希腊的希顿和希马纯是男女都穿的服饰，希顿是一种用别针固定肩部，腰间系带子处理出垂悬的褶皱的宽松常服，希马纯一般缠绕在希顿的外面作为外衣与披风。罗马征服希腊后在文化上却被希腊所吸引，罗马服饰直接继承了希腊服饰，希马纯演变出托加和帕拉，斯托拉则直接继承了希顿的样式。但在罗马时代，男女装被分开，托加是男性公民才能穿的衣服，女性的服装主要是斯托拉和帕拉，男装和女装不允许混穿，女性穿托加被认为是违背道德的，只有最底层的妓女为了表明她们的职业身份才穿托加，而男性穿女装也因被认为没有男子气概而受到鄙夷。在欧洲，服装上的性别明显分化发生在中世纪，直线裁剪被曲线裁剪取代，省道的运用使衣服的造型立体化，衣服得以合体地包裹人体，修饰出男女不同的身体特征，男装和女装的区分就明显起来了。

此外，现在的成衣和高定发布会上每季推出的新作品，往往都会延续自己品牌的“基因”，保留着某些经典性的服装系列或代表性的独特元素，在此基础上加入一些流行元素后成为新作品，这也属于“同根异枝”的传播方式。比如迪奥的蝴蝶结元素始终贯穿在品牌的历史中，在许多系列中，优美的蝴蝶结时而点缀于胸前、腰间，时而藏于身后，有的只保留了蝴蝶结的拧结方式，此外，迪奥的插肩袖也多次出现在不同年代不同系列的作品中。艾莉·萨博（Elie Saab）的每季礼服也是同根异枝，一种蕾丝花型的设计，常被用在同一系列不同款式的服装上（图4-23）。

图4-23 Elie Saab礼服的同根异枝

同根异枝是服装从单一走向多元

的道路，在同根异枝规律的支配下，服装的形式、功能与用途出现越来越多的分支，承载着越来越丰富的文化和社会信息。

二、走向无用

“用进废退”是自然界的普遍规律，即一旦生物体的某个器官对于个体的生存活动不起作用了就会退化甚至消失。法国生物学家拉马克提出：“生物在新环境的直接影响下，习性改变，某些经常使用的器官发达增大，不经常使用的器官逐渐退化，而适应则是生物进化的主要过程。物种经过这样不断的加强和完善适应性状，便能逐渐变成新物种，而且这些获得的后天性状可以传给后代，使生物逐渐演变。”

“用进废退”的现象与人类的发展相同。人类在还没有发明衣服的时候，御寒的任务多数是由人类未进化完全而遗留下来的长而浓密的体毛完成，而等到由皮毛制成的兽皮衣等衣物被发明出来之后，人类的体毛也逐渐开始退化。这是由于某些器官不再被需要，得不到锻炼，于是便在持续进化的过程中被舍弃，从而走向了无用。

在服装传播中，这一规律同样适用，如果服饰的某一个组成部分丧失了其机能性，那个部分就会走向无用，最终可能消失，也可能作为无实际作用的装饰而被保留下来。体现为过去强调机能的服装部位，随着时间的变化与时代的发展，其不常用或者过时的部分均不同程度地发生了退化，其形态却完整地保留了下来，并作为衣物中不可或缺的一部分发挥着从实用性转变为装饰性的作用，如西服的袖口纽扣、衣服的开衩、牛仔裤的表袋等。

以风衣为例，那些象征潮流时尚的风衣元素，在今天大部分都没有实际用处了，但在“一战”时期的西部战场军队中，它们曾经发挥过重要的功用。风衣是军队用衣，士兵们在战壕里蹲守时，它能起到遮风挡雨的作用，所以风衣也被称作“战壕衣”。因此，风衣的许多构件都是为了适应战争生活的需要而出现的，比如肩带用于挂肩章、固定望远镜，同时也便于固定一些小物品如手套等；肩前多出的一块布叫作枪档，其作用是垫枪，缓和开枪时的后坐力冲击；背部多出的一块布则是为了防雨，把腰带扎紧后雨水就会顺着防雨布滴落而不至于打湿背部，流遍全身；腰带上的D型环用来挂一些小物品如地图等，有时也用来挂手榴弹。而现在，很少有人再去使用这些风衣的固定构件，它们更多作为装饰而存在。可以说，风衣是走向无用的传播规律的集大成者，它将本来是特殊时期的实用机件转型为在当今观赏性极强的装饰部分，并为人们普遍接受。

同样的传播规律也存在于西服上（图4-24）。西服的袖口上有三颗纽扣，关于这三颗小纽扣的来源有不同的说法。一种说法是起源于拿破仑军队，在翻越阿尔卑斯山时，拿破仑的士兵们很多都因为寒冷而流鼻涕，所以经常用袖口擦鼻涕，久而久之袖口变得油光可鉴，拿破仑认为这样有损军队的形象，于是下令在衣服的袖口上侧钉上三颗金属纽扣，这样士兵们再用袖子擦鼻涕时就会刮脸，后来一位军官向拿破仑建议将扣子移到袖子的下侧，这样有利于减轻桌面对袖口的磨损。还有一种说法是，西服袖口上的三颗纽扣是18世纪的普鲁士国王腓德烈大帝发明的，他也是因为看到士兵的袖口很脏，为了防止他们用袖子擦嘴擦脸而想出的办法。关于袖扣，不同的起源说透露出基本一致的实用功能，即为了卫生和保护容易磨损的袖口。

图4-24　西服上古典元素走向无用

在传播过程中，不必要部分的退化更能促进事物的发展，使事物成为更优化的形式，这便是走向无用的传播规律，它不仅存在于服饰文化的传播中，更是一种存在于人类社会中的普遍现象，与人类社会中的“用进废退”现象相匹配，揭示了万物发展的规律。无用的部分被舍弃，而好看的“器官”则被留下而成了具有装饰性的提亮部分。其中的“退化”环节是所有事物发展中必不可少的环节，事物因“退化”而改进，也因退化后的改进而变得更加优质。

中西方的许多服装都会有开衩的设计，比如旗袍和西装，服装上的开衩是为了让穿者活动方便，尤其是骑马民族，服装上经常运用开衩。对于中原地区来说，开衩是外来的服装构造，直到唐代，开衩袍才由西域传入中国。西服后背中缝腰线以下10多厘米长的开衩又叫“骑马衩”，欧洲贵族为了避免骑马时衣服遭到挤压而产生难看的褶皱，于是在衣服的背后中线开出一条缝，背部的开衩除了单开衩还有双开衩，两边的侧开衩也是出于同样的原因。现在的人们不会穿西装骑马，但是开衩仍然是西服必不可少的造型元素，这也跟开衩本身的装饰效果有关。

许多人都不知道牛仔裤前口袋里的小口袋起什么作用，其实这个小袋叫“表袋”，美国西部淘金工人们的怀表放在大口袋里会掉出来，或容易被口袋里的其他物品刮花，于是设计师在大口袋的里面加了一个小口袋，这个小口袋刚刚好适应怀表的尺寸，这样怀表就不容易掉出来了。现在怀表已经退出了人们的生活，但这个小口袋被保留了下来，人们也偶尔在小口袋里放一些诸如U盘、硬币、打火机之类的小物品，但它的实用价值已经非常小了。

还有某些服饰曾经在人们的生活中占据过重要的地位，发挥过很强的实用功能，但随着时代和社会的发展、人们的生活方式和风俗的改变以及受到外来服饰的影响，它们逐渐退化或消失了，这一点尤其在较为偏远的农村地区和少数民族的服饰文化变迁过程中得到了明显的体现。

腰带是许多民族服饰的重要组成部分，它能用来保护腰腹、系挂物品，对于长而没有扣子的衣服来说，腰带还起到了固定衣服造型的作用。腰带也是蒙古族服饰的独特配件，蒙古族的腰带用棉布、绸缎或皮革制作，长达三四米，层层缠裹在腰部，对于游牧生活具有独特的功用，其一，蒙古族生活在中高纬度的中亚地区，气候寒冷，腰带可以防风和保暖；其二，蒙古族是马背上的民族，骑马难免颠簸，损害内脏，紧紧缠裹的腰带相对地固定住腰腹和背部，使其成为一个整体，可以减轻长途的骑行颠簸对身体的劳损，此外，在从事其他体力劳动时，系腰带也会使行动更加方便并能起到保护作用；其三，腰带是非常方便的系挂随身物品的地方，蒙古族人民的“三不离身”——火镰、蒙古刀和烟荷包通常是系挂在腰带上的。腰带跟蒙古族传统的生产生活方式紧密联系在一起，蒙古族的人民把腰带看得极为重要，睡觉时要把腰带叠得整整齐齐放在枕头旁边，腰带不可与袜子、靴子等放在一起，在拜访别人家时，不系腰带或腰带系得不符合要求都被认为是没有礼仪的表现，主人招待客人也必须系腰带，可见腰带对于蒙古族人民的特殊意义。

如此重要的蒙古腰带到今天也渐渐失去了它的用武之地，从日常生活的场景中退出，主要出现在民族传统节日庆典上。陕西的农村地区也有缠腰带的风俗习惯，有“三夹不如一棉，三棉不如一缠”的俗语。男人们系上腰带后干活更加利索，女人们把腰带在胸前缠个十字，再绕到背后，把孩子绑在身上，这样出门或干活带着孩子也方便了。此外还有许多民族有缠腰带的习俗，如高山族、鄂温克族、怒族等。总的来看，民族服饰中的腰带过去的实用意义已经被大大削减了，体现了走向无用的传播规律。

虽然许多服饰曾经发挥过重要的作用，尤其是很多独特的民族服饰还承载着丰富的历史、社会和文化信息，但服装的发展传播始终遵循着无用退出的客观规律，就像大自然的生存原则，适应环境的留下，不适应的淘汰，从而完成服饰的更新换代。

三、稳态相通

稳态，是指事物相对稳定的状态；相通，是指彼此沟通和通融。稳态相通的规律，是指不同时期、不同地域会出现某些类似的经典风格类型，因为这些稳态造型符合人类的生理和心理需求，能唤起人天生的某种感受，存在审美和文化的共通性，所以会发生稳态相通的类似现象。

例如，东西方虽然地域不同，但代表太阳的圆形纹样几乎出现在所有民族的早期文化中，而圆形演变出来的联珠纹，也出现在我国的新石器彩陶和波斯萨珊王朝的金银币上，它们的造型很相似，是一种巧合，属于稳态相通的规律，表达了人们追求循环往复的生命力的心理是相同的。

世界上的五大古文明发源地都将太阳移入生活、饰为艺术，借以抒发精神空间：中国花山岩画上的"太阳轮和铜鼓太阳"、印度绘有光束的太阳神、埃及"拉"的象征——一轮金色圆盘以及中间带有一点的圆圈符号、希腊的阿波罗神和南美的玛雅太阳浮雕皆视太阳为神圣之物，将其设计成符号加以崇拜。

太阳在原始宗教、拜火教、佛教、伊斯兰教中曾反复出现。原始宗教以太阳作崇拜，圆形与太阳象形；拜火教强化了这一形式，通过点轮状的圆形成连珠纹，含有圣光之义；佛教中的太阳、法轮都与圆形相对照；伊斯兰教从建筑到器皿处处用圆形符号作构图。圆形饰物在各个古老的历史民俗中都有崇高的地位，在圆形基础上呈现的装饰纹样也就顺理成章地具有了辟邪、护身、祈祝的象征意义。

联珠纹图案基于圆形发展而来，当萨珊波斯的联珠纹织锦东传至中原后，因为人们对这一纹样形式并不陌生，所以容易接受，继而在服饰上流行起来。在祆教从西向东的传播路线上，能够发现许多赋有祆教意味的联珠纹图像。从中亚早期粟特壁画到莫高窟"菩萨普门品"的中亚粟特商队，再到西安北周萨宝安伽墓石棺床画像石、青州傅家北齐画像石，甚至是日本MIHO馆藏的北朝袄教画像石，均可看到波斯人、粟特人服饰上运用联珠纹纹样这一相似点。[54]联珠纹沿着衣领、衣边、中缝、腰带、贴袋，以严谨对称的形式装饰服装，这些环形纹与圆形纹的组合都是广义的祆教图式。

联珠纹与其说是火的象征，倒不如说是对太阳的强烈渴望。联珠纹中心的大圆圈象征太阳，沿圈排列的众多圆珠寓意太阳光芒或天体星辰，这一波斯式符号经过中原人对原有意义的消解、对原有样式的再造后，一些图像的宗教功能逐渐转换，并被赋予蕴含中原传统文化等更复杂的含义，此后联珠纹织锦成为文化传播的载体，活跃在丝绸之路上。

再比如，发源于东北亚的满族与中世纪时期的西欧地域相隔甚远，但清代八旗贵族的毛皮斗篷“端罩”和意大利贵族男女皆穿的毛皮斗篷“曼特”（Mantel），不仅形制相似，面和里的颜色也都有明显反差，毛皮均使用黑貂皮和白貂皮，里料均使用丝绒和丝绸，同时也都是贵族身份的象征，成为上层豪华着装的表征。还有清朝贵族女子的高跟鞋“花盆底”和文艺复兴时期意大利流行的高跟鞋“乔品”，类同的造型也符合稳态相通的规律（图4–25）。

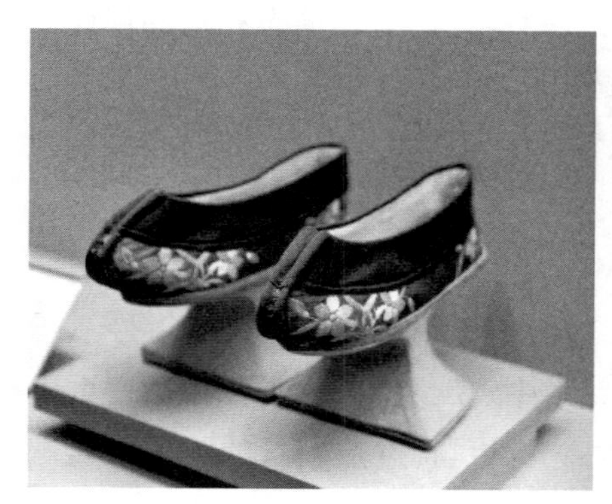

图4–25 “花盆底”和“乔品”的稳态相通

更典型的是南北朝时期的中国女装与14世纪的西欧女装，都属于“上窄下宽”的锐角造型，反映出人们追求纵向感的服饰心理是相同的。

南北朝女服最大的特点是上俭下丰，这种造型的上半部分紧身合体，下半部分宽松肥大，为折裥裙，裙身布满了“纤髾”。“纤”是上宽下尖、形如三角的装饰布片，层层相叠如同鳞片，固定在裙身上。“髾”指的是从围裳中伸出来的长长的飘带。走起路来，纤髾飘动，如燕飞舞，从而达到俊俏潇洒的效果。顾恺之的《女史箴图》和《列女图》里都对这种女服进行了描绘。无独有偶的是，14世纪出现在意大利的外衣“科塔尔迪”，也塑造了非常合体的腰身，下摆宽松、裙长曳地，且在裙子上补充了大量三角形布片，增加裙摆量。腰带是合体的上半身和宽敞的下半身的分界线。

直到20世纪，稳态相通的现象仍然存在，中国女装和西方女装在20世纪20年代都不约而同地向现代化快速迈进。前者所处的时代是中国由近代向现代的过渡期，后者所处的时期恰好是西方历史上有名的现代艺术较兴盛的时期。双方虽然相距我们近一个世纪，且分属不同的文化，但可以说两者都反映出时代转型期所带来的特有的服饰变革，体现出女装在现代化进程中留下的进步烙印。

这一时期的中、西方女装有着相似的现代诉求：在妇女运动的问题上，双方都主张从思想到身体的革新，女装的现代化都是从仿照男装开始的。关于服装与人体的关系问题，中西方都倡导以裸露为美的女性意识，"不断地裸露肢体"，"覆盖装饰"不是很"现代"的东西。服装魅力让位于人体魅力恰好就是现代女装的内核。关于妇女解放的另一种方式，是都主张以裤代裙，裤子在战争年代和体育热潮兴起时更加普遍。有人说："妇女越解放，长裤也就越流行。"此话说得固然有些绝对，但在现代女装改革的浪潮中，却具有部分的合理性，穿裤装表达的不仅是一种流行，而且是一种观念。在审美趣味方面，中西方都重视服装的简化，倾心于现代感的简洁美学，只不过西方女装偏向廓形意识，中国女装偏向俭朴精神。在对流行性和商业性的认识上，中西方都与时代紧密贴合，追逐现代流行的观念已经形成。

通过分析可以发现，中西方虽然存在地域上的差异，且在没有沟通的前提下，由于共同生存的环境、文化的发展阶段具有相似性，所以，由此衍生出相类同的着装诉求，无论中国还是西方，都认同女装的现代化就是这种相似诉求下的产物。

第五节　以大众传播为视窗

大众传播是近代工业革命的产物，其最初的目的很简单，工业革命促进了城市化的发展，人口的集中使信息量剧增，需要出现专门向公众提供信息的机构。于是，现代机械技术如摄像机、印刷机、卫星、无线电、同轴电缆应运而生，报纸、杂志、电影、广播电台、电视台等先后出现，成为大众传播的媒体，面向社会发出信息。因此，早期的大众传播很重视传播技术和技巧。

大众传播是点对面的传播。点是指传播者，如报社、电视台、无线电台等具体的传播机构或组织，面是指接受者，即不特定的、包含大量同质化个体的受众群体。就传播效应研究来说，大众传播是传播学应用研究领域最受争议的传播形式，一方面是因为媒体以盈利为目的，另一方面源自大众传播的单向性特征。由于受众和传播者之间的角色基本固定，很难发生转换，因此，单向传播很容易被权力一方控制，用于左右受众对事件的认知以至行动。从这方面看，大众传播具有很强的选择性，适宜进行大规模的信息生产和传播活动。

一、固态存续

服饰传播是普遍存在且不断变化的，但一些地处偏远、信息封闭、人口较少的民族，与外界交流不多，服饰停止发展，其地域性特征被完整地保留下来，具有禁锢与保守的性质，形成了服饰传播史中“固态存续”的传播规律，远离现代文明的民族服饰和民俗服饰均符合这种规律。

民俗服饰的“固态存续”主要在孤立的地域产生。当生活环境与外部世界相互隔绝，长期处在没有外界干扰和影响的世界里，服饰文化就会自成体系，且特色鲜明。与交通发达、文化信息传播迅速的现代城市相比，孤立成熟的服装一旦不能得到相应的传播和发展，出现形态固定、发展缓慢、传播停顿的特点，其服装文化就会出现较长时间固定不变的现象。同时，服饰结合着独自发展起来的民俗、民风，形成了风俗化的过程，成为具有当地特色且长期不变的服饰。

古埃及地理位置封闭、尼罗河谷农业生产自给自足，加之埃及独特的宗教观念，使古埃及王朝服饰成为一个稳定无变化的系统，在其3，000多年古文明期间，埃及服饰由不变的样式和多变的表面装饰交错而成，款式种类少，且变化极其缓慢。从电影《埃及艳后》上克娄巴特拉的女法老造型和18王朝法老与王妃浮雕像造型上都可以看出，埃及服装基本上仅两种形式：无垂褶的丘尼克（Tunic）和有垂褶的罗印·克洛斯（Loin Cloth）。丘尼克是一种连身衣，罗印·克洛斯是一种缠腰布，它们的特色都是用本白亚麻布制作，男女皆宜，而且装饰的丰富重于服装的单纯。

拜占庭服饰也是“固态存续”的结果。古罗马一分为二后，西欧部分很快因日耳曼人而灭亡，而以拜占庭为首都的东罗马帝国却非常繁荣，在整个中世纪创造了集古罗马文化、古代西亚文化与基督教于一体的拜占庭文化。拜占庭服饰的形成和发展有自己的特色，从意大利拉维纳的圣维塔列教堂内壁壁画上可以看出，拜占庭服装充满东方特征，造型平面化。这样的服装在一千多年内保持了固定形态，衣服的宗教意味很浓，成为“别等威、显贵贱”的工具。东方式的装饰风格也十分强烈，像丘尼卡，从开衩到下摆、肩上等都有圆形或方形的刺绣纹样，色彩丰富，装饰华美，重点在材料、色彩和表面装饰上。

我国数千年的服饰文化也是典型的“固态存续”的例子（图4–26）。中国文化是在一个相对固定而且封闭的地域环境中发展形成的。中国北有冰封的西伯利亚荒原，从西至南环绕着大漠和山脉，东面则是一片汪洋大海，在这得天独厚的天然屏障下，华夏祖先不必担心外来者的侵扰和干预。中国古代文明始源于古老的黄河流域，依赖农业生产维持生存，形成了以农耕文化为主的中国文化。在以儒学为核心的文化基础上，通过其强大的生命力和凝聚力，形成了东方文化中最大的文化圈——中国文化圈，包括了周边的日本、朝鲜半岛和东南亚广大地区。中国漫长的封建社会政体对于内部成熟一种服装体系形成了强大优势，这使整个中国服装史的演变过程基本上沿着一条线发展，即保守着前开前合、含蓄宽松的直线裁剪的宽衣文化形态，其造型、结构起伏不大，个性十分鲜明，是服装发展中内部成熟、固态存续的结果。

图4–26　古埃及服饰和我国数千年的服饰文化都是“固态存续”的结果

（左：埃及图坦卡蒙金色座椅上的法老与王妃；右：电影《赤壁》中表现的曲裾袍服）

民族服饰的“固态存续”，是指偏远地区的民族文化往往会停止发展，旧态持续时间长，服饰也会出现持久的停滞状态。所以过去可以从民族服装上体现各自所处的地域：气候寒冷的北方，从事牧、猎、渔业生产的民族，流动性较大，服饰一般以配套完备的长袍、长裤、鞋帽为主要款式，衣料比较厚，具有保暖的功能;而南方民族则显著不同，以农业为主的南方，气候暖和，其服饰以短上衣和裙装为主，饰品较多，讲究刺绣，衣裙较单薄。

由此形成的极具特点的民族服饰，也就成为各个民族最强的符号象征。比如黑龙江省的赫哲族以渔猎生活为主，赫哲族最具识别性的特色服装是鱼皮衣。赫哲族男女早年都穿鱼皮衣。鱼皮做成的长衫、套裤轻巧、暖和、经久耐磨耐扯，且不透水。过去的鱼皮衣多为长衣服，样式像旗袍，腰身稍窄，身长过膝。冬天穿上狩猎可以抗寒耐磨。春秋穿上捕鱼可防水护膝。此外赫哲人还曾用鱼皮做裹腿、围裙、手套等，狩猎时也戴狍皮伪装帽。

甘肃省独有的少数民族——裕固族，其服饰的一大特点是“衣领高、帽有缨”，裕固族妇女的帽子“扎拉帽”最富特色。甘肃西部地区的“扎拉帽”是尖顶，帽檐后部卷起；东部地区的是大圆顶帽，形似礼帽。裕固族女子出嫁戴的“头面”（即头饰）是民族工艺的精华，“头面”挂在“扎拉帽”上，两者相互配套使用。东乡族是中亚过来的信仰伊斯兰教的民族，其头饰一直保持着旧状态：圆形帽顶为绿色或蓝色，帽檐有彩色的皱褶花边，还坠有彩色线编成的穗子和各色珠子。青海、甘肃的土族妇女，戴着醒目大方的织锦镶边卷檐毡帽，上衣的袖子如彩虹一般，用红、黄、绿、紫、蓝五色布，圈缝制成。

藏族妇女平时身穿黑红色相间的十字花纹毛裙，外面围着一条藏式围裙“邦典”，使用五颜六色、细横线条的氆氇（藏袍原料）制作。不同的藏区，着装截然不同。像西藏工布地区，服装的最典型特征是，男女皆穿“谷休”，即宽肩无袖袍。阿里普兰地区盛行羔皮袍，最独特的服装是妇女的孔雀服装，也就是背部系的“改巴”。即背部披肩，“改巴”用山羊皮制作，正中镶嵌带有圆形花纹的氆氇粗条线，显示出孔雀的背部，周边镶嵌带有圆形花纹的棕蓝彩色氆氇，是婀娜多姿的孔雀翅膀，底部开的三道岔口，便是孔雀的尾羽。

维吾尔族的妇女花帽和艾德来斯绸是最盛名的传统工艺制品。主要有“奇依曼”和“巴旦姆”两种，统称“尕巴”（四楞小花帽）。柯尔克孜族男子戴羊毛皮或毡子制作的白毡帽。

福建、浙江的畲族已婚妇女用一根细小精制的竹管，外包红布帕，下悬红绫，冠上饰有一块圆银牌和三块小银牌，垂戴在额前，畲族人称它为龙髻，表示是“三公主”戴的凤冠。羌族妇女梳辫盘头，包绣花头帕。哈尼族奕车女子一年四季只穿超短裤。奕车女性从年少到苍老，都自信地裸露出颀长的双腿，大胆而性感。

广西南丹县瑶寨男子穿白色灯笼裤，裤子近膝盖处绣红色长短不一的直条花纹6条，人们称其为“白裤瑶”。而广西大瑶山的部分瑶族妇女头上戴有三条弧形大银钗，两头上翘，重一斤左右（图4–27）。桂北、粤北及云南等地的一部分过山瑶妇女过去还戴一种支架高耸、上蒙黑布、下垂红色璎珞的帽子，风格独特。广西的京族是海洋民族，妇女外出的外套是淡色旗袍式长外衣，与越南的民族装相同。上身束腰，下摆舒展，开衩至腰际，活动方便。

图4–27 哈尼族奕车女子和大瑶山瑶族妇女

以上这些民族，与中心主流文化服饰的迅速传播不同，之所以有这么独特的服饰特点，主要是经过了长时间的沉淀，在没有其他民族入侵，在本民族内部独自地发展起来的结果。

如今，民族服装受全球化冲击较大，同时也在与汉族和各民族的交往中被涵化，穿民族服装的人越来越少。但在某些民族传统节日时，人们还是会穿上富有特色的民族服装。这种有意识的保留主要是作为对历史、对先祖的尊崇、缅怀和表彰，民族服装出现在祭祀、仪式或传统节日中，是服装“固态存续”传播规律的一种特殊的表现形式。

二、回归原型

从词义上看，服装原型是指紧贴人体外形、无放松量的基础轮廓，它是与人的体型相一致的服装的基础型，围绕着基础型进行人与衣的空间设计，就会产生各式各样的服装外形。从服装材质上看，原型的服装是贴身型的软衣，人工化的服装是宽松型的硬衣。“随着文化的发展，尽管一时间会发展出膨大、厚重、奇形怪状的服装，但它总会不断地、向心性地，回归到原型上来。原型，就像地球的重力一样，即使远离它，也还会被吸引回来。应该说，这是向服饰正常状态的归结。”[2]205服装史上经常能看到离开原型走向人工外形的服装，比如伊丽莎白时期的服装和洛可可时期的服装，它们都有着极端夸张的人工美造型，但发展到一定程度时，服装就会向原型回归。所以巴洛克初期，服装一度回归到“近乎自然的胖乎乎的外形”上，19世纪初的新古典主义女装也回归到薄衣贴身的自然形态上，这都说明服装会遵循“回归原型”的传播规律。

西方女装自13世纪开始，凭借曲线裁剪的方式，开始强调女性服装的外形变化，用分割衣片和省道设计，强制性地塑造出一种又一种的远离人体的理想外形，从着装状态上看，有后出型、裾引型、夸肩型、夸臀型，从剪影上看，曾出现过沙漏型、喇叭型、膨臌型、巴斯尔型。可以说，20世纪之前，女装的廓型大都夸张和外放。有时，它表现对女性的胸乳、腰和臀部正面的强调，例如文艺复兴时期的西班牙样式、巴洛克样式和洛可可样式；有时它又表现为对女性侧面的关注，例如17、18、19世纪末的巴斯尔突臀样式和20世纪初的S型女装样式。总之，人造外形成为西方女装的表现母题，为了充分传达这种形式美，人们使用了各种手段，“以紧身胸衣把纤腰勒得更细，把双乳托得更高，用裙撑或臀垫把臀部夸张得更加丰满，以‘强化’女性的生理特征（生殖功能）”[55]。

“一战”前后，西方服饰彻底抛弃了人工型，进入原型时代（图4-28）。20世纪初，有些人主张把“裸体之美”在海滨浴场付诸实践，反对束缚身体。“一战”以后，人们更加珍爱生命的美好，同时也感受到了工业社会下对个性的压抑，开始向往最自然的状态。于是，原型服装的出现得到了人们广泛的响应，很快流行开来。我们仍以香奈儿为例，她在1954年接受*VOGUE*杂志专访时表达了对原型服装机能性优势的认同：“如果服装不能彻底发挥良好的机能的话，那就是不能穿的东西。所谓优雅的服装，应当是让人穿上之后，还能活动自如。”这种观念一直支配着她的设计方向，她“以服装的结构顺从人体的结构以取得良好的舒适性”为原则，在实用的结构和材质上下功夫，给西方人带来了一种原型取代异型的审美观念。

中国传统服装属包裹型服装，服装形制基本上是宽衣型、离体型，尤其是女服，历代廓形女装宽博舒散，展现出东方女子的含蓄和内敛。盛唐仕女所穿的齐胸襦裙“大袖衫”为宽松式样，阔大飘逸，有着丰满、华美、圆润的艺术风

图4-28 文艺复兴的人工外形与"一战"前后保罗·波烈的原型服装

格，到了五代时期，出现了与盛唐的丰硕造型截然不同的女服，襦裙变得纤细瘦弱，裙体变窄，披帛也变狭长，向修长细巧的风格回归，这都说明了服装不断回归人体原型的特点。

在当今时装设计中，尽管许多设计师为了取得奇特的效果，仍会倾向于人工化的廓形设计，比如麦克奎恩多次发挥哥特风格的纵向高耸造型，在服装的高度上发挥设计的极限，斯蒂芬·罗兰（Stephane Rolland）的建筑造型设计总是依靠巨型的衣摆撑起气场，还有川久保玲、山本耀司将日本的"侘寂"审美融于解构设计之中的大型服装也不断强化体积带来的空间效果。但每当出现离开人体的夸张造型后，流行总会及时地回归到人的原型上。

T恤、直筒裤、筒裙、衬衫等都是根据人体的形态而剪裁设计的，尽管时装秀上往往会有夸大、扭曲形态的奇装异服出现，但是最终还是会回归到基础型上，现代人生活节奏快、讲究效率，也偏向于选择原型服装适应工作和生活。可以说，实用主义的服装设计师，到现在依然会遵守香奈儿"只做减法不做加法"的原则。像法国品牌克洛伊（Chloé）、中国品牌例外等都是贴近自然、崇尚人体原型的服装代表。

三、全球趋同

我们现在正处于全球趋同的传播规律中。随着现代交通、通信的发达，各国之间交流的频繁，贸易的发展和信息化的飞跃促使服装走向了全球化。现代服饰的趋同规律主要是由西方传向世界的。西方在工业革命之后长久地占领着世界的主导位置，在经济、政治、文化上不断向外输出，当今的正装——西服也是西方传统服饰的产物。

服装的全球趋同与世界时局有关。以现代女装为例，西方从“一战”到1929年世界经济危机这个阶段完成了现代化。那时出现了按场合作区分的现代礼服，主要有露腿的小礼服和长及脚踝甚至拖地的大礼服。大礼服包括婚礼服和晚礼服（参加隆重社交场合或正式晚宴时穿）；小礼服包括正式的日礼服（白天参加婚礼、毕业等庆祝活动时穿）、略式礼仪场所的宴会服、鸡尾酒会服和黑色简略的丧服。更简化的小礼裙，还可与日常连衣裙互换，界限已变得十分模糊。大礼服的基本形态从古典服饰中发展而来的，上半部袒胸露背，下半部遮盖严密，表现出很高的礼仪性。小礼服样式以著名的香奈儿小黑裙为开端。小黑裙开创了现代礼服的先河。它摆脱了礼服那正统、高端的刻板形象，长度仅至膝盖，款式简洁，廓形中带着几分帅气和纤细，所需的配饰也很少。在现代时装史上，小黑裙被许多设计师反复地进行演绎，如迪奥、巴伦夏家、纪梵希、华伦天奴、范思哲、阿玛尼等，更新了经典小黑裙的新面貌。今天的礼服，无论设计上多么大胆、新颖、有创意感，其原型都直接来自这一时期（图4-29）。

图4-29 小黑裙全球趋同

现代运动装也在这个阶段形成。19世纪后半叶，女性开始参加体育运动，但那时的女性，上半身还被紧身胸衣束缚着，所以运动时极不方便。此时运动服正式进入女装的历史。几乎绝大多数的女运动衣，如网球服、滑雪服、溜冰服、游泳衣、高尔夫球服、骑马服、猎装等都出现了。休闲便服中，包括夹克、马甲、衬衫、毛衣、T恤衫、斗篷等上衣，还有裤子、裙子等下装，以及上下一体的大衣、连衣裙等在“一战”后也都出现了。服装全球趋同的规律，可以说就是从香奈儿开始的。她在20世纪20年代设计的简洁女装，可以原封不动地在当代穿着。所以，她被视为现代服装的改革家，美国人把她对现代服饰的改革贡献，视为与爱迪生发明了电灯一样重要。

随着当时的全球化发展，一百年前实践过的这些样式，逐渐扩散到了全世界，且对今天的影响依然深远。我国服饰与国际接轨，也是在20世纪，并分别经历了两次西方现代服装的洗礼。第一次是20世纪二三十年代，在中西方文化的交流中，西方先进文明对传统中国的冲击，成为中国服饰变革的契机，中国服饰也借机翻开了新一页的历史，着墨现代设计的新篇章。第二次是改革开放，中国与海外交流、接触的机会大幅增多，西方文化和港台时尚迅速进入内地，向年轻一代传递着最新的潮流信息。80年代的大喇叭裤、蝙蝠衫、健美裤和银幕上的“红裙子”，都带动了西方的现代服装成为时尚。90年代我国服装进入变化最快的时期，除了对国际品牌的追崇外，服装的大胆尺度直接挑战着传统的审美观念，内衣外穿、露脐装、哈韩服等站到了流行前沿。

可以看出，符合全球趋同规律的现代服装已经在全球普及，各国人民穿着国际化服装，也是一种大型的群体同化现象，有利于全地球人类的和平共处发展。但不可忽视的是，全球同化语境下，许多民族依旧能保留自己的传统服饰，与国际化的现代装并立。这一方面是因为民族文化没有断层断根，许多传统精神被保留下来，国家和政府对于保护民族服装也起着持续的推动作用，例如印度的莎丽、日本的和服、韩国的韩服，在这些国家本地的许多正式场合和非正式场合，上至国家领导，下到平民百姓，都既可以穿着西服，也可以穿着民族服饰。

进入21世纪，随着中国国际地位的上升，中国传统服饰的元素也开始走向世界，有些时装设计甚至会参考中国的中山装、旗袍等设计特点。在全球趋同这个层面，一个国家或者一个民族拥有的力量与地位越强大，它的文化输出也会更容易令人接受。例如唐代是当时世界上最强大、最先进的国家，万国来朝，周边的东南亚小国甚至东欧国家都深受中国文化的影响，唐样式的丝绸服饰盛行，汉服与胡服交融也是一种“全球趋同”。

中国文化崛起的当下，一批年轻的设计力量正式拉开了本土时装设计腾飞的序幕，把民族服饰精髓和现代艺术氛围有机融合的设计师亦不在少数。当然，强调民族文化的同时也不能故步自封，世界越来越小，交流永不止息，而这种交流很大程度上会碰撞出奇异美好的火花，可就中国现状来看，20世纪因闭关锁国吃尽苦头的中国人似乎不会旧错重犯，我们担心的是矫枉过正。现代服装的发展伴随着经济、技术一体化以及文化全球化的过程，这既给服装产业带来了机遇，也造成了传统文化特质的丢失。该如何解决这一问题？换句话说，该如何理性地看待现代服装的全球同质化现象，同时，又该如何看待今天传统服饰文化的更新与再生，以及怎样判断哪些属于合理的传统文化，哪些则属于传统文化的糟粕。

我们先来解释传统服饰文化丢失的疑问。

中国服饰文化是一条绵延之河，尽管相比西方而言，它发展主线明晰，但它既不属于古老的原生文化，也不算是单纯的本土文化。回顾中国服装的历史，很容易看到服饰所体现的时代特有的气象，如唐、宋、元、明的袍服相互间有明显的差异，明代的袄裙与清代汉女所穿的裙服也不尽相同。这说明，服饰的发展实际上是将中华各民族的文化熔于一炉的，到了20世纪，又与世界文化混融在一起。服饰要发展，自然紧紧围绕人们实际生活的需要展开，某些不符合时代的文化会被抛弃，同时文化新质也会不断掺入，令文化再生。如旗袍从旗人的游牧服饰发展而成清朝可识贵贱的等级手段，继而演变为民国女子争取平权的思想象征，再逐步发展到现今追求传统趣味的艺术风格。这一过程，有文化的断裂，也有文化的继承和再生，体现着服饰文化不断发展的自然规律。因此，在传统服饰文化丢失问题上，笔者认为，不应抱有悲观态度，如同西风东渐尤劲时，旗袍着实吸收了不少西洋元素，它被外来文化改造，成为“中西合璧”下“传统又时髦”的女装，这恰好创新了附着在它身上的文化隐喻。逻辑上讲，这是因为现代文明的气息令旗袍失去了它原有的社会条件，而不是传统服饰文化遭遇了危机。

再来解释如何看待现代服装的全球同质化现象。

现代服装从一开始就不是阳春白雪，而是需要有很广泛的消费市场，这就决定了它能够走通产业化的道路。为了赢得国内外市场，改革开放后的中国服装业开始大规模从事来料加工和来样生产的外贸出口，而整个国内对现代服装的审美和消费意识都很不成熟，于是在早期的品牌建设时期，一味引入生产，而忽视了服装的设计开发问题。经笔者考察发现，许多初期品牌的成衣都缺乏个性特色，样式、色彩、面料雷同现象很严重。大多数服装厂都没有从事成衣设计的专业人员，开发什么款式几乎是领导决定，凭借领导的商业嗅觉来判断产品。一旦新款上市，又面临各家的仿制，所以产品上家家相似，几乎都在同一层次上。用纺织商会副会长谭安的话说，当时的产品形象就像"地摊货"。显然，生产商把注意力都集中在价格战上了，谁也没有意识去投入成本进行设计创新。当时所谓的设计来源，就是各国订货时留下来的设计样。这样，中国服装业为表现出低价的优势，付出了丢弃产品创新能力的代价，结果使中国服装反而在市场上失去了竞争力。

面对这个问题，有足够的理由让我们去理性地审视设计研发所产生的产品附加价值。现代服装在产业中的核心要素是什么？我想理应包括三个：一是创新设计，二是管理模式，三是营销理念。第一点是决定服装具备差异性和文化品质的关键所在。

接下来让我们探讨一下传统服饰文化在今天的更新与再生问题。

近年来有一些从传统服饰中发掘灵感的品牌风靡国际市场，如"上海滩"（Shanghai Tang）。它在设计风格上有鲜明的传统文化再生现象。其最出名的产品是从20世纪前期改良旗袍变化而来的现代旗袍、唐装、马褂等，主要顾客以西方人为主。"上海滩"的时装元素不只局限于老上海，而且也不仅限于中国，该品牌虽名为上海滩，其实是搜罗全世界存在的儒家文化圈的传统服饰而发展起来的。"上海滩"有一个经典系列，叫作KALEIDOSCOPE，即从侨生（海峡华人）文化中汲取的设计。设计师以竹子作为设计图案，用精美的刺绣表现在大衣和夹克上。设计师认为"竹"美名已久，"以四季如一的耐久性与弹性而闻名，也是生命与逆境中勇气的象征"。此外在精神意境上，竹还代表虚怀若谷。这无疑是利用了东方文化的"象征性"，把植物赋予品格，这一点对西方人来说非常新鲜，从这一个元素，我们实际上可以总结出"上海滩"的整体设计卖点，用外国人所不熟悉的元素搭配富含深意的解释来吸引消费，同时加速了东西交流，也造就了商业价值。从"上海滩"案例中我们发现，它既保留了传统元素，又有着浓郁的时代气息。传统服饰要焕发生机，需要像这样去贴近当代人们的生活理想和审美品位。

“夏姿·陈”也是当今发展形势比较好的中式服装品牌，享有国内外高端市场（图4-30）。其设计师敏锐地认识到，当今顾客的审美趣味已不同往日，不太容易接受烦琐艳俗的刺绣装饰。所以，该品牌的成衣基本不附着大量手工，而是尽量展示天然材料的质感和传统缝制的特殊痕迹，发掘传统服饰的肌理美，而非装饰美。该品牌成衣将传统服饰趣味转向朴素，并开发出许多极富生活气息的现代题材。它在商业上的成功说明，传统服饰的再生绝不能忽视时代要求。只有深入理解现代生活，才能使传统服饰合理地再生。这里强调的时代要求，是指那些具有现代内涵的意识形态、技术前提、管理形式、社会环境等。同时，对传统服饰的再生，既不能看作一成不变、完全照搬，也不能纯粹用行政手段进行干预和保护，最重要的是设计师需要有主动发掘和改造的文化自觉性。

图4-30 中式品牌“夏姿·陈”

第五章　服饰的流行性传播

流行是包罗万象的，但长期以来人们对流行的研究都主要圈定在服饰领域，尤其是20世纪前半叶成衣业的兴起，令时装成了时尚与流行的代名词。为什么人们一说到流行，主要就指服装？因为它是与我们身体外部结合最紧密的一部分，最能表征人的模仿本能。

第一节　服饰流行理论

服饰是一种文化现象，它伴随人类的时间最长。就像一部穿在身上的活日记，服饰蕴藏着人们内心深处的东西，不但记录了人们对美的永恒求索，更传递出社会、历史和文明的足迹，充满了智慧。服饰具有极强的时效性和流行传播性，是人与人传递信息最直观的方式。其变化快、周期短的特点，对人的发展所产生的影响，是其他文化因子无法比拟的。服饰有两重性，一是服饰的物质性，它体现为物理性和机能性，为人的活动和生活提供实用和方便；二是服饰的精神性，以人为载体，更多地体现为标识性、审美性和文化性，传达服用者的社会地位、个人意志、情感、个性等信息。服饰的物质属性和精神属性彼此配合，共同书写着人的衣生活形态，改善、创造着人的各种社会关系。

人类天生求新、求变、求异，这决定了特定时间内对服饰美的理解和标准只是相对的、暂时的。每一时期的服装，常常表现出一些相似的外在符号，形成流行现象。流行有很强的时间概念，即生命周期，它反抗过时的、不具时代感的事物。除了服装之外的其他社会文化在生活中也会流行，流行存在于我们生活中的方方面面。

一、服饰流行的历史

服饰流行最早出现在19世纪后半叶的巴黎，高级定制服装出现时就有了服装的流行。但服饰的传播在此之前一直都存在着。无论中国还是西方，服饰传播最早都是通过不同民族间的战争与交流来进行的。中世纪的十字军东征促进了东西方的商业交往，将东方拜占庭的华丽服饰带入欧洲；魏晋南北朝时期，各地战事纷争，服饰文化相互影响和渗透，这期间流行的裤褶、两裆和半袖衫，就反映了当时服饰与时推移、与世流迁的现象；贞观年间文成公主下嫁松赞干布，把盛唐初期的“时世妆”传播到西域，促使汉服饰与异域服饰融合发展。

近代市民社会形成之前，皇室贵族领导着服饰的潮流。路易十四时期，法国宫廷把巴黎服饰穿在原大或缩小的时装偶人身上，装入箱子，作为礼物送给欧洲其他王宫，并在许多城市展出，史称“潘多拉盒子”。偶人娃娃的服装、化妆、配饰、发型都是当时人们欣赏和仿造的对象，成为风靡一时的服饰传播工具。后来又出现了衣着时髦的蜡制模特，取代了过去的人偶。蜡制模特与真人大小一致，但比例更加完美。同期还出现了创刊于法国的杂志《麦尔克尤》，该杂志以绘制时装铜版画的方式向公众传播宫廷的新闻和时装信息。18世纪各种洛可可风的服装杂志陆续出版发行，杂志信息量大，受众群广，使流行走进人们的生活，逐渐成为服饰传播的主要方式。进入现代以后，时装杂志中有关款式搭配的平面图和模特着装的摄影片，作为高清晰的表述方式展示着服饰的诸流行要素，刺激了人们对流行的意识，始终左右着人们的消费和生活。

服饰发展到今天，主要通过两个渠道传播流行：一是定期举行的动态时装表演和静态服装展示，二是名流人士、时尚编辑、设计师、销售人员、广告策划、摄影师、化妆师、陈列师等流行的制造者。

动态时装表演有高级时装发表会、成衣专场发布会、流行趋势发布会和娱乐表演四种形式（图5-1），由真人模特穿着新设计的服饰在T型台上进行展示，主要目的是促销产品，另外也为了对外宣传、扩大影响。时装表演对流行的传播非常重要，常常邀请高端买手参加，选择设计来生产，通过销售出商品而传播流行。最早的静态服装展示是前面提到的时装偶人和蜡制模特。直到今天，从蜡制模特发展来的塑料模特、树脂模特和立体裁剪用的人台模型，都成为传播服饰的重要辅助工具，在时装专卖店的橱窗里陈列展示的着装模特，形象地传达着流行信息。

图5-1 时装表演的形式

（左：20世纪50年代；右：21世纪初）

20世纪初德国哲学家西梅尔提出流行理论“下滴论”，该理论认为流行具有很高的社会价值，且从上层社会向下层社会渗透和传播。名流、演员、成功人士的着装显然成为服饰流行的坐标，指导着大众的选择。此外，时尚编辑为流行工业服务，选择性地介绍流行，为最新服饰促销。设计师、化妆师和摄影师以专业素养和风格流派创造了流行样式，掌握了流行的领导权。销售人员和广告策划者则以分析市场及消费心理为主，把握流行的脉搏并将其扩大化。

传播的发展按照人类传播的活动分为口语传播时期、文字手抄传播时期、印刷传播时期、电子传播时期和网络传播时期。相应地，传播媒介的变迁也经历了口语语言媒介、文字媒介、印刷媒介、电子媒介和网络媒介几个阶段。这个历史演进不是逐个替代的过程，而是依次叠加的过程。

从历史的视角看，人类最初通过声音来相互交流和传递信息。文字形成以后，通过手抄方式可对信息进行较长时期的保存和积累。印刷术的发明，使传播技术发生了巨大变革。印刷媒介包括报纸、杂志、书籍以及其他一切纸质媒介。18世纪，欧洲的杂志和报纸同时期发展起来。杂志关注时代走向；报纸涉猎日常新闻。杂志拥有高质量图像和深入的调查报道，刊登与文学、政治相关的内容；报纸则涉及简短的国内外事件以及商业和经济新闻。从19世纪中期开始，杂志的注意力从富有阶层转向大众读者，对公众的日常生活产生了更广泛的影响。进入20世纪，尽管有电子媒介的竞争，但图片报道和视觉吸引力对杂志来说仍然非常重要。尤其是服饰类杂志，主要依赖视觉的吸引。

杂志在20世纪四五十年代达到顶峰。20世纪末，杂志开始在互联网上以虚拟的形式“出版”。

19世纪中后期，大众传媒与科技融合，产生了广播、电影和电视等电子媒介。录音和广播属于声音媒介，多用来进行音乐和谈话节目的播出。电影靠大量形象、舞蹈和歌曲创造画面。后来电影面临电视的竞争，进入新的传播渠道——有线电视和录像带。特别是20世纪80年代“家庭影院”开始依靠有线卫星台提供电影的播放服务。20世纪90年代以来，经济的转型促使世界变成一个整体。在这个背景下，新媒体的互动性、信息传播的即时性、信息平台的开放性，都对传统媒介已有的功能进行了补充和拓展。网络实现了全球信息资源的交换和汇聚。

服饰流行主要是指人们模仿、学习他人的着装和行为，进行横向的服饰传播，并形成相对固定的衣风格与衣语言。服饰流行包含变异和趋同两个过程，有着复杂的思想前提，它与人们内心的价值取向有密切联系。人们总是在交流中寻觅一种社会认同感，总是在观察自己应该怎样才能符合所处的社会群体的需求，受到这种意识的驱使，人们通过模仿明星、名人，来感受身份和地位的优越；通过模仿强者、勇士，企图获得同样的超能力；通过模仿时髦的、美的事物，希望听到他人的赞誉。基于这些心理趋同的模仿本能，表现在服饰上就出现了诸多有共性的服饰交流语言，我们称这些共同特征为服饰上的流行。服饰流行通过传播得以推广，刺激人们在同一时间对同一服饰风格产生需求，在心理上建立起共同的信念，从而被普及。

服饰流行从发展规律上可分为三个类型。一种是自然发生的流行，这是一个颠扑不破的流行规律。人们的模仿性和被指导性心理，与求变心理相互作用，加上季节的更替，使服饰不断更新，引导着流行的热潮，推动了流行的发展。这种流行规律按周期前行，流行往往在一个周期内被推向极端，再继续朝相反的方向发展，如此循环反复下去。翻开近现代西方服装史，会惊奇地发现几乎所有具有时代里程碑的样式古已有之。新古典主义时期的高腰身女衬裙在形式上和古希腊的爱奥尼亚式希顿差不多，19世纪后半叶巴黎“高级时装之父”沃斯在高级定制礼服方面的审美标准，和洛可可时期的女装在效果上几乎一致。但这种流行模式并不是简单的历史重复，过去的样式经过之后的褪色再到现在的复兴，体现了流行的否定之否定的扬弃过程。

第二种是不规则的流行。服饰作为一种深深根植于社会背景中的表现形式，有着与社会活动相对应的现象。因此，服饰往往和政权的更迭、经济的发展、风气的变化、社会思潮等因素交织在一起，呈现为不规则的流行模式。今天，弘扬“汉服”文化的现象便是最典型的例证。以交领右衽、宽衣大袖为特点的汉服，作为汉民族的衣冠服饰重新得到推行，人们普遍认为这是中国崛起时文化复兴的产物。尤其是有礼仪象征和标识功能的传统装饰纹样如云纹、如意纹等，与当下的人文奥运精神相符合，被广泛运用在2008奥运会的火炬手制服、中国代表团领奖服、礼仪颁奖服、各赛事工作服以及官员正装中，在国际上也掀起了服饰的“中国风”，对当年的时尚流行产生了重要影响。

第三种是人为创造的流行。现代社会中的人们阅读报纸、杂志，看电视、电影，各种传播制约了自己对服饰的喜好和选择。商家利用这些行之有效的媒介载体，为追求最大利润，人为地制造各种服饰流行。随着商业竞争日益激烈，流行速度越来越快，周期越来越短，规模越来越大。每一个成衣品牌每季度都生成自己的流行趋势，展开一段与流行相关的故事，编导着吸引消费者的鲜活生动的流行神话。此类现象在各国举办的时装周发布会上比比皆是。

二、流行传播的过程与效果

服饰流行作为传达信息的重要元素，有它的特征和表现手法，为媒介提供了丰富的发挥空间。其通过媒介进行传播的过程体现在两个方面：一是服饰流行发挥传播功能，二是传播以服饰语言的面目出现。服饰流行的发展与传播媒介的载体变化有关，流行表现出来的继承与创新、趋同与变化，也都会对传媒载体的改进、飞跃产生影响，直接或间接地作用于传播媒介。

服饰流行发挥传播功能，具体表现在两个方面。首先，服饰流行整合所传达的信息，使信息的传播更准确。服饰不单是美化媒介的形式，更用以传递信息，发挥传播的能力。在这方面，时装秀的作用是显而易见的。一年两次时装秀，及时地传播流行色、纱线、面料和服装的信息，这些时尚领导着大众的服饰走向，为服饰传播起到推波助澜、不可缺少的作用。同时，在传媒中合理地运用流行元素，也能够更加准确地传达视觉信息。其次，服饰流行具有影响受众选择传播媒介的能力。服饰流行的理念在传播，受众也越来越有流行意识，也就是说，服饰流行具有冲击力，它可以借助其引领信息的功能，在媒介中发挥传播的作用。有些品牌选择时尚类、专业类服装杂志进行传播，因为平面媒体图像清晰，易被传阅，符合时尚人群的购买行为。一些前卫个性的品牌会在网上推广，因为网络是迎合年轻人习惯的载体。像实力雄厚、批量生产、大面积推广的运动装、男装品牌则适宜电视媒体，其消费群也对电子媒介形成了依赖。

传播以服饰语言的面目出现，服饰流行使媒介的视觉效能更强。服饰是非语言性的媒介，它形象生动，通过视觉，能够传达语言以外的意义和感情，文化倾向更强。服饰作为现代传媒的诉求方式之一，唤起了人们最早感受事物的经验。服饰的视觉作用激发人们通过眼睛直接感觉和联想，而不用辅助手段表述和解释。例如杂志刊登的时装广告，常借助模特、化妆、造型、动作和环境等条件，直观地向受众传播品牌概念，让图像“说话”“传情”，而不仅仅是作为华丽的视觉展示。这些广告图片指向人们的理想，包括征服的欲望、胜利的姿态、社会地位、财富炫耀等，使人们获得生理和心理的满足。同时，广告还使媒介正在传达的品牌价值更得以彰显，显示传媒自身的格调以及对受众的定位，也是时尚品位的象征。另外，现代传媒已经越来越多地通过服饰流行表现出来。服饰流行既是一种过程，又是一个复杂的有机体系。这个体系通过传媒被播报和宣传，导致受众认为时尚流行是现代传媒不可分割的组成部分。现代传播对流行的重视，引发受众对流行的关注，相反地，服饰流行也成为现代传播的重要手段，发挥了其特有的影响力。

人们普遍认为，传播媒介所传递的有关信息对人类社会产生了重要影响，因此如何运用媒介来传播服饰信息至关重要。传播媒介是服饰流行的通道。服饰流行的变化与发展，都依赖传播媒介的支持，以及信息传播媒介的丰富多彩。

传播媒介的技术发展促进了服饰在销售和流通上的多元化。许多知名品牌不仅保持着原有的传播推广模式（如旗舰店、精品店），也开始另辟蹊径，开办虚拟专卖店，通过网络传播、推广品牌。目前，很多时尚奢侈品牌，如迪奥、古驰、路易·威登等利用网上传播的资源，设立电子商务站，开展网上销售业务。网上销售以配饰为主，如箱包、鞋帽、太阳镜、丝巾、珠宝，尤其是珠宝，在品牌注册网站上订购，还避免了买到假货的风险。网络新媒体这个平台加强了企业的信息化建设，给用户带来颇具吸引力的购物体验，同时，也开发了新的客户——长期网上办公和活动的高收入行业人群，他们有消费实力和对时尚的认识，但其购物方式与以往不一样，习惯于靠网络交易来购物。网上专卖店全力追随这个消费群体的生活方式，将他们的兴趣爱好引入品牌传播当中。另外，美国、法国的一些大型购物中心，如法克斯、第五街、老佛爷、巴黎春天等百货公司，也早已开始在自己的大型门户网站和服装行业网站上设置商品买卖功能，使人们足不出户也可以在“商场”购物，以此来网聚消费者和加盟代理商。对中小型企业来说，网络传播媒介具有投入资金少、推广范围大、反馈信息迅速、时尚互动性强等优势。许多服饰企业越来越关注发展网络传播的经营方式。网络随技术的进步不断延伸，已经成为服装流行与传播媒介相互之间进行有效沟通的重要方式。

传播媒介的互动性使服饰流行向大众普及得愈加迅速。随着互联网向大众媒体的转变，由设计师引导服饰流行的模式也发生了变化。异军突起的欧洲品牌ZARA、H&M、C&A等，反传统而行之，以快速时尚著称，紧跟国际流行，速度制胜的态势极大地冲击了服装市场的传统格局（图5-2）。快速反应的供应链更方便传输信息，从设计、试样、投产到店面销售，仅用不到一个月的时间便能完成，如此短的周期令传统服装品牌望尘莫及。一流大牌的形象、二流质量的产品、三流低廉的价格，组成无懈可击的经营效果：低库存、款式多、淘汰快，称得上是服装行业的奇迹和创新。

图5-2 ZARA的快销模式带来流行传播的加快

这些连锁品牌很少做广告，而是大规模进入网络在线市场和邮购市场，流行更新，速度更快，向大众普及得也越来越广。

从上述有关服饰传播的探讨可以看到，服饰流行既有自身的特殊规律，又受到传播媒介等因素的影响。在现代社会中，流行的作用是刺激人们采取行动，废止旧的商品。服饰与媒体相互配合，不断制造流行和人们对流行欲望的需求，驱使人们不断追求，不停消费。服饰流行使媒介视觉化、物质化，并已成为大众媒介中一个重要的板块。从传播的角度来看，服饰流行本身具有传递信息、交流互动的效用，了解这个前提，是打开服饰传播的整体之门的钥匙。

日本著名流行分析家大内顺子在《流行与人》一书中指出，“流行似乎每五年就发生一次大变革，这好像和人类社会具有的持续力有关，大概人们也一定每隔五年就要求时代有一种什么时代变化，而巧妙记录这些变化的时装就以各种新的样式表现出来。可见流行与时代息息相通。”[2]276时装样式的频繁更迭反映了应时的社会影响力以及时装流行原理的内在规律，其流行意图或动机不是单纯源自人类对自由美的向往，而在很大程度上依附于大众传播。

三、媒介加速服饰流行

20世纪末，新媒介技术快速发展，广阔的市场与日渐凸显的影响力催生了多种新媒体形态与服装产业结合，改变了传统服装行业的组织结构模式及产业流程模式，赋予了服装产业在数字化时代的新内涵。

服装产业是城市工业的重要组成部分，在满足人们衣着需求、吸引劳动力就业、增加出口创汇等方面发挥了重要作用。它是以服装设计为源头，以面料、辅料、加工等为内容，以配饰、化妆品、形象设计为附属，以展览、报刊及新闻传播、信息咨询等为媒介的经济形态。由于当前数字媒体技术的发展已经形成日益强大的服装技术商业与传播能力，于是在服装产业创意、设计、生产、销售、消费、使用的整个链条中，新媒体都扮演着越来越重要的角色，对服装业产生了全方位的影响。

新媒体成为服装产业重构整合、技术升级的重要载体和手段。不断涌现的新媒体对于服装产业而言，最直接的影响是充分利用先进技术和现代生产方式，改造传统的服装生产和传播模式，推进产业升级，延伸产业链。目前，行业正在全面推进面辅料生产、研发、咨询、媒体、物流、商贸、教育、展览、表演业等领域的数字化。同时，也在推动全面信息化技术、现代管理技术、电脑控制自动化缝纫技术的研发和应用。以计算机辅助服装工具为例，随着国际互联网的开通，在大型服装企业中，计算机服装制造技术的服装CAD应用率接近90%，CAM、ERP、PDM、SCM等应用接近20%，这类技术成为服装业目前最大的网络信息服务商，促进了服装企业的信息化进程，使产业能源消耗进一步降低，提升了服装产业的整体技术水平和竞争实力。

服装产业内部的整合及服装产业外部与其他产业之间的联动关系变得突出而紧密；新媒体具有贯通服装产业链的特性，同时成为带动相关产业的纽带，促进了服装产业的整合与重构。

此外还有一个不可忽视的变化趋势是新媒体促使了时尚产业的结构升级。时装与流行是同生并存、相辅相成的。流行时尚本身是时装的本质属性。其实，英语中的时装与时尚本来就是同一个词，叫作fashion。时装在横向空间性的扩展就是流行传播，在时间性的连续叫作继承。新媒体的介入改变了时尚业的传统面目。法国设计师瓦伦蒂诺（Valentino）一贯用神秘感制造时尚的吸引力。2008年，他的传奇传记电影《华伦天奴：末代王尊》（*VALENTINO: The Last Emperor*）在多伦多国际电影节上展出，向观众展示了其工作的全部过程，分享了以往的"神秘"内幕，这部影片创造了当年300万美元的票房，是颇为优秀的纪录片成绩。法国品牌路易·威登的设计师马克·雅可布（Marc Jacobs）甚至请记者与他一同工作，拍摄出一部路易·威登系列设计过程的纪录片，雅可布说："互联网和新媒体是促成这一变化的主要力量。"随着时尚业的公开化，美国《时尚》杂志的主编凯特·贝茨（Kate Betts）说："时尚业曾是一个较之现在小得多，也封闭得多的产业。后来它成了全球性产业，如今则越来越像娱乐业。"新媒体给服装品牌提供了展示自我、获取信息、把握世界流行趋势的舞台。

目前新媒体方面的电子商务有互联网平台、B2C商城、数字电视、手机等多种形式，这些形式又可分为两大类，一是传统线下品牌上线销售，把新媒体的链条打通，整合线上线下共同建设品牌及销售，二是单纯从互联网诞生的品牌，这是一种新的商业局面。

前者基本上是传统服装品牌销售在网络上的延伸，促使新、旧媒体融合；而后者则彻底颠覆了传统运营的方式，使客户无边界地聚拢起来，所有商品都可以面对所有的网络使用者，同时让用户成为主动参与者，对商品拥有了更大的选择。这一方式目前在中国的发展态势引起了业内的全面关注。通过网络分享，已经诞生了众多的新生网络服装品牌。例如，创办于2007年的凡客诚品（VANCL），支持全国1,100城市货到付款、当面试穿、30天无条件退换货，凭借极具性价比的服装服饰和完善的客户体验，其在中国服装电子商务领域的品牌影响力与日俱增，成为中国人尤其是年轻人生活购物中的一部分。

依靠新媒体的商业模式，创造了新的市场需求。随着淘宝网、京东商城、当当网、1号店等B2C商城的快速发展，电子商务渐成趋势，这种新型的购物模式有别于传统消费，因快速、虚拟的购物体验深受消费者欢迎。服装电子商务的蓬勃发展，既可丰富市场，让人们的生活更别具一格，又能充当实体店不能取代的新商机角色。据统计，2011年全年服装网上购物规模已超过1,000亿元人民币，同比增长60%以上。许多服装品牌早已涉足网购领域，有的是自建电商平台，有的与国内电商合作，有的则两者兼备，“双管齐下”抢占服装电商领域。

网络的崭新特性带来了与传统营销大相径庭的运营模式和其他特点。品牌是企业致力于建设的无形资产，它最大的意义在于创造了更高的精神价值，同时也带来了更多的实际利益，使品牌与客户达到双赢。如果说商业的本质是使目标受众作出购买决策的活动，那么，网络在沟通方式上相比传统模式则有许多崭新的特点。首先，网络传播范围更广泛，直达核心消费群内心，使客户的地位上升，有了更大的选择性；其次，网络在空间大、更加节省成本的作用下，对受众采取行动的机制发生了变化，品牌应向受众提供足够的事实参考信息，才能最终促成购买决策。所以，整合营销传播（Integrated Marketing Communication，IMC）被看成21世纪决定品牌成败的营销战略概念。也就是说，品牌要以消费者为核心整合重组促销、推广、新闻、直销、产品等传播形象，统一的一元化形象能让消费者从不同渠道获得同一个信息。

在最近的国际时装周上，各大服装品牌纷纷利用新媒体造势，着手整合营销传播观念的规划与实践。新媒体最基本的特点是信息传播的互动性，也是较之传统媒体的最大优势所在。受众开始有选择性地接收信息，进而主动寻找甚至发布信息，使传者和受众之间界限模糊，地位平等，处于互动的循环交流中。这一模式颠覆了传受分离的传统信息模式，在此基础上，服装的传播模式也随之发生了变化。

新媒体从以往的以传者为主体的单向信息传播变成了现在真正意义上的双向、多维的传播与交流，这给服装企业带来了很多机遇和挑战。iPhone手机购物已经和服装品牌联合，有自主特色的App应用程序能让用户随时看到喜爱的品牌的最新资讯。法国时装品牌香奈儿第一个与iPhone web链接，用户不但能在手机上看到该品牌时装秀的最新图片和视频，还可浏览随时更新的官网新闻，如果选择到该品牌专卖店购物，GPS还能够为你提供离你最近的香奈儿店铺的地址。从营销来看，它具备盈利的价值，也是奢侈类品牌现今广泛启用的一种新的推广媒介和桥梁。

谈及奢侈类及高端服装品牌的传播，主要媒介渠道就是新媒体——SNS（全称Social Networking Services，社会性网络服务）。它是指基于个人之间的关系网络，为人们建立社会性网络的互联网应用服务。世界奢侈品研究协会的调查数据显示，70%的富有群体通过建立粉丝群、举行特别优惠活动或者是新鲜的商业讯息加入SNS的对话当中。有专家预测，尽管传统媒体仍是奢侈品牌传播的主力，但社会性网络服务将不可阻挡地主宰未来的奢侈品牌传播，推动奢侈品牌与其消费者的对话，这种情感的沟通是预备建立长远品牌的企业应关注的方面。

英国风衣品牌博百利（Burberry）曾推出一个独特的社交网络平台——Art of the Trench。这个网站首页上组合了许多街拍照片，每张照片里的人都穿着同一类衣服——博百利风衣。实际上，这绝不是一个单纯的街拍网站，而是一个以风衣为主题的网络社区。用户可以对浏览的照片进行评论，也可以转载到Facebook或Twitter上，与更多的风衣爱好者讨论心得，还可以上传自己的照片，和别人分享自己和博百利品牌的点点滴滴。这是一种很聪明的情感营销方式，通过一件经典款式的风衣将陌生人联系起来，品牌打造的正是一种以风衣为情感载体的集体映像。相对于缺少互动、过多拉拢引诱消费者的杂志、广告等传播形式，社交网络的“情感推动”更有说服力和人情味。

法国品牌卡地亚（Cartier）也利用My Space来宣传商品。登录者在其空间里得到的不是广告，而是快乐。因为这里有Lou Reed、Grand National等艺术家的音乐作品，也可以分享和观看一些浪漫的爱情视频剪辑，情感让商品变得更有价值了。

当然，SNS远不止为奢侈品牌提供服务这个层面。根据相同话题建立群体（如贴吧）、根据爱好建立群体（如Fexion）、根据学习经历建立群体（如Facebook，人人网），还有ArtComb、Friendster、Wallop、adoreme等，都被纳入了“SNS”的范畴。

综上所述，新媒体对服装产业的影响是深厚的，它打破了国界的限制，人们可以在更大的空间范围内享受到信息获取的便利。新媒体不仅在服装的采购、销售、库存、财务、生产、配送、物流、办公、客户管理、统计、专卖店零售等各环节推动经济发展，更重要的是，它一直在改变服装产业的信息化服务体系和电子商务，这是现状，是行业特点，也是行业发展的趋势。

第二节 流行的发送者:“把关人”

德国社会心理学家库尔特·莱文最早提出“把关人”的概念,认为“在群体的信息传播中,存在把关人,由他们对信息的流动进行控制”。流行理论体系进一步扩展了“把关人”的概念,他们“基于自身经验、态度和期待”来创造流行,在操纵流行、控制流行速度方面起关键作用。

服装理论家李当岐教授曾提出,进入20世纪后,在工业化的进程下,流行不再局限于小规模的模仿现象,开始朝着跨越地域、国界、阶层的局限的方向,大规模、快速度地加速发展。此话揭示了时装流行原理的形成与大众传播有着密切关系。在大众传播进入20世纪以后,流行具有了新的特色。社会学家杨越千把这种服装中的流行称为“现代社会的流行”。

下滴论、水平流行论、下位文化层革新论、大众选择论是服饰流行的具体内涵。这四种模式不是逐个替代的过程,而是依次叠加的过程。由于大众传媒的发展,现代时装流行在相当大程度上表现为各种意识形态的投射,即使是设计师发自本能的形式美的冲动,在具体物化的过程中也要受到大众传媒的规范。

一、下滴论模式

20世纪初,德国社会学家、新康德哲学家西梅尔提出,流行是从上层阶级渗透至下层阶级的模仿行为。上层阶级的穿戴,具有“名人效应”,他们的装扮对整个社会发生过领导潮流的作用。这种理论曾有许多人赞同,例如美国经济学家凡勃伦发表过“有闲阶级领导论”。他认为人们通过效仿名人的穿戴,在心理上获得与其共同的快感和满足。类似这样的流行言论在大众传播中反复出现。这一时装流行原理背后有自上而下的传播方式作为支撑,因而也被称为“瀑布式”流行。

西梅尔的流行理论基于古典的思维,他认为流行的创造者是具有高度的政治权力和经济实力的上层权贵,虽然他的学说后来受到许多现代社会学家的批判,因为它不能完全解释现代社会的流行现象,但从古到今,上层社会人们的穿戴,特别是名人的服饰打扮,的确曾经对服饰的流行发挥过不可忽视的作用，并且到今天仍然发挥着社会作用。

这种流行的把关方式之所以长期存在，是因为自古以来，人们对贵族服饰中体现的仪式和精神教化的功能有着膜拜情结，还有人单纯膜拜贵族服饰中的物质性和技艺性。毕竟，它除了体现穿着者的显赫地位，还体现出高超的人工能力，表现出人力征服自然达到的极限做法，这也是人类恒久的努力。工艺美术家柳宗悦就说过："工艺的技术史，说成是贵族工艺技术史，也不过分。"

从历史上看，拥有绝对特权的宫廷贵族易如反掌地成了每个时代流行的把关人，王室与时尚是一个永不过时的话题（图5-3、5-4）。西方的名人着装典故比比皆是：古罗马时期，恺撒大帝为了彰显身份，使用稀有的地中海紫贝染织"托加"，创造了紫色的高贵地位；文艺复兴时期，伊丽莎白一世为了遮挡脖子上的疤痕，创造了扇形的伊丽莎白褶皱领，引起了西欧的一股流行风潮。乔治·布莱恩·布鲁梅尔建立了现代男士礼仪着装的模式——深色套装、亚麻衬衫和精心打结的领带，被誉为"三件套西装的完成者"。他的名字与风格和品质始终联系在一起，当时的上流社会在衣着方面都纷纷向他征求意见。

图5-3 伊丽莎白女王、法国玛丽皇后、欧仁尼皇后都是流行把关人

图5-4 路易十四和乔治·布莱恩·布鲁梅尔都缔造了不同风格的男装流行

作为最早的时装开创者，法国的路易皇室立下了汗马功劳。早在路易十三时期，首相黎塞留就开始极有远见地以法国花边、丝绸打造高精尖的手工衣饰品。紧接着太阳王路易十四宫殿里制造的潘多拉人偶，穿着巴洛克时装被送往各国皇室，法国凭借时尚控制了欧洲。路易十四绰号“潮流大帝”，他创造了花枝招展的男装风格，为了让一米五六的个子显得高大，他只穿红跟高跟鞋，并使用高耸的假发，这种潮流风行了一个世纪之久。洛可可时代，蓬巴杜夫人和路易十六的皇后玛丽·昂特瓦奈特共同将洛可可风女装推向顶峰。玛丽任命了历史上第一位时装大臣露丝·伯汀（Rose Bertin），从此时尚流行被王室一手操控，从宫廷传至坊间，成为王室最骄傲的成就。

高级女装之父沃斯（Charles Frederick Worth）是被欧仁妮皇后亲手提携的设计师，作为当时欧洲两大美女（法国的欧仁妮皇后与奥地利的伊丽莎白皇后，即茜茜公主）的御用裁缝，沃斯创作了历史上最美的“克里诺林”式长裙，他没有辜负王室的重用，创造了高级定制的基本形式，大批服装裁缝借鉴他的做法，从个人作坊逐渐发展成为现代品牌，巴黎高级时装行业逐渐成形。当然，没有欧仁妮皇后，法国失去的不仅是高级时装业，还有当今奢侈品头牌路易·威登、珠宝大牌卡迪亚和彩妆品牌娇兰。毫不夸张地说，法国能有今天的时尚地位，最应该感激的就是法国王室。

中国古代史上的皇族名士，也领导过各朝代的流行。应劭在《风俗通义》中有先秦时期的流行出自宫廷之说：“赵王好大眉，人间皆半额。楚王好广领，国人皆没颈。齐王好细腰，后宫有饿死。”唐代女着男服的现象先是从宫中发起的，武则天“衣男子之服”，太平公主着“紫衫、玉带、皂罗折上巾”，虢国夫人游春时穿的标准男装，都在民间形成了一股股女着男服的风尚。

进入现代，流行的“把关人”的范围进一步扩大，除了王室权贵，还有商贾名流，他们都是大众模仿的对象。

例如，“一战”以后，减肥、晒黑和化妆，成为女性最明显的流行追求。“消费主义倡导的身体塑形，也将苗条、有节制的身体与成功人士、上流社会联系起来。”这一做法立即被年轻女孩以极大的热情加以追捧。她们拼命节食，做各种减肥运动，购买健康食品，甚至还通过医学治疗减肥。结果是，瘦骨嶙峋代表了“时髦、帅气、潇洒”的理想美人，消瘦才具有吸引力。服装模特玛利亚诺·莫豪斯消瘦、苗条，她的时装片无处不见，是流行时代的偶像，这种美的标准一直被时尚界沿用。除了体形，皮肤的改变也日渐流行。西方人意识到，被海滨日光晒过的肤色才是健康生活的标志。“能拥有褐色皮肤会让你名望高涨，因为那表示你度过了一次昂贵的南方之旅。褐色皮肤因此也变得很性感，部分是因为它意味着健康的户外运动（运动在21世纪已经变得狂热）。”[29]48在人们的眼中，像时装设计名媛香奈儿那样的褐色皮肤能够最好地表达出现代女性的自由与解放。

可以说，至少在外貌和着装中，“下滴论”很是突出，而这一观念所具有的强劲生命力在后来整个20世纪的人类史中进一步得到验证。自上而下的传播流行，直接衍生出“名人带步、大众追随”的观念，它成为时装流行的重要传播方式，并对其他流行领域产生影响。

二、水平流行理论

现代社会出现的第二种流行把关者，来自大众自身。它的依据是，在现代大众市场环境下，随着宣传媒介愈加发达，出现了所有社会阶层同时把有关流行的大量情报向社会各个阶层传播的现象，即真正的流行产生自大众内部。大众与过去的上层决定论相比，对整个社会的影响力要更大更广。

在此条件下，一度强大的传统“下滴论”逐渐被这种新的学说取代，时装的传播也从过去的“向下细流”转为“平行细流”。这一时期的妇女不再把注意力集中在上层阶级了，她们开始模仿名噪一时的运动员或电影明星。“水平流动论具有无法比拟的高速度和强烈的影响力。该理论认为流行到来之前，时装业要进行大量宣传，宣传推向市场的新样式，消费者就在新季节来临前，从众多新样式中按照自己的需要和嗜好而不是上层阶级的指导来选择。无论流行信息，还是个人影响，都是通过社会各个阶层，水平地逐渐渗透和展开的。”[2]280

在20世纪的时尚历史中，西方王室带来的时尚影响力仍然持续发酵。英国王妃戴安娜和摩纳哥王妃格蕾丝·凯莉作为王室中的时尚ICON，无疑是最高贵迷人的两位。从好莱坞女星晋升摩纳哥王妃的凯莉有着天然去雕饰的古典气质，爱马仕以她而命名的标志性单手柄包因她的携带而红极至今，从美国到欧洲，高级定制的时装、珠宝、手表乃至箱包，都尊她为缪斯。戴安娜王妃独立不倚的个性从服装上显示出来，从宫廷裁缝的传统华贵范儿转向对各国设计师不同风格的尝试，拥有不凡时尚品位的她最终征服了全世界的民众。

如今，王妃宝座看重的不再是族群血统，而是一些更敢于追求真爱的女性风华。"平民"出身的皇室王妃最大的好处是不拘泥于传统，她们十分大胆地选择各种不同风格的服饰，敢驾驭任何一个实用品牌，哪怕大众潮牌也无妨。现实版"爱上女主播"的西班牙王妃莱地齐亚对西班牙平民品牌Zara和Mango情有独钟，当年完胜前法国总统夫人布鲁尼的一身层接连衣裙也是出自西班牙设计师菲利普·瓦莱拉（Felipe Varela）之手。澳大利亚来的"灰姑娘"——丹麦王妃唐纳森身着Designers Remix支持本土高街，与自己亲民的形象不谋而合。比利时王妃玛蒂尔德是本土设计师纳坦和库代尔（Natan&Marc Philippe Coudeyre）的粉丝。荷兰王妃梅贝尔让王位继承人再次上演了"不爱江山爱美人"的大戏，在穿衣风格上也坚持简洁实用的原则。就连最保守的英国王室也容许凯特王妃用Topshop来引领英伦新风尚。面对经济衰退下高级定制行业的萎缩，勤俭持家的王妃们用她们出色的着装品位穿出了高阶风格。

电影理论家巴拉兹曾预言，电影将开辟一个纯粹通过视觉来体验事件与思想的新方向。[45]电影是现代科技的成果，给大众传播媒介带来的影响不容小觑。在社会传播方面，电影对时装起到了巨大的促进和推动。作为视觉的先导，电影给女性在服饰和容颜上以示范，现代女性需要感谢电影的恩惠，因为银幕发现了女性美。的确，电影的普及使女性更加关注自己的形象和身体，这一定程度上也有唤醒女性自我意识的作用，对现代女装的推广有着不可磨灭的贡献。另外，尤其值得注意的是在西方影坛的造星运动中，女明星取代了贵妇，成为引领流行的代言人。

"二战"以后，法国设计师纪梵希为著名影星奥黛丽·赫本在电影中塑造的形象，建立了现代优雅的新标准。影片《甜姐儿》在电影史上并不是寓意深刻的艺术作品，但它绝对是一部时尚教科书（图5-5）。在剧中，赫本身穿白色紧身长裙，搭配粉色披肩的礼服款款走来，呈现出古希腊式的优雅特质。在花园里，赫本身穿黑色X型连衣裙，手握大束彩色气球。火车站台上，她的套装造型采用了七分袖和A字开襟的剪裁方式，影响了后来的时装风格。花店里转身一笑的赫本，身穿印花大伞裙和太阳帽。巴黎歌剧院中随意旋转的白色小礼服和绿色大披肩，令其在举手投足间都折射出优雅与美感。在船上拍摄钓鱼的戏中，一字领剪裁的露脐短装使人们更加注意到赫本的细腰，搭配九分长裤、高檐帽和平底浅口鞋，整个造型十分俏皮。凡尔赛宫前，赫本身穿低胸无肩带的绣花大伞裙，仿佛公主一样高贵。最震撼的是赫本身穿红色抹胸晚礼服，从卢浮宫的阶梯上走下来，面对镜头展开红色披肩，匆匆一个镜头呈现出无法言表的完美。时装设计师约翰·加里亚诺这样评价《甜姐儿》（图5-5）："如果你对时尚没有太多的了解，你可以去看看这部电影，我相信你一定会有收获的。"

图5-5 电影《甜姐儿》塑造了一代时尚偶像赫本

因影片《七年之痒》成为性感女神的玛丽莲·梦露被认为是20世纪性感偶像的代表。不论是在影片中的银幕形象，还是生活中的穿着打扮，她都用重眼线把大眼睛刻画得水灵清澈，把眉毛画得浓黑密长，一头贴服的小卷短发，显得既青春又妩媚，成为许多女性的榜样。水平流行论指导下的时髦样式，成为"国际化"潮流的先导。艺术模特基吉·德·蒙特巴纳斯擅长个性化的化妆，这在当时是相当标新立异的，其化妆成为不少人模仿的样本。英国名媛南希·库纳德喜欢非洲猎豹图案的时装，常从手腕一直到肘部戴着重重的象牙镯，她也是现代女孩们崇拜和模仿的对象。

20世纪上半叶，以好莱坞为代表的西方电影带给以上海为代表的中国都市女性以新的视觉冲击，影片中的人物形象在现代着装和行为举止方面都成了可资模仿的对象。初登银幕的中国女明星在公众视野中的形象充满了好莱坞式的现代性和时尚感，她们日益发挥着对社会时尚的巨大影响，使水平流行原理在大众传播中清晰可辨。

时装和电影、电视有广泛关联，一道形成了现代流行的把关人。“行为经济学和社会学表明，电影消费是一种时尚化的文化体验消费。在社会上形成了一种文化时尚和社会热点，并影响了更多的人，造就了电影的社会影响力。这种影响力可以使电影所包含的各种信息在短时间内辐射到最广泛的人群中。”[56]进而，作为时尚核心的时装风格、时装样式、时装设计师、奢侈品牌等与影视剧的题材或视听语言紧密挂钩，创造了更大的价值。这一特点反映了时装和影视剧实现跨产业协作的协同效应。

三、“逆上升论”

美国社会学家布伦格在研究分析20世纪60年代的社会现象时发现，年轻人、黑人、蓝领阶层以及印第安等“下位文化层”成为产生流行的一股强大势力，也就是说，下位文化层作为流行策源的作用日益鲜明。他们在自己的生活圈子里形成了“反阶级、反传统、反文化”的革新思潮，出现了一批超越常识的新流行创造者。其“年轻”和“前卫”的新奇趣味令上层社会的人们也被感染，这种流行被上层人士承认和接受，形成了一种自下而上的逆流现象，因此，也被称为“泉水式”流行传播（图5-6）。

20世纪50年代末，时尚风向被扭转，大量涌现的影视、杂志和摇滚乐，成为青年一代热爱的娱乐方式，并很快发展成大众流行文化。摇滚偶像和电影明星充满想象精神的形象在青年一代中产生共鸣，青年人掀起了享受通俗文化的消费浪潮，他们倡导的时尚、音乐和旅行迅速控制了流行的方向。青年群体有自我选择的主张，时尚第一次走出成熟女性的领地，步入青年人的阵营。所有商家都看准了美国校园对编织开衫、超短裙的需求潜力，及时出售这类服装以满足青年一代巨大的消费市场。

图5-6　20世纪60年代为文化革新带来时尚的转变

西方世界在20世纪60年代处于“反文化”的热潮之中，嬉皮、反战、学生暴动、生态保护、妇女解放等运动，汇成了一股思想巨流，对传统予以震撼性的冲击，时装流行开始自下而上传播开来。60年代高级时装开始认同流行掌控的某些元素，在高级时装中运用了明快绚丽又轻松舒适的休闲造型，可以看作是今天流行模式的前身。1960年，伊夫·圣·洛朗设计了皮套装和套头毛衣的高级女装，1964年又推出中性风格的裤装，女裤终于摆脱家常裤和运动短裤的范畴，衍变成为女性体面优雅的高级时装，作为一种式样在社会中普及。所以说，下位文化层掌握了流行的领导权。

在过去，精英设计师、顶尖品牌把控着流行的方向，例如巴黎时装周从来都是四大时装周的压轴。纽约奢侈品研究者毛里恩·穆伦（Maureen Mullen）曾分析：“对于大多数品牌，时装周是一个在时髦消费者中塑造知名度和价值的渠道。”如此说来，能够进驻这个在时尚界地位坚如磐石的时装周，把粉丝们都带入棚内感受秀场，成了全球时装精英的终极目标。它的顶尖定位无形中为设计师设置了局限，再加上时尚界对这样的时装周持有更高的期望值。但今天巴黎时装周开始出现了一些年轻的反主流的平民设计师。罗兰·穆雷（Roland Mouret）就是其中的代表。他的设计总是被冠以“优雅”“理性”和“克制”等赞美，这让人很难将其与他的职业生涯的启蒙联系起来。穆雷的母亲曾是一名旅馆招待，父亲则是一个屠夫，穆雷对于服饰的热爱源于在父亲店里帮工时的耳濡目染——那些沾满血迹的白色亚麻布让他理解了美妙而多变的“图案”，而屠夫们通过巧妙的折叠技法对围裙进行最大限度的利用也为后来穆雷作品中独具特色的“折纸元素”埋下了种子。目睹锋刀娴熟地切分割裂动物的皮毛造就了他后来自信、直率和大胆的美学理想。早期的经历影响了穆雷的创作路径，尤其是他的创作习惯——他更热衷于在人台上用布匹包裹人体进行直接创作而不是在纸上绘制草图，他的灵感生发于双手与布料之间的互动。

“银河系”裙装是穆雷最为人熟知的经典之作，这款女式连衣裙将20世纪四五十年代流行的曲线廓形和现代简约的设计风格进行了有机结合，精英阶层受到这种反传统、反阶级的新流行的冲击，被这种新奇前卫的样式所折服。伴随着“钛”“月”等系列女装的陆续问世，他的设计作品不仅受到好莱坞女星的偏爱，也被时尚评论界承认并接受，穆雷被冠名为“魔术师”“结构大师”“廓形巨匠”“银河系裙装之王”，其设计形成了一种自下而上的逆流现象（图5-7）。

图5-7 罗兰·穆雷逆袭巴黎主流时尚界

Each×Other 是另一个以黑马姿态席卷巴黎时尚界的品牌，其设计在迎合主流审美的同时，也瓦解着时尚传统的权力体系。和那些传统的学院派精英设计师相比，该品牌设计师没有学历、没有经验，与很多标榜奢华的设计师总是强调纯手工的传统不同，摇滚、朋克和时尚的混搭在该品牌时装中随处可见，时髦的帅气元素和年轻的街头潮流在该品牌服装中共处一室。设计师将女性包裹进“中性”的概念，强烈挣脱出男性主宰的审美，服装不分男女，甚至直接让女人穿上男装。这种看似离经叛道的姿态，以独特的设计在取消性别与纯粹的线条里重构了时装，好像在与一个人的两种性格对话。品牌在设计上否定过度装饰与S形曲线，跳脱出盲目追求潮流的阴影，既不随波逐流，也不顺应常态。廓形男式大衣、不称身的灰色西装、黑色T型皮夹克、垮掉的白衬衫、宽肥的长裤与平底鞋和拖鞋的搭配，让女人显得冷峻硬气，这种中性风深刻而尖锐，成为Each×Other的美学标签。

从以上案例可以看出，传统精英的设计权威一部分流向“下位文化层”的年轻人或非主流的手中，逆上升的把关人也因此成为时装领域新闯入者实现弯道超车的砝码。

四、“大众选择论”

社会越发展，大众的参与度就越高。美国社会学家布鲁默提出，“现代流行的领导权，并非掌握在上层阶级手中，而是通过大众的选择才实现的。”[2]281 大众选择既非纯粹理性的技术原理，亦非纯粹感性的审美冲动，而主要体现为现代传播对时装流行的推动。也就是说，现代传播带来的最大改变就是时装流行不再以专有性为特征，流行传播的构造从专属阶层的金字塔式已经变成了一种大众的围观式。

大众选择并传播流行的行为，实则于20世纪初就早已开始。“一战”成为大众选择式流行传播的契机，战后的时装呈国际化趋势。这个趋势表现为，巴黎不再是唯一的流行策源地，进而表现为在20世纪中后期，伦敦、米兰、纽约的时尚地标作用逐渐鲜明，与巴黎共享“世界时装之都”的美誉，对全世界的流行起指导作用。以城市冠名的时装周如今是世界时装设计和消费的“晴雨表”：伦敦是新锐当道的小众实验乐园，商业气息最淡；米兰崛起最晚却登上技术之巅；纽约的时装大牌商业氛围浓重；巴黎作为其中最重量级的一个，吸纳着全世界的时装精英。这充分体现了现代时尚不分国界的特点，而这亦是大众传播反映出来的流行观念。

图5–8　大众选择流行

近半个世纪来，整个时装体系的传播资源和信息资源都显示出“流行依附于大众”的逻辑：时装的流行动机摆脱不了消费意识的控制；时尚样式的产生离不开大众传播的土壤；流行色的归纳不外是消费者的兴趣导向；时装美的内涵或本质不是设计师创造的，亦不是零售商选择的，而是消费者在相同的生活背景和心理感官下形成的审美共鸣。所以，不论是中东风格在高级时装中的风靡，还是异国城市风光对卡尔·拉格菲尔德的吸引，很多流行事件都遵循着“大众选择”的方式：“表面上，是设计师创造了流行，实际上他们只是消费者的代言人，只有消费者选择了，才能真正意义上流行。”[2]281

相对于巴黎本土的高级定制时装屋，黎巴嫩高定设计师Elie Saab、Zuhair Murad、Georges Chakra、Georges Hobeika皆创造了今天享誉全球的高级时装品牌，之所以能够入选巴黎高定公会，主要因为他们把握住了大众关注的话题和消费者的兴趣变化，适时推出了符合大众消费审美的流行动向。20世纪70年代，石油冲击把大众的目光调焦于中东地区，设计师开始对中东风格产生兴趣，以此为契机，黎巴嫩的设计队伍登上了巴黎高级时装的舞台。在“曲高和寡”的法国高定产业里，能够跻身高级时装联合公会，获得官方成员的称号，与屈指可数的定制老牌迅速齐名，这不啻一场当代的“神话”。

类似的现象是，卡尔·拉格菲尔德自2002年以来每年都会在全球不同的城市举办“高级手工坊”早秋系列，并迁徙般、跨地域地从所到之处的都市文化中探寻灵感；与此同时，他还把城市民间手艺与高级时装的工艺相结合，以展现一种重新演绎后的新样式，帮助品牌塑造一个更具各地民情、深入各地人心的形象。对我们来说极富代表性的一次是2010年他来到上海，以西周青铜器、秦兵马俑和清朝帝王画像、漆器为基点，用融合的方式以形转形地注入设计之中，展现出拼缀、缝片等“中国元素”，对中国的遥想从他的设计中可见一斑。从形式上看，拉格菲尔德是在把他的设计触角不断深入以城市为单位的多样化因素并进行传播，实际上则是消费多元化和大众选择多样性的结果，“流行的领导权实际上掌握在消费者手中”。

时装零售行业离不开一个关键词，买手（buyer）。起源于成衣业兴起时代的买手，依据对时尚潮流最前沿的关注和把握，从品牌新季产品中选取畅销款订货。他们之所以能够依靠选货来提升销售，凭借的就是对流行动向的预测，这一点基于对消费者爱好和选择的推理。只有站在大众的立场，研究大众的流行方式，适应大众审美的新发展去挑选商品，才能获得时尚的主动权和销售的把握力。

在一个更加开阔的时代语境下，大众选择理论背后衍生出的时尚伦理话题——平等和民族，突出表现在曾被西方古典流行体系忽视的一些地方性民族服饰中，在大众传播的空间里得到优先表达并受到关注。亚洲经济市场的蓬勃发展，极大影响了时装产业的发展走向，世界各地新的纺织中心正在出现，全球服装市场的重心也在慢慢转移。这些地方开始在零售品牌竞技场上产生竞争，并且开始从服务于西方时装体系的加工方向确立自己的自有品牌行业迈进。同时，随着这种重心的移动，新一代的时装设计师开始从这些地区出现，并对国际时装行业产生冲击和影响。例如中国时装设计师让宝贵的传统技术发挥了巨大的生命力，中国女装品牌“东北虎”为传统手工纺织和刺绣服装开创了新的市场。

越来越多的国内品牌开始为保护传统的手工艺技术价值而做出努力。其他地区也是如此，较早成立并获得巨大成功的印度设计师库玛曾恰当贴切地描述说，印度织物宝库应当归属于“不是博物馆而是现存的1，600万手工艺人”。这些传统工艺还被西方设计师吸收为多文化灵感的服装。因此，这些文化遗产和对传统生活的保存被带入时装行业中。可以看出，时装流行选择什么样的样式，使用什么样的色彩和材质，并非由设计师自主决定，而是必须遵从大众，归根结底是大众选择的结果。

由于人们对流行现象的关注越来越普遍，所以也就对传播新的流行的大众媒介十分关心。从时装杂志看传播媒介对服饰的意义主要有以下几点：（1）加速了流行。这一媒介功能使用得最频繁，及时地传播服饰信息，服饰的更新速度必然加快，缩短了流行周期。（2）引导了审美方向。杂志推广的是时新的生活理念和装扮技巧，当妇女们去参考和借鉴时，也逐步改变了她们的审美观。（3）进入消费时代。随着新的都市消费理念的兴起，时装在杂志上的意义越来越被固定在推销商品和维系顾客上。

在时装流行史上，由于有了“大众传播”这一黏合剂，时装流行原理与下滴论、水平流行论、下位文化层革新论、大众选择论等理论始终联系得很紧密。从积极的意义上看，现代的时装流行因为大众传播的浸染而具有了极大的包容性，在流行的变化中可见现代人的生活形态、形而上的意识观念和社会生活的浮光掠影。从消极的意义上看，流行负载着复杂的商业动态，实际上成为重要的经济手段，这一点也不可避免地压缩了设计师通过服饰进行自我实现的空间。

第三节　新媒体与流行的研究面向

麦克卢汉提出了一个晦涩的媒介理论命题，叫“媒介四定律”，翻译家何道宽将其概括表述为：“新媒介的诞生和强化，新媒介取代旧媒介并使之过时，媒介的推陈出新，以及媒介的逆转”。

何为新媒体？新媒体是互联网技术实践中形成的约定俗成的概念，这意味着它没有绝对的界定，是随科技发展不断延伸的定义。20世纪60年代，美国媒体人戈尔德马克首次提出“新媒体”的概念，认为其主要是指基于数字技术、网络技术、移动技术的传播形态，通过互联网、无线通信网、卫星等渠道，在数字化终端向用户提供信息的媒介环境。以上列举了新媒体的主要概念和特征，可以让人们作为一种参照。新媒体出现至今大约50年，基本发展脉络是，先有互联网时代，后有社交媒体时代，然后是两者并存。

我们沿用麦克卢汉关于媒介生态的观点作为时装潮流传播的理论资源，来探讨新媒体环境对时装流行研究的面向和议题。

在互联网时代到社交媒体时代的媒介技术进化历程中，以时装为表征的流行传播研究可考虑三个面向：第一是“工具”的面向，即考察新媒体改写流行机制；第二是“设施”的面向，即考察智能科技与时尚产业的关系；第三是“渠道”的面向，即探讨AI逻辑引领下的设计创新思维。

一、智能科技与时尚产业

人工智能（AI, Artificial Intelligence）是一种模拟人类智能行为的计算机技术。2017年被视为人工智能元年，科技促使所有领域都在努力寻找转型的契机。与人工智能的对接，也无可争议地成为时尚行业的焦点。现阶段时尚产业的商业模式和产品生产都还相对传统，这项以迭代更新网络计算为基础的智能技术，在时尚领域的应用更多仍停留在个性化、趣味化和互动体验的消费驱动上。

基于工业互联网的发展，人工智能的应用前景日趋转移到制造业上。作为产业改革的基础，人工智能与大数据也使纺织服装业正经历一场“量化转型”，它为时尚产业提供的不再仅仅是消费体验，打通时尚、创意、生产、推广、供求、消费等多个环节，才是科技与时尚的智慧融合。

依据以上背景，优化“多元”的供应链、增强服装的属性识别和预测零售趋势是智能科技对传统服装产业提升改造最主流的三个方向。

（一）优化“多元”供应链

1995年互联网进入中国，这个概念首先延伸到零售领域，形成了以电子商务为主的消费互联网形态。服装业在电商时代成长迅速，但它除了终端以外，制造和供应链并不在互联网上。今天，互联网不仅仅是一个工具或一个渠道，它开始走向经济体阶段，并将转移到具有更高承载能力的产业环境中。

互联网对产业的影响和改变不仅仅是外在的机器换人和高效生产，它对于整个生产方式、发展模式和产业生态的改变都是巨大的。服装行业、纺织制造业在向工业4.0看齐时，互联网正在优化供应链的多元性，人工智能科技将从工具智能化、增强共享产能、以定制为内核几方面驱动供应链的转型。

1.工具的智能化

“一根线进去，一件衣服出来”的畅想已经变成现实，这其实是一个人工智能可以解决的问题。纺织服装在过去属于劳动密集型产业，工业4.0的大环境下，纺织服装业比以往任何时候都更需要发展智能化。从服装制造的角度考察工具的智能化，例如近年来各大制造企业关于“一键成衣”的新尝试，通过对加工程序的数据计算，实现了从设计绘图、面料质检、再到服装制版、放码和排料、铺裁、继而缝合、整烫，都能在智能机器上快捷操作。工具的智能化，是实现全品类自主设计的前提。

2.增强共享产能

共享产能是一种工业互联网时代出现的给予实体经济极大参与空间的红利模式。以服装行业为例，长期以来传统工厂的被动生产和淡季亏损压力是客观存在的，这种困境可以通过大数据和物联网发展起来的共享产能来克服。既然工具和设备都可以实现智能化生产，工厂自然也能够与信息化建立联系，通过互联网作为媒介实现“共享工厂”。这种新的生产模式在江浙闽服装加工集散地已经兴起，工厂不再是传统供应链上的工厂，设备也不再是传统企业里的设备，根据供需关系来交换闲置设备和物品，分享生产和运储能力，在短时间内构建了一个智能协作的虚拟组织。

3.转变供需关系

制造业与信息化的高度融合，带来的不仅是生产、营销、渠道和盈利模式的变化，连服装产业的供需关系也在被改写。有两个理由可以证明产业格局的转变：第一，一人一版、一衣一款的个性化需求越来越强，时装将以定制为内核；第二，人类会持续改进智能技术。

第一个原因显然不同于古典式的少数人享有的高级时装定制概念，而是类似“技术民主”的定制概念。因为人工智能以演算法为基础提供个性化的时尚定制模式，通过分析用户的浏览行为数据，可以更精准地把个性化和标签化的服装需求带给每个人，灵活的定制模式进而缔造了一种民主式的技术伦理。

第二个原因针对供需关系的转变起决定作用。前沿科技的演化路线必定可以让人类和智能工具之间的交互更自然，也更紧密。这种趋势下的智能制造在渗透产业链各环节的同时，扭转了供需关系，也对重塑服装时尚产业生态形成了颠覆性的影响。

（二）视觉识别体系

计算机视觉是人工智能的一个重要领域。图像识别作为计算机视觉的一部分，基于收集图像信息进行特征识别。这项技术对时尚行业的作用尤为直接，因为服饰潮流的海量信息都隐藏在图像当中。

延续视觉算法的理论，可以把服饰的视觉识别体系分为五个基本步骤：特征感知、图像预处理、特征提取、特征筛选、推理预测与识别。借助深度神经网络、大量标注数据、强计算能力的加持，当下人工智能及其应用在时尚行业里已成为创新的生长点。作为视觉时尚的两个关键概念：图像识别和属性识别，在这个读图时代是解读时装流行进化的重要指标。

1.服装的图像识别

虽然图像识别早在20世纪90年代就已被提出，但这个概念直到近年才有了更实在的应用场景，被用来解决互联网世界的搜索问题和网络在线购物的产品推荐问题。图像识别技术也日趋成熟，多用于移动应用程序中标识特定产品，比如海报上的漂亮大衣、街拍中闪现的前卫装束，都可以通过扫图搜索，即时获得信息，从而呈现出更加交互式的世界。

虽然图像识别开始于人工智能领域，但它作为一种电商工具在中国的流行，对于处在高度关注智能技术走向的中国互联网阵地而言具有特别的意义。阿里巴巴的互联网逻辑是“数据量越大、智能化水平越高”，其智能识别产品（Product AI）的上线，展开了中国网民规模化地接触这种图像识别技术的篇章。阿里专门组建图像研发团队，在多场景下识别20亿种商品分类，信心满满地宣布“20亿商品可读图鉴定”，短时间里迅速占领了视觉识别技术的高地。

目前，基于生成网络技术的实时换装、图像风格转换、图像合成、生成图像等功能，以及让识别变得更主动更“聪明”的智能搜索同款技术，与服装行业有更突出的互动性和贴近性，已得到广泛应用。

2.服装的属性识别

从目前的市场应用来看，似乎大多数时尚行业仍停留在辨识模样的“图像”阶段，然而在计算视觉领域，有些机器学习技术正在或已经完成由“图像”识别向“属性”识别的转变，其典型代表便是应用GAN网络原理的技术新秀Vue.ai。

根据GAN（Generative Adversarial Nets）中“生成模型”和“判别模型”两个“博弈”者对抗工作的原理，可以推断，之所以在线时尚技术公司Vue.ai视觉识别的“属性”特征正在替代过去的“图像”特征，是因为过去仅仅把特征值叠加生成目标的效果，不足以识别服装商品本身。比如软质地的丝绸礼服，叠、穿、挂、铺的状态变化太多，不同的体态和外形，着装的结果也差异很大，通过简单的叠加规则去定义软性服装，并不能取得很好的效果。而教会机器对特征进行运算，获得更仿真的属性，就解决了视觉技术控制生成图像的基本的应用需求。正如立足全球经济指南的新闻组织Quartz这样写道：这种技术只需要拍一张平铺衣服的照片，人工智能分析便可以将衣服生成在任何类型的身体或皮肤的人体模型上，然后预测衣服是否美观适体。通过属性的识别，推动了时尚行业规则的改变，既然人工智能生成的虚拟模型可以取代真实模型，那么在拍摄服装图像的时候也不必绝对依赖于专业摄影师、模特和摄影棚了。

这一技术也可以同时作用于时尚产业链的两端。

作为供应链前端的面料采购，过去只有实地看、亲手摸，才能确定质地成分，而属性识别最大的特点就是加深了质感的可识别度，比如国内面料交易平台“布联网”“链尚”“优料宝”，等等，已逐步开始重视AI对纺织品触感和性能的辨识功能。

而作为供应链的终端，属性识别则解决了指导用户穿衣搭配的需要。在十几年前，形象设计师还是一个时髦的职业，而在强调信息快速精准的时代，形象设计师及其专业似乎已经过时。机器学习催生了越来越多的穿衣助手App，用户只需要上传几张照片，机器就能辨识出你的体型、肤色、年龄、性格、生活习惯、职业特点等因素，推出最有吸引力的穿搭方案。

以伦敦时尚电商Thread为例，它使用人工智能和人类设计师的混合学习来挑选最佳搭配推荐给顾客，做法是先通过人类造型师为客户做出风格决策，然后使用人工智能计算出更精确的服务项目。如首席执行官基兰•奥尼尔所说："我看到大多数行业都进入了互联网，而且在线商品越来越个性化，可见人类设计师和人工智能之间的伙伴关系是时尚的未来。"算法和人类的联动，充分体现了人工智能与时尚产业的交互逻辑是增强而非取代。

（三）零售领域的趋势预测

零售是产业的终端业务，也是生产与消费的中介。趋势预测则是针对零售进行的经验分析，用以解决产业风险问题。

我们对科技预测潮流的争议并不大，因为预测流行趋势的能力在传统媒体时代就已经存在，海量的时尚资讯类书籍、报刊和电视信息，通过定性调研、深度辨识和因子分析形成预判，用来指导时尚的消费需求。而引入人工智能预测潮流则远超出人类处理信息的能力，比如巴黎、纽约、伦敦和米兰四大时装周已把智能科技延伸到T台上。数据科学家、零售专业人员、分析师、工程师和企业组成潮流趋势分析团队，大数据覆盖当下资讯后，精准获取本季度更占主导地位的主题、色彩、材质和样式，形成最具商业可行性的趋势报告。像2019年伦敦时装周的大胆用色，看似眼花缭乱，经信息处理后发现它隐藏着大量取材过往60年流行元素的线索。

近年我国时尚信息行业也开始重视流行趋势的智能化，如中国纺织信息中心在微信号Fabrics China上线的AI Color Trend，通过数据获得四大国际时装周秀场上知名品牌每季的常用色和新用色，色彩之间的搭配，以及哪些色彩适用于特定的面料和款式。在众多时装风格背后，是极为复杂的流行色体系，而像AI Color Trend这样的智能工具，能快速有效地获取流行色数据。有了这些前沿的趋势指导，才能在下一步的主题规划和面料趋势研究上有的放矢。

在市场日新月异的今天，以人工智能的逻辑来预测销售仍有较大争议，因为预测销售强调知识和经验的储备。从目前的实际应用看，似乎多数品牌仍停留在所谓的科技观望阶段，然而在英国，有些企业机构正在或已经完成了由观望向尝试的转变，其典型代表便是英国技术零售公司EDITED在社交媒体上的技术应用。

EDITED研发的同名数据分析软件定位于使用网络爬虫和人工智能技术（如计算机视觉）来收集服装行业生成的产品和商业数据，让用户从这些分析数据中获得竞争洞察力。比如美国休闲品牌Tommy Hilfiger用实时数据和人工智能作为驱动，来评估竞争对手的产品和行业内的趋势轨迹；英国最大的快速时尚品牌Topshop用零售数据预估新商品的定价和销售率，这些数据还可以帮助Topshop所属的Arcadia集团决定旗下品牌哪些商品适合促销，它显示出了监测全球服装零售市场的能力。

有效提供精准预测的优势，使EDITED成为专业指导机构FASHIONTECH Berlin的重要工具，它一方面帮助零售商更快地交易，一方面通过知识推动零售业务的战略变革，一方面可以避免出现大规模库存压力和商品滞销的风险。不妨设想一下，借助人工智能进行零售决策，将比销售专家、分析师和评论员，能更快速地确定资讯来源，甄别信息的虚实，提升零售预测本身的公信力。

二、AI逻辑引领设计创新

在未来主义风格不断流行的背景下，大都会博物馆曾以“科技时代的时尚”为2016年年度主题，超现实属性的各种创新技术，如激光切割、热定型、变形装带来很多亮眼之处。但无论是艾里斯·范·荷本的3D打印硅制“骨骼裙”还是香奈儿汞合金材质电脑合成的“婚袍”，时装更多是披着科技外衣创造异质形象的弱科技展现，鲜有以科技或科学探索的立场思考这些智能化的趋势如何影响时尚的未来的例证。无疑，人工智能在时装领域已经存在，但它如何从概念T台走到现实中来，仍不清晰。随着人工智能技术的不断进步，今天的我们还没来得及意识到智能服饰究竟意味着什么，却可以在商店里购买人工智能开发的系列时装了，足可见智能科技在时尚领域比我们设想得更接近现实。

（一）可穿戴技术

互联网时代利用智能的可穿戴技术作为服装的交互式资源，已经出现在人们的生活中。最明显的案例是眨眨眼就能处理信息的谷歌眼镜（Google Glass）和各式各样监测生命体征的智能手表，尽管这些只是进入可穿戴技术领域的初步探索，但人们开始对智能穿戴的接触形成依赖，因此这一技术无疑是未来纺织科技发展的热门前沿趋势。

智能科技目前还没有发展出一套类似于科幻的任意调节需求和切换场景的智能服装系统，而是经历了一系列技术迭代，即从置入各种导电材料，到内置各种电子元器件，再到实现通信、存储和生理监测，不断拓展织物功能的过程。例如，前些年Levi's和Google合作研发了基于触碰技术的智能夹克，有了应用互动和蓝牙设备，但没有提供便捷的信息保存路径。而华盛顿大学计算机中心研究的解锁大门和手机密码的智能织物实现了存储数据的功能，将手势识别提到了更高水平。该领域的计算机专家对此有过形象的比喻："你可以将面料视为硬盘，这实际上是在你穿着的衣服上进行数据存储。"

互联网技术突飞猛进的今天，令人充满想象的智能服饰不仅具有"显示、通信、存储、交互、储能"等先进功能，比如将恒温器嵌入服装，以改变皮肤温度；加入散发香味或与环境交互的传感器，以个性的方式表达时尚；时装根据周围的光、热或声音条件改变颜色或质地；也将在生物医疗领域带来重要应用，这部分研究目前已经开展。

例如，集成在纺织品中的传感器，以最无干扰的方式为病人监视生命体征，因为传感器实际上由纺织品制成，它用作智能病服，和普通衬衫一样柔软，几乎没有硬件。这样，病人就不必为了监测心率、血压、脉搏率而被各种导线和电极困在床上。这一技术容易针对不同类型的患者进行定制：心脏病患者的病服在胸前部位嵌入一块智能补丁，就可以实现心率监测。孕妇在分娩过程中可以放弃超声换能器，选择更舒适地监测胎儿生命的智能织物来替代。智能织物甚至可以在手术期间使用，根据收集在生命体上的数据，记录并分析术中状态，能给外科医生带来更全面的信息。

从传感器集成到纤维中的技术得到启示，研究者开始尝试进一步开发具有生物特征化的"智能防护装"，设想时尚无形地结合生物反馈来支持个人健康的更多可能。例如，针对运动员进行头部损伤检测的应用程序已经出现，虽然智能织物还不能实时跟踪头部损伤，但是口罩和头盔已经开始配备传感器来预测并测量脑震荡，以便确定运动员的最佳治疗方案。相似的技术还被整合到婴儿连体衣和婴儿袜上，可穿戴设备能让父母实时监测婴儿的呼吸、温度、心率以及睡眠模式。

以上这些为我们提供了一种思路，作为物理性能的织物时代将面临终结，而作为活动式和交互式性能的织物时代才刚刚开始。

（二）智能自动化设计

相比可穿戴的智能织物，智能服装设计仍是较新的热门领域。简单说，智能服装设计就是由计算机算法完成的设计。在技术进化中，图像识别为服饰与科技的进一步融合提供了可能，但因服饰物品的状态多元复杂，难以通过规则去完全总结，所以启用人工智能的深度学习，用大数据自己提取特征，来弥补人为地给计算机设定"规则"的局限。计算机从"规则驱动"进化为"数据驱动"，标志着时装设计步入快速自动化时代。这其中印度电商网站 Myntra开发的Rapid智能设计软件颇值得关注。

Rapid应用经历了一套演化过程，从在网站上寻找"畅销款"（topseller）的属性到"服装图谱"（recipe）的集群数据、再到"属性杂烩"（Ratatouille）的复杂的聚类算法，现在在Repid上只要按照用户喜好输入需求，计算机就会快速地反馈出一款畅销的服装产品，从而进入了智能设计阶段。Rapid技术现已使用在两个快时尚品牌的智能设计上——Moda Rapido 和Here & Now——前者在两年里以超过300%的年增长率达到 Myntra平台销售的1.5%，后者更是在Myntra上架三个月便跃居网站第二大畅销服装品牌，占据了平台销售额的2.7%。这些由数据支撑的人工设计服装品牌的成功经验，让我们意识到了大数据作为设计工具更具丰富性和延展性。利用数据的深度处理能够让我们准确理解消费者想要什么，并构建产品满足这种需求，做出价格策略和趋势预测，这是一种理想的组合。所以在重塑设计方面，智能技术实际上可以依赖。

准确地说，智能设计由两部分算法组成，第一种算法是基于神经网络、模拟人脑的算法，这种算法可以生成随机的创造性设计；第二种算法是基于美学参数和时尚指标的深度学习，这种算法能够分析时尚先锋设计风格或目标品牌库的服装图像，然后生成符合时尚趋势的设计。两者联系起来，神经网络让程序既有能力操作和改进设计，也确保设计始终走在时尚前沿。

具有同样的逻辑，Google和德国时尚电商Zalando合作创建了“虚拟服装设计师”Project Muze，这个“设计师”基于Google的Tensor Flow人工智能系统，通过神经网络（ANN）模拟大脑的思考方式，计算学习了服装设计的程序，探索了计算机学习在时尚领域的创造性应用。如同它的名字Muze，用户只需登录网站回答几个问题，比如个性、兴趣和喜欢的艺术形式，计算机就会创建一款以其本人为灵感缪斯的服装。例如，如果你喜欢时尚博主安娜贝尔·弗勒（Annabelle Fleur）的穿衣风格，Muze就会驱动“设计引擎”，将这一偏好与Google时尚趋势报告联系起来，设计出与安娜贝尔·弗勒具有相似风格的时尚样式。由此，技术驱动型公司越来越多地转向机器学习，为消费本身构建更好的技术。

如上所述，在这场技术与时尚联姻的变革中，技术公司比时尚公司表现得更主动。定位“网络购买时尚最好阵地”的亚马逊，2017年曾宣布发现了一种新趋势：通过人工智能快速设计按需生产的服装，只需要一个生成对抗网络（GAN）的深度学习工具即可实现。这种技术是从原始数据中分析大量图像，迫使两个神经网络相互对抗，复制出相似的服装风格，将这种风格应用到新设计中，从而绘制出风格近似，但样式截然不同的时装。这项技术意味着将来只要通过研究Instagram、Facebook、Echo Look等社交媒体的时尚图集，GAN就能发现某种特定时尚趋势，它对于正在积极开发时尚资源的人工智能领域来说非常关键，这也表明人工智能在时尚领域正进一步扩大影响力，可以轻松胜任一般化的设计任务，尤其是有规律可循的大众服装品类。

除了技术型公司正扮演着与时尚相关的各种角色，时尚界嗅觉敏锐的品牌和设计师也开始主动拥抱人工智能，并借着大数据处理图像的能力找到了与设计融合的途径。前面提到的Tommy Hilfiger率先做出转型，一边与IBM合作AI工具，包括颜色分析工具、轮廓识别工具和打印工具，由此生成品牌设计库里成千上万织物图案的颜色和轮廓数据；一边和FIT时尚技术学院合作设计，将人工智能所做的工作交给学生，免去了他们耗时分析趋势和处理数据的压力，专注于创造性的过程。在这里，人工智能成为虚拟“设计助理”，协助设计者来完成工作。

可以看出，人工智能模糊了技术与时尚的界限。尽管科技与设计看似是两条平行线，智能“设计师”代替不了“人类”设计师，因为它尚不能在创新方面增强时尚个性和创造力，但事实和数据表明，时尚看起来像是人工智能的下一个目标。智能科技有着足够强大的算法和硬件配套，它是交互逻辑的产物，同时也有着足够牢固的现实基础。想象一下，当你习惯于智能手表和智能手机时，也会对拥有智能衣服更有信心。

三、新媒体改写流行机制

新闻教育家张昆曾用“创新和引领”表述对时尚传播的理解。服饰作为时尚传播的载体，建立了指导时代风貌的流行机制，形成了以设计创新和趋势引领为核心的流行指南。依照拉斯韦尔提出的“5W”传播模式（传播者→讯息→媒介→受传者→反馈），在传统媒体时代，服饰流行的控制分析、流行的内容分析、传递流行的媒介分析、受众分析和流行效果分析五个关键要素日臻成熟，高级时装在20世纪20年代和50年代两次鼎盛期的伟大贡献就是构建了这个时尚传播的实用框架，设计了流行发布的信息源，并提供给大众进行效仿与传播。

在互联网的技术迭代中，虽然人工智能的演进不断改变着资讯传播的方式，流行也开始打破大众传播时代的发布模式和范围，但流行体系仍没有脱离这五个结构组成的传播框架。因此，在新媒体成为大家热议的话题的时候，我们仍使用这个传播结构来思考流行，解读新媒体是如何改写流行机制并掀起一场革命的有重要的现实意义。

（一）流行的控制分析

流行的控制，即流行的领导者，呈现人机化转移。人机是人与计算机相互作用、相互依存的两个系统构成的一个整体系统，我们面对的这一新态势不仅限于现代管理和工程技术领域，还发生在流行机制中。

人机系统是品牌使用智能数据挖掘技术和战略分析、赋予品牌竞争优势的新途径，在时装业中有许多实际应用。互联网时代，“快速时尚”给设计师、品牌和零售商带来了持续的压力。流行趋势的加速，带来了个人消费和市场数据、销售数字、社交媒体反馈再到客户评论的海量数据。人类已不能足够快地处理并使用这些数据，人工智能使用元数据的强大分析能力正解决了筛选海量信息的问题。

人机系统能比买手更快、更准确地选取有效产品。美国时尚租赁网站 Le

Tote凭借按月租赁时装配饰的服务和六人组成的团队年营业额达数亿美元，男士时尚平台 Bombfell 仅靠一位员工采购所有产品，主要得益于建立了算法工具和庞大的数据库，通过人工智能收集元数据，捕获用户足迹后通过匹配算法选出客户的商品愿望清单，能准确地预测客户需求。

1995年好莱坞电影《独领风骚》中，主人公雪儿使用程序“设计师”挑选独具魅力的格纹套装造型，曾经的科幻元素如今都已成为现实。在消费者端，人工智能正越来越多地用于预测用户，奢侈品牌博柏利和迪奥走的正是类似路线。这些品牌不再依赖于专业搭配师的经验，使用人工智能“设计师”收集客户的喜好数据，当客户进入零售店时，这些程序为客户进行的专属化推荐会出现在销售员的iPad上。据报道，香港的概念时装店通过阿里巴巴平台的时尚AI系统，推出了一款“智能镜”，使购物体验更简单。智能镜与店里的每件衣服都连接了蓝牙和RFID技术，在顾客照镜时能够分析服装的适合程度，并推荐与之搭配的其他服饰。

相对于传统媒体（电视、广播、报纸、通信），新媒体应用可以按照顾客喜好推送信息，客户已经不绝对依赖设计师或专业人士的建议来接收流行资讯，从而进入了人机控制流行时期。

（二）流行的内容分析

新媒体改变了流行世界的把控者，对于流行的内容也提出了新要求。定制的平民化和产品的性能化使得一般民众可以在短时间内实现流行的网络化传播。在传统媒体时代，以定制为核心的高级时装特权局限在少数人手中，而在网络时代，社交媒体最大的特点就是赋予了每个人皆可享有大规模个性化定制的权力。

首先，人们拥有自己设计的服装变得越来越容易。3D打印这样一种颠覆性的技术带来的不仅仅是制造上的变革，更被视为在未来几年将改变时尚产业的发明，《福布斯》杂志曾预测2020年3D打印产业的规模会达到52亿美元。想象一下，有一台打印机不用墨水和纸便能制造出立体的物品，比如打印出一双鞋、一个手提包或者一件连衣裙，这意味着人们对服装的使用有了更高的自主性和主动性。

其次，互联网已经将服装业界从严格的制造实体转变为更具移动性和社交媒体的空间，人工智能和新媒体的应用有助于塑造人们体验未来的方式。耐克发起的点播活动利用数据、算法和机器学习贴近民众，让消费者从认识上将“运动品牌”转变为“运动性能的伙伴”，这种对话与沟通获得了用户的共振，也为品牌赢得了地位。

（三）传递流行的媒介分析

新媒体的出现，并不只是给流行传播增加了一个新的通道和平台，更意味着时尚资源在流行系统中的重新分配。我们从时装周的媒介导航过程中就可以发现这种基本逻辑。以往在传播媒介的选择上，品牌往往选择时装周发布会的方式。时装周对时尚买手和订货商开放，它不仅是时装传播的一个重要载体，也是服装品牌与设计师进行新作宣传的阵地。时装周会邀请与品牌相关的名人出席，在聚合时尚文化产业方面具有很高的权威性。新媒体拥有更多创造时尚资讯的能力，目前已广泛见于时装周期间的宣传发布中。

新媒体带来的微时尚和直播时尚是一种不限地域、行业、时间的资源共享模式，用户可以迅速收集流行意见、加工时尚事件、整理时装咨询，巨大的投送力与大众的智慧在新媒体环境中得到整合，反而会得到更多的多样性和可共享性信息。这不仅为品牌增加了新的传播渠道，扩大了公众对品牌的认知和影响力，更淡化了时装的专属性和距离感，时装周聚会变成了全民的狂欢。

新媒体的交互性特点为流行真正带来的是时尚资源重新分配后形成的新的时尚格局和流行规则的重大转变。不理解这层逻辑，很容易将新媒体与传统媒体对立看待。例如，汤姆·福德（Tom Ford）复出时尚圈后，为维持品牌的“尊贵”形象而拒绝新媒体的大众效应，选择了比时装秀场更神秘的私人派对形式作展演，这一行为虽然让注重独享的品牌受众群得到了心理满足，但排他性的做法导致了之后销售季宣传再难见其踪影的结果。事实证明，媒体的效力与影响的结果有正相关性。

随着Twitter、Facebook、YouTube、Instagram和微博、微信等炙手可热的社交媒体的盛行，其显现出左右时装业的发展与话语权的态势。社交网络将第一手品牌资讯包装并推广出去，带有更强的传播效果，这让时装周开始失去其传统价值，时装周的模式也正在被消解。前有奔驰宣布不再赞助纽约时装周，古驰也取消了为媒体和买手而设的一场秀，后有Oscar de la renta也认为办一场大秀纯属浪费，于是大幅缩减了办秀开支。这些现象不言而喻，时装周正在迅速从一个产业发展成人与人交流的重要工具。

（四）受众分析

社会化媒体带给用户极大的参与空间，每个人都在制造流行的同时又接受着其他人的流行信息，人与人之间的互动还会增加新一轮流行的产生。可以看出，以往流行的发送者和接收者在人们心目中的认知关系和行为模式已在消解，取代明星效应的时尚博主就是典型的例子。从新媒体中崛起的时尚博主区别于传统高大上的精英主流，他们是消弭发送者和接收者边界的另类存在。

各类时尚博主先是作为流行的跟随者，对时尚的发展进行过深入了解，时尚敏锐度很高，然后开始通过独特出位的搭配方式在互联网上进行自足的表现。一旦聚焦起一定的粉丝，时尚博主就变成了流行的发送者，他们在给粉丝提供时尚建议的同时，掀起模仿和借鉴的浪潮。互联网人气越旺盛，每一位参与其间的人就越有可能成为时尚达人。总之，人们在社交媒体上自行生产内容，自由评论、反馈和分享信息，成规模地接触不同的新的时尚潮流并消费时尚的同时，也在顺势传播着时尚。

（五）流行效果分析

新媒体下的流行，传播广度大于深度。按照20世纪70年代的摩尔定律，计算机的处理能力不到两年就会翻一番，换言之，今天的计算机处理能力比10年前强了32倍，技术趋势始终以指数方式在加速，人工智能技术将使我们今天所知道的一切在10年内过时。如此，未来的流行会比今天还擅于拥抱变化，并且足够灵活，能从广度上构建强大的影响力量，在社会空间内引发扩散。

新媒体的快速发展，海量堆积的信息需要碎片化的分解。在时尚界大变革的开始，“虚拟”时装周已经距离我们不远了。超级网络化的时尚世界正如互联网和多种媒体引发的信息爆炸一样，可能将原有的时装周转变为持续365天的全球性产业活动，而这一社交媒体的影响才刚刚开始。全球参与的各地时尚活动，为设计师们提供着更多灵感，有个性化需求的客户也能够尝试更多有趣的选择。

国内已快速发展成熟的微信、微博、播客等社会化媒体，每天的登录用户与活跃用户轻松以亿+为单位，信息爆炸与人口红利创造的庞大的分享与沟通过程，同时也在改写着时尚流行的传播态势。在这类媒体上，时间的重要性大大增强了。

第四节 流行传播的典型案例

一、中国风与国家形象传播

在我国的文化外交事务中，弘扬传统文化始终是不变方针。有效传播传统文化，在发展国际文化事业的同时保有中国特色，令博大精深的传统文化得以发扬和继承，也令世界更加了解中国，从而避免一些恶意的推断或揣度，这是我们传播国家形象的根本目的。因此，传统与当代并重是我国文化传播的主要方式，“当代中国的文化形态呈现多重性，复合性特征——我们的文化在空间维度上汇聚东方与西方的不同特质，在时间维度上整合了古代与现代的诸种因素……传统与当代维度不可或缺”[57]。

随着越来越多的世界著名时装设计师争相发掘中国民族元素，我们不难发现，服装设计越来越强调地域特色和人文气息。如今，我们把服装归为艺术范畴，而服装作为人类社会文明重要的表现形式，同样无法回避东方美的博大和神秘。当下，时装设计师跨越了用牡丹，水墨笼统地概括东方民族风格的阶段，原汁原味的中国精神品格也因被本土设计师更深层次地理解和应用而在中国国际时装周的T台上扬眉吐气。

（一）何为中国风?

最初，“中国风”这个词语不属于本土，而是源自欧美人的视角。从14世纪起，西方人就发现了东方元素的美感并开始自行仿造，“中国风”便是欧美人按照自己对于东方风土人情的想象所造就的一种装饰风格。

彼时的中国风之所以充满了“大国之下的民俗味”，是因为“中国风”抓住了那些有代表性的小元素来吸引眼球，利用这些民俗的小趣味重燃中国人的恋旧心和西方人的好奇心。当时许多设计师带向世界时尚舞台的不是中国“文化”，而是中国的“民俗”，但是以此吸引人们更多地了解中国文化却是可能的。“中国风”的利用开拓了时尚设计的新天地，加速了东西方的交流，也创造了商业价值。前些年纽约大都会博物馆的“镜花水月”大展正是“中国风”的产物。

（二）中国风的再定义

自20世纪初东西方服装相继发生变革以来，两者的相互融合影响了整个社会服饰风格的发展：东方服装吸收了西方三维的立体裁剪方式，使衣服变得贴体，轻便，西方则摒弃了扭曲的人工美，将女性从损害健康的紧身胸衣中解放出来，并且，为了适应生活，东西方都对烦琐的装饰和服装结构进行了改良。也正是中国打开国门的20世纪初，“洋服”曾一度成为礼服的主流，可是今天，随着中国国际地位的提高，原本就博大精深的东方文化随着中国的崛起而大加发扬，而在近年的中国国际时装周上，中西交融的现象尤其明显，从形到意，具有东方特色的礼服越来越受到欢迎，当然，随着经济的发展，生活质量的提高，需要着中国气质服装出席的场合越来越多，中国风服饰的需求量也越来越大。

中国风服装是可以代表我们民族或国家服装体系中正式的、隆重的服饰组成部分，所以其形制和元素的变化与发展并不像常服那样瞬时和多元，中国风服装本身就是讲究身份和传统的。当然，全球化的浪潮、信息文化畅通无阻的交流，也使中国风服装逐渐摆脱了正统、高端的刻板形象，大胆的、新颖的、有创意感和设计感的中国风服装终于频频出现于各种隆重的场合，进入我们的视野，东方元素的大量融入就是变革西洋服装面貌的一个突出而有效的手段。

（三）中国风持续发酵

在我们探究中西合璧的时尚文化和发展前景时，在中国市场上，不能忽视促成现代东方服饰发展的两个群体的贡献。其一是华人高级时装设计师群体，他们将真正的西方的高级定制的设计理念引入中国时装界——“量身定做”，“高级面料”以及“奢华工艺”是高级定制服装的重点，“原创”和“独一无二”也就成了这一类高级服装吸引人的标签——随着高级定制的演变，现代的高级服装不再一定强调装饰，变化和创意变得重要了，所以民族元素的融入可以带来变化和心意，更重要的是可以传达出独一无二的民族气质。

社会中一小部分时尚先锋是为中国风服饰发展做出了贡献的群体，他们包括演艺明星、商界女精英和其他需要经常在公众场合亮相的人士，他们的穿着和品位在中国的影响力和波及的范围远远超过某一奢侈品的发布会，因为他们更贴近大众。于是，在报纸和杂志上，从女性的谈论中，我们会发现出席国际场合的中国女星们的中国风礼服风采“谋杀”了媒体不少菲林。随着华语电影影响力的增强，越来越多的内地女星能够出席国际影展，中国风礼服需求迫切，如何既能避免与别人撞衫又能在国际上留下深刻印象是新生代女星挑选礼服时考虑的主要因素。让国内设计师定制融合东方元素和现代设计的礼服，成功的例子数不胜数——柏林电影节上张静初的“孔雀装”，戛纳电影节上高圆圆的“喜上眉梢”，柏林电影节上李冰冰的“踏雪寻梅”等中西合璧的礼服都使女星们的国际亮相艳惊四座。

（四）“各美其美，美美大同”

中西合璧礼服的出现和发展也再次验证了那句话：“只有民族的，才是世界的。”被世界欣赏与接纳的，是与众不同的，是别有风韵的。从这一点来看，东西交融的礼服文化是在全球化趋势下发展民族文化的一个智慧的变通，我们在接受西方文化精华的同时，“为我所用”，同时坚持民族的气质并将其发扬光大。这样，交流才是双向的、多元的，也因为交融，本民族的文化也可以更便捷地传入他国文化。

中国风礼服的历史并不输于西方，礼服文化更是内涵丰富，东方与西方的文化交融使得传统的、崇尚意境和装饰趣味的东方礼服变得时尚、国际化，中西交融的礼服必将受到更多国内外女性的欢迎，因为东方力量在崛起，因为东方文明在复兴，因为追求美不分国界，因为在这个时代，“海纳百川”和“求同存异”，就是最时尚最前卫的理念（图5-9）。

图5-9　中国风品牌“盖娅传奇”在巴黎亮相

“各美其美，美美大同”，这句话用来诠释民族的和世界的关系颇为恰当。我们必须珍视本国的各民族物质或非物质文化遗产并将其发扬延续，我们才会在世界踞有不败之地。民族的是我国历史经济文化的结晶，它是我国独有的，不可复制的，无疑，对于世界而言，它的独特和神秘使它最为迷人；同时，具有我国民族风貌的事物因为生长于本土，也是本土设计师最拿手的，因为我们的根深扎于此，对本土文化有着最贴切、最深沉的感受。同时，也正是由于世界上的各个民族坚守本民族文化的灵魂和精华，世界文明才会保持多元化的良好状态，而这种百花齐放的局面也是全世界人民期待的。

（五）用力过猛的中国元素

在时装设计方面，自中国成功申奥以来，借由中国符号树立中式设计美学的趋势越来越明显，中国元素大量涌现，也出现了不少优秀作品。例如谭玉燕时装曾以五行“金木水火土”、敦煌、十二生肖等为概念，上官喆也抛出“西藏的秘密”的主题，将中国风玩出十足时髦感。但值得注意的是，中国元素在时装设计中有泛滥的趋势。

例如，有的设计师为了复兴汉服，在引导大众着装的时装秀上推行头戴黑布巾子、身穿宽松衣袍的宋明文人形象，这种古代服饰也是民间文化的一部分，但在社会变迁日盛一日的今天，将五百年前的汉服置入日常生活并不符合现代人的生活与行为方式，一股脑地推广汉服的设计忽视了这一民间服饰背后包容、内敛的个性，只顾舞台上宽衣博袖的表演，没有做到民间文化的真正再生。相比这种一眼就看透的直白，设计师更需要结合现代审美进行改良，邻国日本与韩国的传统服装之所以能保留至今，并融合在当今生活之中，也是因为曾多次改良服装的制作工艺和穿着方式，并在民间习俗氛围浓厚的日子里穿着，如春节、中秋、樱花祭、成人礼、婚礼以及其他传统祭拜活动中。

二、红毯礼服与文化软实力

礼服，可以代表一个民族或一个服装体系中最正式、最隆重的服饰组成部分，所以其形制和元素的变化与发展并不像日常服那样瞬时和多元，礼服本身就是讲究身份和传统的。全球化的浪潮、信息文化畅通无阻的交流使礼服也逐渐摆脱了正统、高端的刻板形象，大胆的、新颖的、有创意感的设计化礼服终于频频出现于各种隆重的场合，进入我们的视野，东方元素的大量融入就是变革西洋礼服面貌的一个突出而有效的手段。

近些年来，国家形象传播备受各国政府的重视。我们通常认为，轻政治宣传、重文化交流的媒介载体更能够潜移默化地推动国家形象的建立和传播。

当代文化外交的舞台上丰富多彩，而国家形象的有效传播也绝不仅限于在政府直接参与和管控的活动中方能发挥作用。如今的电影业，作为一种影响力巨大的大众传媒在国家形象的传播中发挥着更多的热量。随着中国国力的增强，国际地位的提升，中国的电影事业欣欣向荣，在各大国际电影节中频频代表中国电影亮相世界的中国女星在国际传媒中也越来越受到关注，她们对于“美”的定义也拥有了更多话语权，所以，她们的视觉形象也理应作为国家对外传播的组成部分之一。事实证明，中国女星的国际形象设计是国家形象得以柔性传播的一个有趣而微妙的方面，其力量不容小觑。

（一）立足传统的国际形象基调

“民族国家是国家形象构成中的形象客体，不同国家所固有的民族特色是国家形象最终形成的基本‘素材’。”[58]民族性是国家形象充满活力且具有影响力的基本要素。我国的女星红毯着装史就是体现传统与现代、东方与西方文化结合的一个绝佳例证。众所周知，20世纪80年代末，中国电影的“第五代”电影人的作品让中国电影较大规模地被西方世界注意并肯定。自从1994年女演员巩俐初次亮相戛纳电影节开始，中国女星的红毯形象逐渐成为我国电影节宣传报道的重要组成部分。随着时间的推移，中国国力的增强，电影产业的不断壮大以及网络媒体的不断发达不仅在国内形成了讨论的热点，也越发受到国外媒体的关注。

然而不论是第一代国际影人巩俐的含蓄民族款式，还是“国际章”的“东方主义”的着装意趣，或是范冰冰的“中西合璧”的夸张鲜明，“中国风”华服在国际红毯上俨然已成为中国形象的必要装备，强调着当代中国的传统性和现代性（图5-10）。

1994年，内地女星巩俐登上47届法国戛纳电影节红毯，之后的整个20世纪90年代末，在互联网并不发达的当时，展示中国美的重任就落在了巩俐的肩上。在她的国际红毯亮相中，旗袍几乎是其不二选择。不论是廓形、材质或是纹饰，巩俐的旗袍成为她东方美人的标志，她端庄、大方、传统的形象也成为中国传统文化的代言。她的选择往往是颜色整体、款式保守的立领，花瓶状廓形，装饰以刺绣为主，传统的结构和素雅的配色是她不变的风格。她的这一形象得到了西方媒体的高度赞扬，声称："没有想到电影里那个村妇居然可以这么典雅漂亮！"因而在90年代末的欧洲影坛，巩俐堪称中国电影的名片，法国媒体一度赞美她为"东方的闪耀的珍珠"。

图5-10 巩俐和章子怡走入国际视野的中国形象

继巩俐之后，2000年凭借电影《卧虎藏龙》进入国际视野的中国女星章子怡，起初也选取了传统服饰中的肚兜作为主要的造型元素，虽然其服饰元素均取自中国传统服饰，但却呈现出和巩俐相当不同的审美意趣。她更加张扬外露。新千年的国际红毯上，她常常大红大绿，艳丽非常，倾向于民族舞蹈舞台服饰，这难免有刻意迎合西方猎奇式想象之嫌，评论界称其为讨好的"自我东方化"。在有了一定的国际知名度后，章的形象迅速国际化，也不断地向西方式的审美靠拢，越发暴露和大胆。中国女星在国际上的代表形象由此转变，由巩俐式的雍容大度转向了玉娇龙式的妩媚热烈，野心勃勃。

除了这两位不同时期的红毯代表人物，细数我国女星的国际红毯形象，共同的特色就是"中西合璧"——周韵的"翠色宋锦"礼服、闫妮的"梅花三弄"、张静初的"梦回唐朝"、吴佩慈的"敦煌情"、林志玲的"金玉旗袍"，等等，都是将我国传统服饰和文化元素与西方礼服的剪裁和款式嫁接的产物。比起巩俐当年的"改良旗袍"，后来的女星形象更加现代开放，更花样缤纷。而由于这些礼服大多出自同一个本土设计师之手，她们的礼服常常选有一个充满寓意的中国名字来对服饰进行文化诠释。在她们款款而行、姿态万千地接受全世界瞩目的时候，这种服饰的文化含义一并得到了曝光、关注和传播。因此，这些女星的形象成为中国文化向外输出的一个途径。

（二）女性载体为优势的柔化表达

即便是龙袍，当被穿在一个柔弱清丽的女性身上时，其攻击性也会大大降低，反而别有一番风味。这是女性载体所独有的优势——柔化传播力度，这也恰恰是近年来我国在公共文化外交中不断强调的传播方式，而“女明星”这一群体，显然带有鲜明的商业包装效果，她们是电影产业化背景下明星制的产物，也是大众文化传播中的重要媒介载体，更是国际影展上我国电影业亮眼夺目的代言人。“事实证明，不论是文化形象的建构还是文化价值的推广，其有效的路径均是通过商业的路径，均要采用产业的方式。”[57]

显然，相对于刻意建构一个文化形象，如通过政府力量去塑造一个文化艺术形象，在传播过程中难免带有比较明显的政治诉求，在对西方国家的传播中往往收效甚微。而产业化下自然生成的“产品”却能够对传播起到很好的推动作用，其中以视觉形象最为突出。例如，李小龙的电影形象和黄底黑条的运动服造型直接影响了20世纪末西方世界对于中国人的概念化印象——中国人都会功夫这一印象深入人心；邰丽华带领的“残疾人艺术团”的《千手观音》在海外以商业演出的形式大获成功，还获得了“联合国和平特使”的殊荣。

当摒弃了“宣传”这一核心概念，转化成艺术和商业结合的输出形式，让意识形态退居后位时，传播效果反而水到渠成。因此，在公共外交中，尤其是针对海外的国家形象传播，具有“通识性”的产品依赖商业的传播途径往往是更为有效的传播方式。所谓润物细无声，中国女星通过展示传统与现代结合的礼服、妆容、发型来宣传当代中国人的美丽风貌，将独具民族特色又与现代审美接轨的时尚中国呈现在世界面前，因而同时也搭建了与海外沟通交流的契机和平台（图5-11）。

中国女星在国际电影节的亮相，在具备流行形象属性的同时也是有效传播国家形象的符号。这种形象展示不仅将传统元素与当代审美结合，同时将文化、艺术和商业融为一体，以娱乐的形式完成了国家形象甚至意识形态的表达。在这一点上，我们认为女星的红毯造型对于推动国家形象传播是独具意义的，因而也应当受到重视。

图5–11 春晚上中国女星刘涛的中国风礼服着装

（三）设计上的中国语义与世界语法

国际电影节在全球化的今天是各国展示电影作品，同时也是展示文化艺术成果的聚集地。由于中国国力的提高和国际地位的不断上升，我国的电影业也呈现出飞速发展的态势。大量的中国影人频繁地亮相国际，代表国家形象发出声音，并得到世界媒体的关注。其中，中国女星在国际影展和红毯亮相几乎是每次电影盛事的前哨战，备受大众关注。

图5–12 红毯礼服保持着中西结合的设计逻辑
（从左至右：章子怡、巩俐、邓文迪、李冰冰）

作为集聚商业性、观赏性、艺术性和文化性的信息载体，中国女星走向国际的红毯礼服整体保持了“中西结合”的思维方式，试图将中国的传统文化与当代审美，东方元素和西式结构相整合，怀有“为国增光”的自觉，在国际舞台上传播当代中国国家形象，成为我国对外传播中尤为靓丽时尚的一景，随着时间的推移，正呈现出越来越得体、成熟，兼具高级审美性和文化多样性的样态（图5–12）。

然而，恰恰也是因为女星身上所附着的文化传播属性，在其形象的审美性和文化性之间更应当找好结合点，而不能简单地拼贴一些传统符号，停留在“看图说话”的层面，这种“卖弄传统元素”的方法对于海外传播来说并不奏效。而近年来的一些国际造型在设计上更加统一，更具美感，展示更加多维，传播效果上也有了长足的进展。对于传统文化的现代型转化，“与当代的对接和缝合”显得尤为重要。

就中国国家形象的传播，贾磊磊教授说：“中国文化需要国际表达——不应该将我们的文化传播方式局限在我们自己的文化形态内……不应当把传统文化资源捆绑在舞台上，禁锢在文字里，不要采取单一的中国表达模式”。[57]中国女星国际形象塑造的重要性就在于此，在万众瞩目的世界商业文化舞台上，如何展现当代中国的大国风采，同时又传递发扬东方传统之美，呈现出开放宏大的国家形象气质，并且成为“中国美”最时尚前沿的代言。

三、传播“高级”的实验精神

常有人问：离奇古怪的高定时装能用来做什么？它究竟有何价值？要回答这些问题，需要关注高定的核心价值，即实验精神。实际上，实验这个词，是从科学中借鉴而来的，实验精神在任何领域都有，它的共同特质就是探索。高定中的实验是在已知和未知之间进行设计的探索、材料的探索、语言的探索以及观念的探索。

与定价更合理、设计更实用的成衣不同，高定售价高昂，设计感鲜明奇特，时时刻刻以一种高高在上的姿态提醒人们自己的与众不同和高不可攀。就一般大众看来，时尚不等于艺术，但高级定制任性地与艺术品相提并论，媒体更是一面倒地逢迎，在这一点上，恐怕任何设计师都不敢与高定师叫板。也基于以上这些特点，高定的缔造者们与一般意义上的设计师有不太一样的地方，他们做的不仅仅是设计，而是要产生设计的力度，要能从已有服饰语言中延伸出来，设计新的作品。在这种设计的延伸和改变本身就具有极大的实验性，这其实才是高定非常重要的部分，实际上是设计者对于自身精神领域的突破。当把高定放到时间隧道里去看时，我们仍旧会被那些标新立异吸引、征服。如果想知道高定究竟如何点化神奇，不妨来检阅一下这些盛装面貌下充满实验欲望、勇于寻找未知、永不言败的幕后策划者们。

（一）高定为何要“实验”

回看服装的高定史，其本身就是一部充满“实验”的历史。1851年，高定之父查尔斯·弗莱德里克·沃斯（Charles Frederick Worth）经过剪裁实验，成为“公主线”时装的发明者，由此首创了西式女套装，也就是很多书中说的，在伦敦水晶宫世博会上他为盖奇林公司设计的服装崭露头角，获得大奖。保罗·波烈（Paul Poiret）在高定中的实验部分更为强烈，他的设计从已知跳到未来，推翻和打破了以往传统的欧洲紧身服装，提高腰节线，衣裙狭长，较少装饰，解脱了被束缚的女性躯体，包含着一种实验的革命性。在今天，已经不会再有人问“为什么摘掉紧身胸衣”这样的问题了，但在当时，波烈让女性的身体获得舒适与自由，那宽松、简洁的袍服成为一种新文化，它使得身体更具有自省意识，丝丝缕缕都意在实验前卫的减法着装，西方史学家称他为简化造型的“20世纪第一人”。

的确，“实验”始终是在探讨未知的、未出现过的一切可能性，主要担当着冲锋陷阵的角色，用鲜活的智慧铸成新时代的灵魂。这种未知，也包括对事物的重新认识和发现，在原有认识发生改变时，重新尝试另一种可能。香奈儿在这方面有明显的优势，她的设计单向度地贴近男装，把现代男装成功地融入女装，甚至比较直接地“拿来”，她设计的针织开衫、套头毛衫、宽松外衣、长裤、水手装，全方位地引用了男装，使男女在视觉上趋于平等，与杜威的实用主义哲学和沙文的建筑设计思想同出一辙。今天的女性离开了香奈儿创造的现代服装几乎不知道该如何生存，她开发想象力，不图形式雕琢，不炫耀巧饰，赋予设计以更高层面的意义，解决现代生活的问题，铺平了一条现代化的时装道路。她启示现代女性：取悦男性不应是着装的目的，女性的自觉意识才是现代衣生活的准则。

所以，每个举起时代旗帜的高定设计师，在当时都怀揣实验的精神，他们的高定在当时也都可以被称为“实验性”的作品。

如果没有布鲁默夫人（Amelia Bloomer）在美国首穿裤装（来自土耳其的灯笼裤样式），我们今天可能还会把宽大的裙裾设想为最理想的服饰；如果没有玛德利·维奥内（Madeleine Vionnet）夫人首创的斜裁技术，为高支绸缎添加里衬的实验，就不会有今天满大街的修身礼服；如果没有精通造桥技术的工程师安德莱·克莱究（Andre Courriges）对改变体型比例的实验，就没有今天“迷你裙”的使用；如果没有克里斯汀·迪奥在20世纪50年代对服装“廓型”的实验，女装或许就只有X型和H型，不，X型和H型也是实验出来的，香奈儿从“X”到“H”的开始也是想象力的实验的结果。

当然，实验不一定都会成功，也不是所有的实验都能像“花呢套装”那样成为普遍的应用。最初的实验常常是不完美的，就像西班牙设计师帕科·拉巴纳（Paco Rabanne）1966年对新材料的实验（也是他最为经典的12件实验性服装），金属、塑料、纸张、唱片、铝箔、皮革、光纤、巧克力、瓶子和门把手都成了可以穿的材质，但这些硬邦邦的物料最初让人难以接受，与传统服装很不协调，但后来人的进一步实验慢慢地弥补了开始时的缺陷，塑料在今天显然具备了可穿的性能。当最初的实验符合人们普遍的认知后，人们又会开始新的实验。

（二）实验美学的捍卫者

“实验”本身是现代美学的一种性质，实验美学不仅是高定的保证，也是高定的动力，这就是我们称其为“实验”的真正意义之所在。“一战”过后，香奈儿用Art Deco（艺术装饰风格）取代了复杂的造型，寻找到高定改革的可能性；“一战”过后，迪奥将高定从珠光宝气的俗像推至雅的境界，对高定进行了全新定义。像这样的设计，是最为活跃的，试探、突破和批判的一种“实验”。今日，巴尔曼、克里斯汀·拉克鲁瓦、巴黎世家都已退出高定圈，年轻的品牌为了保守“优雅、高贵”的美丽而牺牲掉对实验性的追求，当年百花齐放的鼎盛局面不复存在，只有这两大品牌位处高定金字塔的顶端，既是抗衡的对手，又相惺相惜捍卫着高定大旗，它们是高定实验美学真正的捍卫者。

手工是高级定制引以为傲的关键词，但绝不只是迪奥，因为它始终以廓型作为实验目的。迪奥在“二战”后推动的“New Look”其定制诉求并非只强调复古，也并非一味凸显身材，秘诀在于充分运用裁剪技巧，精妙地掌握尺寸。紧束的上衣侧重于收紧两肋和胃部，适当的力度收压使得腰肢纤细婀娜，并保持腰以上形体的端庄纤秀，同时会推高乳房，使之饱满圆润，不仅如此，甚至还要根据人体结构分布和走向设计缝线，让紧身衣不会因勒得太紧而影响身体活动。紧贴身体的部分，面料是弹性适度的高密度编织材料，并辅以棉质衬里、硬衬、塑片等材料，还会沿袭传统意义上成排的扣子或挂钩来连接，并用腰带紧固。从那一刻起，实验性本身开始起作用，也意味着迪奥的价值，他与其他设计师不同的地方在高定的廓型实验一面释放出来。历任设计师对迪奥高定里

“形”的维护与重视，皆是如此。

尽管整个20世纪一直有人穿高定服装，许多高定设计师一度受命设计皇室专用的服装，精心制作出可谓最花心思的服装，但“高定”这一词却几乎在人们的日常生活中销声匿迹。今天再看高定，它成了一个极具争议的话题，人们对它的需求也仅仅是华丽而已。过多的装饰设计，让高定开始只负责“貌美如花”，变得越来越缺少探索，反而是高级成衣做了很多实验性的事情。

直到老佛爷卡尔·拉格斐（Karl Lagerfeld）的出现才多少扭转了人们对高定的印象，大概没有谁会像他，在彼时代大张旗鼓地打着高定的旗号为其正名。不知从何时起，收购高级手工坊成了老佛爷内心笃定的事情。现在香奈儿拥有12家“文化遗产”级别的高级定制手工坊——LESAGE刺绣坊、Lognon褶皱坊、ACT 3粗花呢坊、Desrues纽扣坊、LEMARIé 羽毛花饰坊、GOOSSENS金银饰坊、UILLET花饰坊、Monte钩针刺绣坊、Maison Michel制帽工坊、Causse手套坊、Barrie Knitwear羊绒手工坊、Massaro鞋履坊——它们大多有上百年的历史，其精湛的手工技艺比设计本身还让人倾心。如果你以为这只是在传承手工，那么老佛爷给你的答案却是“NO”。在他看来，高定从不缺少奢华，但绝不仅限于奢华，以精湛的手艺追求形式的多样化，才是这里面的“内藏玄机”。许多人面对他的高定作品，常常会发出“看不懂”的疑问，因为这些高定装虽然奢华无比，却既没有黄金比例，风格也不那么接地气，以至于每一季经典套装的新造型屡屡被吐槽。只有聚焦看仔细才会发现，斜纹软呢早已被3D打印技术制造、绗缝效果的网格面料替代，那可是老佛爷在装饰材料与当代艺术之间精心实验出来的绝美异型。

（三）“实验”拯救高定的未来

如果说，时装是对潮流极限的挑战，那么，高定就应该是对想象力的探险，它是探讨未来的一种方式，探讨它未被发掘的一切可能。我们衡量高定及其创造性都有基本的标准，就是要与众不同，要特立独行，设计师即使没有十八般武艺，也必须要有点儿独门秘籍。如何做到独特性，而不是简单的重复，简单地说，它一定是在强调一种不可替代的实验性。无可置疑，在高级定制再度崛起的呼声中，唯有“实验”才能拯救它的未来。

显然，领先实验设计的高定师，都渴望设计的创新和反叛，使设计内容不局限于某一方面，不只是华丽的礼服。深受麦昆、维果罗夫（McQueen，Viktor &

Rolf）等设计大师的影响，荷兰人艾里斯·范·荷本（Iris van Herpen）勇于拿高科技刻印技术做实验，她创作的“獠牙”踝靴和“3D激光烧结”服装似乎并不舒服，但她坚决不赞同“形式服从功能”，反而提醒我们“形式可以改变和完善身体，并影响情绪”，设计师的好奇心，驱使着人们走向未知的领域，“实验”恰恰是为了寻找改变的可能性，当越来越多的实验被普遍应用，就逐渐积淀成了人类的衣装文明。

因为高定的实验观念不断被开拓，有的设计师利用将材料与特定造型相联系的方式，打破了服装同生活的界限，因材施艺，探求服装设计材料的无限化。在维果罗夫将精力全部聚焦于高定之后，我们看到的是设计师对综合材料的探索。对于维果罗夫而言，没有任何服装是按照它们已有的外表那样存在的，“Wearable Art”高定系列足以证明设计师对综合材料属性的迷恋，20套帆布与牛仔制作的“画框”装，在现场被有条不紊地拆装成服装，然后又还原成画作本来的模样，每件服装都蕴含着超现实的怪诞元素，拓展了服装对材质表现的想象力。2016年春夏高定发布会上，维果罗夫又给高定服装提供了新语言，立体主义、达达主义等诸流派风格都在白色如立体纸张的服装上进行着轰轰烈烈的演变，拓展着材料本身的视觉形式美。

当然，高定最最难的是如何寻求情绪的多种表达，关于高定师的情绪，关于女人的情绪。成衣所不能比的正是这一点，简单点说，就是高定作品与设计师情绪和理念更多地结合在一起。沉寂了三年多的约翰·加利亚诺（John Galliano）在2015春夏高定发布会上复出，成了梅森·马吉拉（Maison Margiela）的创意总监。海盗爷的拿手好戏便是带着情绪进行创作，肢解既定的服装规范，扭曲现有的服装元素，用解构法再造服装的新形态。他的设计作品在特定的环境中极具视觉冲击力，足以构成想象空间，引发人们的反思。不同的条纹、格子、塑胶、薄纱组合，如视错般拆解的贴袋、门襟、纽扣，打破既成观念的限制，摆脱了一板一眼的世界大同，虽然它们的构成显得支离破解，但却为我们理解高定的实验创作及其带来的各种可能性提供了新鲜的范本。

不得不说，今天很多高定品牌华丽、烦冗且单一，有时高定干脆成了“礼服”的代名词：有的负责飘飘欲仙，如华伦天奴和詹巴迪斯塔·瓦利；有的负责异国情调，如让-保罗·高提耶和俄罗斯童话；有的负责坚守宫廷，如艾莉·萨博和祖海·慕拉，有些如阿尔伯特·菲尔蒂又恢复到近世纪的设计形式。坦白说，这样的高定的确早已经失去了鲜明有力的实验态度，是一神贫瘠，也是一种绝望。假如，高定师重拾旧有的实验精神，展示出造物之奇，高定才会真正各不相同，各有各的精彩，这样的未来值得期待。

（四）中国高定需要实验精神

近10年来，中国高定设计师的命运在发生改变。可以说，高定设计师正在用极其浓缩的时间和热情追赶着西方，并渐渐折射出“中国高定”的一个缩影：2008年马可“无用之土地”秀在巴黎高级时装周压轴上演；2011年华人设计师殷亦晴跻身巴黎高定永久会员行列；2013年许建树“绣球”高定系列在巴黎展出；2016年郭培受法国高级时装公会之邀在巴黎发布作品“庭院”。飞速发展的中国定制市场也催生出新生代的高定设计师，张卉山、周翔宇、兰玉等翘楚发挥的影响力越来越大。

人们第一次意识到，曾经高高在上的“高级定制”，在这个世界最大的服装消费与生产国，如今成了行业的重要一环，它的起步和繁荣伴随着经济和国力的运转，虽然目前还不是那么成熟，但这个过程意味着新能量的涌动，我们不再仰望它，开始平视它。

中国高定的崛起引起了西方的关注，2015年福布斯评出领衔改变中国形象的12位时装设计师，包括高定师马可、郭培、许建树在内，称“他们的设计风格横跨了传统和现代，不过灵感几乎都来源于中国哲学、中国布料和中华传统，并把这些元素通过令人意想不到的方式表现出来”。的确如此，各品牌在“让高定体现传统精神”这一点上达成了默契。

马可以“奢侈的清贫”为她的高定注脚，她的手工服饰不是炫技而是“自求简朴”，法国杂志*Le Monde*评价她创作了服装雕塑，其作品因思考地球生态而极具“实验性且反省性强烈”，贾樟柯受到感染，凭“无用”及马可本人拍摄的纪录片《无用》荣获了威尼斯电影节最佳纪录片奖。殷亦晴以褶皱与斜裁见长，她独创出无序的褶皱和宽松的斜裁，带有东方写意的流畅豪放的意境，作品的实验性本身是在起作用的。郭培是本土这一领域的领先者，作品以“中式元素 + 西式廓形”为特点，通过刺绣、流苏、羽毛以及镶嵌金箔等一系列繁杂的手工提升中国传统技艺的奢华形象。许建树在设计上也采用了类似的策略，喜欢呈现华丽的东西，他为范冰冰出席戛纳电影节设计的一袭“龙袍”成了全球有目共睹的佳作。

中国高定就这样一下子摆到了世人的面前，中国的高定设计师开始不断地参与到全球时尚话题中，他们借助传媒让人们开始谈论自己，谈论自己的作品。爱马仕欣赏蒋琼耳那份传承几乎要失传的中国手工艺的决心，以及她静心宁神慢工出细活的手工态度，早已把“上下”品牌纳入旗下。2015年4月，宁波太平鸟正式收购巴黎高定品牌艾历克西斯·马毕（Alexis Mabille），加入太平鸟后，艾历克西斯·马毕的设计师有倾向性地把中国式的浓烈艳色融入作品中。中国进入21世纪以来源源不断的成功，带动了高定的发展和自我完善。

值得思考的是，中国高定并不能只靠财团的帮助和中国元素的注入便取得成功，中国高定在今天还比较初级，在这个初级阶段强调实验性是非常有必要的。西方的实验精神对中国高定有着极为重要的影响，因为中国的传统精神注重圆融，更多的是追随意趣，而不是探究设计里的实验和各种新的可能，缺乏这一点，就不会有真正设计语言上的思考和革新。

实验精神同样为挖掘传统提供了一个契机。中国设计师对本土文化一直是贯彻始终的，传统存在于每个人的骨血里，人们的这种认同感和感受力非常强。但针对设计，要把传统看作一个后台，做到自由出入于传统和未来之间，具体说，就是获得传统的那种精神，通过实验，进行当代的转化。今天的设计多了很多欲望，缺了一种精神，以至于状态散乱，作品里有形无神，传统技艺泛滥，先工艺而后精神，找不到在当代的归属感。假设未来的年轻设计师不再拘泥于中国元素，具有高度原创性，通过传统的中国手工艺和现代设计结合，作品中只留下中国的“神”，这样的未来将更加值得期待。

参考文献

[1] 陈力丹, 易正林. 传播学关键词[M].北京: 北京师范大学出版社, 2009.
[2] 李当岐. 服装学概论[M].北京: 高等教育出版社, 1995.
[3] 袁杰英. 中国旗袍[M].北京: 中国纺织出版社, 2000.
[4] 张爱玲. 张爱玲散文全集[M].郑州: 中原农民出版社, 1996.
[5] 包铭新. 中国旗袍[M].上海: 上海文化出版社, 1998.
[6] 李当岐. 制服研究的几个问题[J].服装科技, 1993(4).
[7] 薛伟强, 汤文. 中山装"政治含义"考辨.[J].历史教学, 2014(11).
[8] 刘云. 解读新疆维吾尔族服饰文化中的宗教信仰涵义.[J].西北民族研究, 2003(2).
[9] 孙家煌, 杜平. 欧亚大陆游牧民在物质生产和生活方面的几个共同特征[J]. 世界民族, 1996(2).
[10] 多桑.多桑蒙古史[M].冯承钧, 译. 北京: 东方出版社: 2013.
[11] 李当岐. 西洋服装史[M]北京: 高等教育出版社, 2005.
[12] 曾继辉. 不缠足会驳议. 中国近代妇女运动历史资料[M].北京: 中国妇女出版社, 1991.
[13] 康有为. 不忍杂志汇编(初集)[M].台北: 华文图书公司, 1987.
[14] 李又宁. 华族女性史料丛编(1)[M].纽约: 天外出版社, 2003.
[15] 福柯. 性经验史[M].佘碧平, 译.上海: 上海人民出版社, 2005.
[16] 柏拉图. 斐多[M]. 杨绛, 译. 沈阳: 辽宁人民出版社, 2000: 15.
[17] 汪民安, 陈永国. 后身体: 文化、权力和生命政治学[M].上海. 长春: 吉林人民出版社, 2003.
[18] KAUFMANN W. Nietzsche The Gay Science Trans[M]. New York: Random

House, 1974.
[19] 尼采. 偶像的黄昏[M]. 卫茂平, 译. 上海: 华东师范大学出版社, 2007.
[20] 尼采. 权力意志[M]. 张念东, 凌素心, 译. 北京: 中央编译出版社, 2000.
[21] PONTY M. Signes[M]. Edition Garlimard, 1964.
[22] 汪民安, 等. 后现代性的哲学话语[M]. 杭州: 浙江人民出版社, 2000.
[23] 陈彦姝. 6世纪中后期的中国联珠纹织物[J]. 北京: 故宫博物院刊, 2007(01).
[24] 尚刚. 隋唐五代工艺美术史[M]. 北京: 人民美术出版社, 2005.
[25] 尚刚. 风从西方来—初论北朝工艺美术中的西方因素. [J].装饰, 2003(5).
[26] 韩颖. 丝绸之路打通前后联珠纹的起源与流变[J].丝绸, 2017(2).
[27] 赵丰, 齐东方. 锦上胡风——丝绸之路纺织品上的西方影响[M]. 上海: 上海古籍出版社, 2011.
[28] 弗留格尔. 穿着的艺术: 服装心理揭秘[M]. 陈孝大, 译. 台北: 大林出版社, 1989.
[29] 卢里 A. 解读服装[M]. 李长青, 译. 北京: 中国纺织出版社, 2000.
[30] 恩特维斯特尔. 时髦的身体: 时尚、衣着和现代社会理论[M]. 郜元宝 等, 译. 桂林: 广西师范大学出版社, 2005.
[31] 孙嘉禅, 王璐. 服装文化与性心理[M]. 北京: 中国社会科学出版社, 1992.
[32] 亓小庆, 我们来谈谈柳宗悦《工艺之道》[J].[EB/OL].(2016-02-13)[2017-08-15].https: //www.douban.com/note/538157878/?type=like.
[33] 邢开鼎.新疆发掘哈密五堡古墓群[J].中国文物报, 1986(11).
[34] 张瑶蕖."胡服"与维吾尔族服饰图案考(上)[J].服装科技, 1998(6).
[35] 徐红.西域美术全集5. 服饰卷[M].天津: 天津人民美术出版社, 新疆美术摄影出版社, 2016(8).
[36] 李文瑛.新疆营盘墓地出土对人兽树纹罽[J].西域研究, 2000(4): 64.
[37] 无眼者. FARAVAHAR—琐罗亚斯德教中的有翼标记[EB/OL].(2013-09-23)[201708-15].http: //blog.sina.com.cn/s/blog_456b92de0100rvo5.html.
[38] 范亚昆. 塔吉克人: 古老而朴素的灵魂[J].中国国家旅游, 2017(1).
[39] 朱步冲. 斯基泰人: 草原之路的开辟者[J].三联生活周刊, 2015(24).
[40] 林梅村. 从考古发现看火祆教再中国的初传[J].西域研究, 1996(4).
[41] 陈力丹, 陈俊妮. 传播学入门[M]. 北京: 人民日报出版社, 2011.
[42] 毛泽东. 毛泽东选集(第一卷)[M]. 北京: 人民日报出版社, 1991.

[43] 霍兰德, A. 性别与服饰[M]. 魏如明, 等译. 上海: 东方出版社, 2000.
[44] 班固. 白虎通义·衣裳篇[M]. 西安: 陕西通志馆, 1934.
[45] 高海燕. 我国靴子的起源和发展演变[J]. 成都: 西部皮革, 2008(05).
[46] 张丽. 运动时尚对服饰发展的影响研究[D]. 天津工业大学硕士学位论文, 2007.
[47] 隋灵璧. 五四时期济南女师学生运动片断. 五四运动回忆录(下册)[M]. 北京: 中国社会科学院出版社, 1979.
[48] 李莉莎. 社会生活的变迁与蒙古族服饰的演变[J].内蒙古社会科学, 2010, 31(2).
[49] 包安琪. 蒙古族传统女性服饰的改良问题研究[D].内蒙古师范大学硕士学位论文, 2017.
[50] 张鑫, 李采姣. “十八镶滚”对现代服饰的影响[J].科技信息, 2010(12).
[51] 中野香织. 无衣可穿[M]. 胡菡, 译. 桂林: 漓江出版社, 2010.
[52] 法国的时尚符号[J]. 三联周刊. 2008.
[53] 姜伯勤. 袄教画像石中国艺术史上的波斯风[J].文物天地. 2002(1).
[54] 李当岐. 中西方服饰文化比较[J]. 装饰, 2005(10).
[55] 刘藩. 电影产业经济学[M]. 北京: 文化艺术出版社, 2010.
[56] 贾磊磊. 建构传统与当代相兼容的国家文化形象[J].解放军艺术学院学报, 2015(4).
[57] 韩源. 全球化背景下的中国国家形象战略框架[J].当代世界与社会主义, 2006(1).

后记——走在服饰传播之路上

“二战”之后，社会媒体对人们生活的影响逐渐增大，“传播”开始渐渐进入学者的研究范围。新闻学成熟后，其他学科慢慢渗入，于是有了“传播学”。不难发现，人们对于传播的定义和种类划分大部分都是与媒介有关的。格伯纳提出的“互动说”将传播定义为通过讯息进行的社会互动；贝勒尔森和塞纳所认为的传播则是运用符号、图片、数字、图表等传递信息、思想、情感和技术。无论对于传播的理解如何多元，都不可否认传播是人类进化与发展所必须的条件，而传播的前提都在于媒介。于是，人类传播的发展被依据不同物理属性的传播媒介划分为四个时代——口语传播时代、文字传播时代、印刷传播时代和电子传播时代。这些媒介都随着时代科技的变革发展经历着各自的兴衰，但毫无疑问，它们的本质都是语言。可以说，传播学很大程度上都是在研究语言这一媒介下的传播行为和传播效果。

但是，除了语言之外，信息、思想和情感等的传递交流通过非语言的方式也能够完成，并且有些情况下只能通过非语言媒介来完成。服装，便是一种极为重要的，几乎贯穿人类文明史的非语言传播媒介。

在多年服饰研究过程中，我身处中国传媒领域最高学府，不自觉地将视线转向了服饰传播。服饰传播是介于服装学与传播学之间的交叉研究，它的立足点是服饰，着重研究传播活动中的服饰事件和服饰现象。因此，本书较以往研究的新突破是把服饰传播发展成对服装学概论、中外服装史和服装设计理论研究的新方法，在探寻服饰本质、进行历史陈述时也获得了新的解读，乃至新的结论。

本书讨论的不是通常情况下研究传播学的一种方式，我们探讨的是通过服饰的视角来解读社会、人类、信息的传播，这意味着研究的广度，即从社会学、历史学、民族学、艺术学等与服装学科密切关联的综合性的覆盖面上展开；同时也意味着研究的深度，即从现有的服饰研究成果上继续提高，方可得到扎实可靠的新成果。

李当岐教授的《服装学概论》是国内服装学界林林总总“概论”类书籍的源头，在国内服装教育行业流传最广，知名度最高。书中介绍的一系列概念、术语和事件，不仅成为教育者、学生甚至媒体的专门用语，也成为本书相关理论的来源和知识的基本构件。

我作为李当岐教授的博士，依据多年来对《服装学概论》的反复研读，结合传播学理论，对服饰行为和服饰传播理论方面进行了跨学科的通识教学的尝试。按照“服饰的媒介特征”“服饰的生态性传播”“服饰的社会性传播”“服饰的规律性传播”“服饰流行性传播”五大版块分别列出典型性的服饰传播模式。限于研究能力所及，书中难免有不少疏漏和亟待商榷之处，恳请同业专家指正。

编者的话

2014年是我的母校60周年校庆的重要日子，在那一年，由我所在的文科科研处牵头组织评审并选定了一批青年学者的学术专著加以支持出版。之后的一年多时间里，我们反复与作者和出版社沟通、提供修改意见，工作忙碌、琐碎而辛苦，甚至具体到选定封面设计这样的细微之处。想来，当我们看到这一系列专著整齐地摆放在案头时，会感到超乎寻常的价值吧。

“先寻桃源作太古，欲栽大木柱长天。”这是民国时期杨昌济教授所撰联语，一直使我受教颇深。自留校任教15年来，如果说在科研领域还小有所成，能够增益母校于万一的话，那要非常感念母校的栽培和前后两任科研处长车晴教授和胡智锋教授的提携。两位先生一为名门忠烈之后，行事如光风霁月，威望素著；一为闻一多先生再传弟子、学富五车的长江学者，后学晚辈受益者众。在他们先后主持下的科研处，为我们这一批当年的青年人的成长提供了宽广而坚实的平台。“榜样的力量是无穷的”，在杰出前任的重大压力之下，我也希望通过领导的支持和自己与同事们的共同努力，为学校的青年学者提供一片“柱天大木”得以成长的平台。今天，这已经成为我们工作的重要愿景。

优秀青年学者们要走的路还很长，我校文科科研工作要走的路同样很长。“撑一支长篙，向青草更青处漫溯”，我们愿意做这支长篙，使青年教师们得以助力，通往宽阔丰美的彼岸。

段鹏

于中国传媒大学梧桐书屋东侧办公室内

2015年12月9日

图书在版编目(CIP)数据

服饰传播概论 / 李楠著. -- 北京：中国传媒大学出版社，2021.2
(中国传媒大学青年学者文丛. 第二辑)
ISBN 978-7-5657-2766-5

Ⅰ. ①服… Ⅱ. ①李… Ⅲ. ①服饰文化—文化传播—研究 Ⅳ. ①TS941.12

中国版本图书馆 CIP 数据核字(2020)第 171784 号

服饰传播概论
FUSHI CHUANBO GAILUN

著　　者　李　楠
策划编辑　蒋　倩
责任编辑　姜颖昳
封扉设计　拓美设计
责任印制　李志鹏

出版发行　中国传媒大学出版社
社　　址　北京市朝阳区定福庄东街 1 号　　邮　　编　100024
电　　话　86-10-65450528　65450532　　传　　真　65779405
网　　址　http://cucp.cuc.edu.cn
经　　销　全国新华书店

印　　刷　北京中科印刷有限公司
开　　本　710mm×1000mm　1/16
印　　张　17
字　　数　305 千字
版　　次　2021 年 2 月第 1 版
印　　次　2021 年 2 月第 1 次印刷

书　　号　ISBN 978-7-5657-2766-5/TS · 2766　　定　　价　78.00 元

本社法律顾问：北京李伟斌律师事务所　郭建平